U0180892

住房和城乡建设领域“十三五”热点培训教材

乡村建筑工匠培训教材

广东省建设教育协会　组织编写

中国建筑工业出版社

图书在版编目（CIP）数据

乡村建筑工匠培训教材 / 广东省建设教育协会组织编写. —北京：中国建筑工业出版社，2020.11（2023.9重印）
住房和城乡建设领域“十三五”热点培训教材
ISBN 978-7-112-25487-3

Ⅰ. ①乡… Ⅱ. ①广… Ⅲ. ①农村住宅-建筑工程-工程施工-技术培训-教材 Ⅳ. ①TU241.4

中国版本图书馆 CIP 数据核字（2020）第 184889 号

责任编辑：李 杰
责任校对：李美娜

住房和城乡建设领域“十三五”热点培训教材
乡村建筑工匠培训教材
广东省建设教育协会 组织编写
*
中国建筑工业出版社出版、发行（北京海淀三里河路 9 号）
各地新华书店、建筑书店经销
北京鸿文瀚海文化传媒有限公司制版
北京市密东印刷有限公司印刷
*
开本：787 毫米×1092 毫米 1/16 印张：15¼ 字数：379 千字
2021 年 1 月第一版 2023 年 9 月第五次印刷
定价：**49.00** 元
ISBN 978-7-112-25487-3
（36468）

本书编委会

主　　任： 陈泽攀

副 主 任： 曾跃飞　李斌汉

委　　员： 张江萍　张文新　贾世平
梁海勇　曾　欣　陈泽熙
夏　曼　肖　鹏　吴文楚

指导单位： 广东省住房和城乡建设厅

序

本书紧贴广东省美丽乡村建设工作实际，从乡村建筑工匠的知识水平出发，切实满足乡村建筑工匠的学习需要，有助于乡村建筑工匠了解学习新技术和提高现场标准化管理水平。

本书较为系统又简明扼要地介绍了乡村建筑工匠需要了解和掌握的职业素养知识，乡村房屋建筑构造、结构与识图，房屋建造施工技术与技能等内容，解答了目前乡村房屋建造过程中应掌握和了解的主要技术问题，且通过引用乡村房屋建筑施工实例使得乡村建筑工匠能更加方便地掌握相关知识。

本书系统性、实用性、时效性强，文字简洁、通俗易懂，是广东省乡村建筑工匠培训的优秀教材，也可作为乡村建筑管理人员、施工操作人员的培训教材及相关人员自学用的辅导材料。本书的出版为广东省美丽乡村建设添上了浓墨重彩的一笔。

广东省建设教育协会

2020.11

前 言

党的十八大以来，习近平总书记多次强调，建设美丽乡村，“不能大拆大建，特别是古村落要保护好”新农村建设一定要走符合农村实际的路子，遵循乡村自身发展规律，充分体现农村特点，“注意乡土味道，保留乡村风貌，留得住青山绿水，记得住乡愁”。

乡村建筑工匠是乡村工匠的组成部分，是推动乡村振兴，提高乡村建设水平的重要力量。为全面加强广东省美丽乡村建设，建立健全广东省乡村建筑工匠管理制度，大力推进乡村建筑工匠队伍建设，加强乡村建筑工匠的技能培训，特组织有关专家编写这本教材，旨在提高乡村建筑工匠的知识水平和实操技术，进而提高广东省乡村房屋建筑施工质量，促使美丽乡村建设不断向正规化、规范化推进。

本书共分为 3 章，第一章系统介绍了乡村建筑工匠职业素养，第二章主要介绍了房屋建筑构造、结构与识图；第三章详细归纳了房屋建造施工技术与技能，分别针对其背景、原理、应用等做了介绍。

本书紧贴近年来乡村建设中出现的新材料、新技术、新规范，从乡村建筑工匠的知识水平出发，力求贴近乡村建筑工作实际。本书通过简练的文字，对乡村建筑工匠相关知识进行了系统介绍，且引用了大量乡村房屋建筑施工实例，力求满足乡村建筑工匠的学习需要。本书系统性、实用性强，可作为乡村建筑工匠的培训教材，也可作为相关乡村施工管理人员、施工操作人员的培训教材及相关人员自学用的辅导材料。

本书由广东省建设职业技术学院等单位多位专家教师编写，其中第一章、第三章（第 6、7 节）由曾跃飞编写，第二章（第 1、3、4 节）由张江萍编写，第二章（第 2 节）、第三章（第 8 节）由曾欣编写，第三章（第 1、9 节）由张文新编写，第三章（第 2、4 节）由贾世平编写，第三章（第 3、5 节）由梁海勇编写。本书由曾跃飞主编并负责全书统稿。

本书在广东省建设教育协会协调组织下编写，经历多次修改完善后最终成稿，在编审人员的反复校对后得以出版发行。在此对各位编审人员和其他对本书提供帮助的同志在成书过程中付出的辛勤劳动表示衷心感谢。编写过程中参考了一些专家、作者的相关文献，在此也一并表示衷心感谢。

由于时间紧张，编者知识水平有限，书中难免出现不妥之处，敬请广大读者提出宝贵意见。

目 录

第 1 章
乡村建筑工匠职业素养

1.1 乡村建房政策法规

对于广大农村村民来说，建房是件大事，但不少人对于乡村建房的政策法规缺乏了解，导致建房过程中出现一些违法、违规的情况，造成乡村建房无序，破坏了乡村风貌或居住环境，给老百姓造成了很大损失，甚至产生严重的社会矛盾。因此，作为乡村建筑工匠必须了解乡村建房的有关政策法规，在建房过程中，给农村村民提供科学的建议和指导，在建设生态宜居美丽乡村的同时，避免出现违法违规建房行为。本节主要摘录了与乡村建房有关的政策法规，以供乡村建筑工匠参考学习。

1.1.1 乡村建房须知

1. 农村村民建房占地须经依法审批，不能随意占地建房

新修订的《中华人民共和国土地管理法》第六十二条规定，农村村民建住宅，应当符合乡（镇）土地利用总体规划、村庄规划，不得占用永久基本农田，并尽量使用原有的宅基地和村内空闲地。农村村民住宅用地，由乡（镇）人民政府审核批准。

根据新法施行前的做法及地方性规定，宅基地建房要经过农户申请、村委会审查、乡镇政府审核和区县政府审批 4 大环节，任少一个环节农村村民将无法取得用地批准文件和乡村建设规划许可证，其未完成审批流程的建房占地行为即涉嫌违法建设。

如果所建房屋属于“无证房”，就会存在被乡镇政府责令限期拆除的风险，在面临征收拆迁、旧村改造时极有可能不能获得补偿。需要强调的是，无论是过去还是现在，村主任没有批准占地建房的权力，其同意建房不具任何效力。

2. 农村村民建房须符合规划，不能违法违规建房

农村村民建房的地点和高度均有要求，不可随意建设。农村村民建住宅，应当符合乡（镇）土地利用总体规划、村庄规划。村民不得占用永久基本农田建房，不能在河道、湖泊管理范围内、架空电力线路保护区内、公路建筑控制区内、风景名胜区的核心景区内建房。

有些农村村民建房占地随意且缺乏统一而科学合理的规划，零零散散的房屋一旦建起来，不仅破坏农村整体环境，不利于城乡整体规划，而且各家各户之间也易因缺乏规划发生相邻防火、防洪、排污、排水、采光、通风、通行、噪声、管线安设等方面的纠纷，这些纠纷若处理不当，极易发生人身损害纠纷和引发刑事犯罪。

3. 宅基地上房屋不得随意翻建、改建、扩建

即使农村村民已经依法取得了集体土地建设用地使用证，获批了宅基地，也不意味着可以随意在自家的宅基地上翻建、改建、扩建住宅和附属设施。若未依法报批，则涉嫌违反城乡规划，同样有可能被乡镇政府责令限期改正直至限期拆除。未经专业技术人员设计或确认，不能加层扩建，不能拆除承重墙柱等构件进行装修改建；不能随意自行拆改燃气管道和设施，不能将没有防水措施的房间或者阳台改为卫生间、厨房间等。

4. 乡村建房实行“一户一宅”原则，面积不能超标

农村村民一户只能拥有一处宅基地，新批准宅基地的面积应符合规定：在广东平原地区和城市郊区新批准宅基地面积应在 80m^2 以下，丘陵地区在 120m^2 以下，山区在 150m^2 以下。违法违规建房无法办证，并可能会被拆除和处以罚款。

5. 遵循“建新拆旧”原则，不得违法收回宅基地

农村村民应严格按照批准面积和建房标准建设住宅，禁止未批先建、超面积占用宅基地。经批准易地建造住宅的，应严格按照“建新拆旧”要求，将原宅基地交还村集体。享受易地扶贫搬迁政策后希望村里能保留自己山上的老宅，这不符合“一户一宅”的原则，而“建新拆旧”则是符合宅基地管理的原则。农村村民出卖、出租、赠予住宅后，再申请宅基地将不予批准。

易地拆迁后，村集体不能强制收回宅基地使用权，对于有实际征收项目存在的，必须严格依据征收程序办理征收并给予补偿，不得以“收回”替代征收。

6. 乡村建房应符合抗震设防要求

依据《中华人民共和国防震减灾法》第三十五条规定，新建、扩建、改建建设工程，应当达到抗震设防要求。政府资助的农村危房改造房屋抗震构造措施应齐全，并符合《农村危房改造抗震安全基本要求（试行）》（建村〔2011〕115 号）的规定。

7. 屋主和参与建房的各方均应对建房的质量安全负责

农房建设单位或个人应对房屋的质量安全负总责，承担建设主体责任。农房设计、施工、材料供应单位或个人分别承担相应的建设工程质量和安全责任。发生质量事故的，承包人应承担修理、重作、减少报酬、赔偿损失等责任；如果屋主自己直接聘请人员建房的，屋主自行承担质量责任，如果施工人员有故意或者重大过失造成质量问题的，应承担赔偿责任。发生施工安全事故造成人员伤亡的，如果是屋主发包给个体承包人建房的，由屋主和施工个体承包人员对伤亡人员共同承担连带赔偿责任；如果是屋主自己直接聘请人员建房的，由屋主对伤亡人员承担赔偿责任；如果是屋主发包给建筑施工企业承包建设的，由建筑施工企业承担赔偿责任。如果施工人员违反安全技术和管理规定，违法、违规、违纪施工造成安全事故的亦应自行承担部分责任。

8. 增强法律意识，房屋施工应签订书面合同或协议

由于法制意识淡薄，农村建房房主、承包人、工人等之间大多只有口头约定，没有签订书面合同或协议，有的甚至是一边建房一边商量，劳务关系不明确，无法明确是承揽关系还是雇佣关系，一旦出现问题，发生纠纷，常常互相推卸责任，通常都很难解决，这给老百姓造成了很大困扰。很多房主错误地认为房屋建设已经承包给建筑队（承包人）自己就没有责任了。建房各方维权意识欠缺，不能及时地保全证据，造成房主或建筑承包人否认案件事实，甚至在起诉时分不清谁是赔偿人，造成法律诉讼困难，双方的权益均无法得到保障。所以，在农村建房应签订书面施工合同或协议，明确工程造价（价格）、工期、质量和安全责任等，以减少纠纷、保障各方权益。乡村工匠应与屋主或个体承包者签订劳务协议或合同。如果工匠进城务工，也应与施工企业签订劳动合同，这样才能明确各方的权利和义务，最大限度地保护各方的权益。

9. 超过一定规模的限制应领取施工许可证才能建房

按照有关规定，在广东省工程投资额在 100 万元以上（不含 100 万元），且建筑面积在 500m^2 以上（不含 500m^2）的房屋建筑和市政基础设施工程，须申请办理施工许可证后才能施工，否则会被责令停止施工并处以罚款。

1.1.2　乡村建房违法案例

1. 乡村违法违规建房被拆除案例

在乡村建房过程中，由于农村村民的不懂法、不了解政策，造成违法违规建房的行为时有发生，给国家和老百姓带来很大的损失。长期以来，农村村民在兴建房屋时，对于房屋是否要规划、设计、审批、验收等，均未能有足够的认识，认为“无所谓”。但是，对未经审批便施工的房子，从法律上讲都是“非法建筑”，一旦发生各类纠纷，将得不到法律保障，不但房子要被拆除而遭受损失，而且可能还要受到国土、规划或交通等部门的行政处罚。违法违规建房案例见图 1.1-1～图 1.1-4。

图 1.1-1　占用耕地违规建房被拆除

图 1.1-2　电力线路安全距离范围内违规建房被拆除

图 1.1-3　路边违规建房被拆除

图 1.1-4　占用河道违规建房被拆除

2. 乡村建房安全事故赔偿案例

（1）案情：2014 年初，刘某计划在自家宅基地上自建两层半楼房。经人介绍刘某认识了李某，经商谈口头约定刘某以包工不包料的形式将建房工程承包给李某。刘某负责提供材料，李某负责施工，按照 140 元/m^2 收取费用，施工所需的其他工人由李某自行雇佣。2014 年 4 月，由于工程量加大，李某临时雇佣吕某参与建房。2014 年 4 月 29 日，在建房过程中，吕某被安装在二楼的吊机坠落砸伤，经鉴定为九级伤残。各方就赔偿事宜无法达成一致意见，诉至法院。该案经法院审理，在查明事实的基础上法官提出了合理的责任分配方案，最终达成了调解协议，刘某赔偿吕某 20000 元，李某赔偿吕某 60000 元，吕某自担损失 20000 元。

（2）房主、承包人、伤亡者三方的责任划分

① 房主的责任。根据《最高人民法院关于审理人身损害赔偿案件适用法律若干问题的解释》第十条关于发包人、分包人承担连带责任的规定，“承揽人在完成工作过程中，对第三人造成损害或者造成自身损害的，定作人不承担赔偿责任。但定作人对定作、指示者选任有过失的，应当承担相应的赔偿责任”。房主作为定作人，明知道承包人无建房资质仍聘请为其建房，应当承担选任过失范围内的责任。而且在建房的过程中，房主一般都应在现场监督，对建房中发现存在的安全隐患及时与承包人沟通，妥善处理。本案中房主未尽到以上义务，应该承担相应责任。因此，综合认定房主对于建房中伤亡应当承担次要责任。

② 承包人的责任。根据《最高人民法院关于审理人身损害赔偿案件适用法律若干问题的解释》第十一条第一款的规定，“雇员在从事雇佣活动中遭受人身损害，雇主应当承担赔偿责任”。雇主承担的是无过错责任，这符合我国民法的公平原则。承包人无施工资质，施工中采取的安全措施不力，对施工人员没有进行安全防范教育，这些是造成伤亡的主要因素。因此，承包人要对伤亡承担主要责任。

③ 伤亡者本身的责任。根据《中华人民共和国民法通则》第一百三十一条的规定，“受害人对于损害的发生也有过错的，可以减轻侵害人的民事责任”。伤亡者是施工人员，根据工程要求应当具备相应施工职业能力或资格，在工作中应有安全意识，要采取必要的安全措施。如果伤亡者未达到以上要求，尽到以上义务，可以适当承担相应责任，以减少房主和承包人的责任。

具体到本案中，作为房主的刘某明知李某无相应资质，且在施工中监管不力，应该承担次要责任。李某作为吕某的雇主，应对吕某尽到安全防范义务。因此，李某应承担本案的主要责任。本案中吕某明知自己无相应职业资格，并且在工作中未采取安全措施，有过错，也应当认定为次要责任，可以适当减轻刘某和李某的责任。法院在调解本案中适时提出刘某、李某、吕某三人按 2：6：2 的责任划分，经过释明和教育得到各方的认同，最终达成了一致赔偿意见。

1.1.3 乡村建房法律法规与政策（摘选）①

1.《中华人民共和国土地管理法》

第三十七条　非农业建设必须节约使用土地，可以利用荒地的，不得占用耕地；可以利用劣地的，不得占用好地。

① 本部分引用的条文为文件原文，条文编号顺序为原文顺序。

禁止占用耕地建窑、建坟或者擅自在耕地上建房、挖砂、采石、采矿、取土等。

禁止占用永久基本农田发展林果业和挖塘养鱼。

第六十二条　农村村民一户只能拥有一处宅基地，其宅基地的面积不得超过省、自治区、直辖市规定的标准。

人均土地少、不能保障一户拥有一处宅基地的地区，县级人民政府在充分尊重农村村民意愿的基础上，可以采取措施，按照省、自治区、直辖市规定的标准保障农村村民实现户有所居。

农村村民建住宅，应当符合乡（镇）土地利用总体规划、村庄规划，不得占用永久基本农田，并尽量使用原有的宅基地和村内空闲地。编制乡（镇）土地利用总体规划、村庄规划应当统筹并合理安排宅基地用地，改善农村村民居住环境和条件。

农村村民住宅用地，由乡（镇）人民政府审核批准；其中，涉及占用农用地的，依照本法第四十四条的规定办理审批手续。

农村村民出卖、出租、赠予住宅后，再申请宅基地的，不予批准。

国家允许进城落户的农村村民依法自愿有偿退出宅基地，鼓励农村集体经济组织及其成员盘活利用闲置宅基地和闲置住宅。

国务院农业农村主管部门负责全国农村宅基地改革和管理有关工作。

第七十八条　农村村民未经批准或者采取欺骗手段骗取批准，非法占用土地建住宅的，由县级以上人民政府农业农村主管部门责令退还非法占用的土地，限期拆除在非法占用的土地上新建的房屋。

超过省、自治区、直辖市规定的标准，多占的土地以非法占用土地论处。

2.《广东省实施〈中华人民共和国土地管理法〉办法》

第三十五条　农村集体经济组织兴办企业使用本集体经济组织农民集体所有土地的，乡（镇）村公共设施、公益事业建设使用农民集体所有土地的，由农村集体经济组织或建设单位依照本办法第二十八条规定的程序向市、县人民政府土地行政主管部门提出用地申请，经审核后，符合土地利用总体规划的，报有批准权的人民政府批准。农村村民建设住宅使用本集体经济组织农民集体所有土地的，由村民提出用地申请，经村民会议或者农村集体经济组织全体成员会议讨论同意，乡（镇）人民政府审核后，报市、县人民政府批准。

本条规定的用地涉及农用地转为建设用地的，依照《中华人民共和国土地管理法》和本办法第二十九条的规定办理农用地转用审批手续。县、乡（镇）人民政府可根据土地利用总体规划、土地利用年度计划和建设用地需要，拟订农用地转用方案、补充耕地方案，按年度分批次报批。

第三十六条　农村村民一户只能拥有一处宅基地，新批准宅基地的面积按如下标准执行：平原地区和城市郊区 $80m^2$ 以下；丘陵地区 $120m^2$ 以下；山区 $150m^2$ 以下。有条件的地区，应当充分利用荒坡地作为宅基地，推广农民公寓式住宅。

第三十八条　农、林、牧、渔生产占用农用地建设永久性建筑物的，应办理建设用地审批手续。

第五十二条　县级以上人民政府土地行政主管部门依法履行监督检查职责时，发现非法占用土地进行建设的，应当采取暂扣施工设备、建筑材料等措施，及时予以制止。

3.《中华人民共和国城乡规划法》

第三十五条　城乡规划确定的铁路、公路、港口、机场、道路、绿地、输配电设施及输电线路走廊、通信设施、广播电视设施、管道设施、河道、水库、水源地、自然保护区、防汛通道、消防通道、核电站、垃圾填埋场及焚烧厂、污水处理厂和公共服务设施的用地以及其他需要依法保护的用地，禁止擅自改变用途。

第四十一条　在乡、村庄规划区内进行乡镇企业、乡村公共设施和公益事业建设的，建设单位或者个人应当向乡、镇人民政府提出申请，由乡、镇人民政府报城市、县人民政府城乡规划主管部门核发乡村建设规划许可证。

在乡、村庄规划区内使用原有宅基地进行农村村民住宅建设的规划管理办法，由省、自治区、直辖市制定。

在乡、村庄规划区内进行乡镇企业、乡村公共设施和公益事业建设以及农村村民住宅建设，不得占用农用地；确需占用农用地的，应当依照《中华人民共和国土地管理法》有关规定办理农用地转用审批手续后，由城市、县人民政府城乡规划主管部门核发乡村建设规划许可证。

建设单位或者个人在取得乡村建设规划许可证后，方可办理用地审批手续。

第六十四条　未取得建设工程规划许可证或者未按照建设工程规划许可证的规定进行建设的，由县级以上地方人民政府城乡规划主管部门责令停止建设；尚可采取改正措施消除对规划实施的影响的，限期改正，处建设工程造价百分之五以上百分之十以下的罚款；无法采取改正措施消除影响的，限期拆除，不能拆除的，没收实物或者违法收入，可以并处建设工程造价百分之十以下的罚款。

第六十五条　在乡、村庄规划区内未依法取得乡村建设规划许可证或者未按照乡村建设规划许可证的规定进行建设的，由乡、镇人民政府责令停止建设、限期改正；逾期不改正的，可以拆除。

4.《村庄和集镇规划建设管理条例》

第十八条　农村村民在村庄、集镇规划区内建住宅的，应当先向村集体经济组织或者村民委员会提出建房申请，经村民会议讨论通过后，按照下列审批程序办理：

（一）需要使用耕地的，经乡级人民政府审核、县级人民政府建设行政主管部门审查同意并出具选址意见书后，方可依照《中华人民共和国土地管理法》向县级人民政府土地管理部门申请用地，经县级人民政府批准后，由县级人民政府土地管理部门划拨土地。

（二）使用原有宅基地、村内空闲地和其他土地的，由乡级人民政府根据村庄、集镇规划和土地利用规划批准。

城镇非农业户口居民在村庄、集镇规划区内需要使用集体所有的土地建住宅的，应当经其所在单位或者居民委员会同意后，依照前款第（一）项规定的审批程序办理。

回原籍村庄、集镇落户的职工、退伍军人和离休、退休干部以及回乡定居的华侨、港澳台同胞，在村庄、集镇规划区需要使用集体所有的土地建住宅的，依照本条第一款第（一）项规定的审批程序办理。

第二十一条　在村庄、集镇规划区内，凡建筑跨度、跨径或者高度超出规定范围的乡（镇）村企业、乡（镇）村公共设施和公益事业的建筑工程，以及2层（含2层）以上的住宅，必须由取得相应的设计资质证书的单位进行设计，或者选用通用设计、标准设计。

跨度、跨径和高度的限定，由省、自治区、直辖市人民政府或者其授权的部门规定。第二十三条　承担村庄、集镇规划区内建筑工程施工任务的单位，必须具有相应的施工资质等级证书或者资质审查证明，并按照规定的经营范围承担施工任务。

在村庄、集镇规划区内从事建筑施工的个体工匠，除承担房屋修缮外，须按有关规定办理施工资质审批手续。

第二十九条　任何单位和个人都应当遵守国家和地方有关村庄、集镇的房屋、公共设施的管理规定，保证房屋的使用安全和公共设施的正常使用，不得破坏或者损毁村庄、集镇的道路、桥梁、供水、排水、供电、邮电、绿化等设施。

第三十二条　未经乡级人民政府批准，任何单位和个人不得擅自在村庄、集镇规划区内的街道、广场、市场和车站等场所修建临时建筑物、构筑物和其他设施。

第三十四条　任何单位和个人都有义务保护村庄、集镇内的文物古迹、古树名木和风景名胜、军事设施、防汛设施，以及国家邮电、通信、输变电、输油管道等设施，不得损坏。

第三十六条　在村庄、集镇规划区内，未按规划审批程序批准而取得建设用地批准文件，占用土地的，批准文件无效，占用的土地由乡级以上人民政府责令退回。

第四十一条　损坏村庄、集镇内的文物古迹、古树名木和风景名胜、军事设施、防汛设施，以及国家邮电、通信、输变电、输油管道等设施的，依照有关法律、法规的规定处罚。

5.《历史文化名城名镇名村保护条例》

第二十六条　历史文化街区、名镇、名村建设控制地带内的新建建筑物、构筑物，应当符合保护规划确定的建设控制要求。

第二十七条　对历史文化街区、名镇、名村核心保护范围内的建筑物、构筑物，应当区分不同情况，采取相应措施，实行分类保护。

历史文化街区、名镇、名村核心保护范围内的历史建筑，应当保持原有的高度、体量、外观形象及色彩等。

第二十八条　在历史文化街区、名镇、名村核心保护范围内，不得进行新建、扩建活动。但是，新建、扩建必要的基础设施和公共服务设施除外。

在历史文化街区、名镇、名村核心保护范围内，新建、扩建必要的基础设施和公共服务设施的，城市、县人民政府城乡规划主管部门核发建设工程规划许可证、乡村建设规划许可证前，应当征求同级文物主管部门的意见。

在历史文化街区、名镇、名村核心保护范围内，拆除历史建筑以外的建筑物、构筑物或者其他设施的，应当经城市、县人民政府城乡规划主管部门会同同级文物主管部门批准。

第三十三条　历史建筑的所有权人应当按照保护规划的要求，负责历史建筑的维护和修缮。

县级以上地方人民政府可以从保护资金中对历史建筑的维护和修缮给予补助。

历史建筑有损毁危险，所有权人不具备维护和修缮能力的，当地人民政府应当采取措施进行保护。

任何单位或者个人不得损坏或者擅自迁移、拆除历史建筑。

第三十五条　对历史建筑进行外部修缮装饰、添加设施以及改变历史建筑的结构或者使用性质的，应当经城市、县人民政府城乡规划主管部门会同同级文物主管部门批准，并依照有关法律、法规的规定办理相关手续。

第三十六条　在历史文化名城、名镇、名村保护范围内涉及文物保护的，应当执行文物保护法律、法规的规定。

6.《风景名胜区条例》

第二十七条　禁止违反风景名胜区规划，在风景名胜区内设立各类开发区和在核心景区内建设宾馆、招待所、培训中心、疗养院以及与风景名胜资源保护无关的其他建筑物；已经建设的，应当按照风景名胜区规划，逐步迁出。

第四十条　违反本条例的规定，有下列行为之一的，由风景名胜区管理机构责令停止违法行为、恢复原状或者限期拆除，没收违法所得，并处 50 万元以上 100 万元以下的罚款：

（一）在风景名胜区内进行开山、采石、开矿等破坏景观、植被、地形地貌的活动的。

（二）在风景名胜区内修建储存爆炸性、易燃性、放射性、毒害性、腐蚀性物品的设施的。

（三）在核心景区内建设宾馆、招待所、培训中心、疗养院以及与风景名胜资源保护无关的其他建筑物的。

县级以上地方人民政府及其有关主管部门批准实施本条第一款规定的行为的，对直接负责的主管人员和其他直接责任人员依法给予降级或者撤职的处分；构成犯罪的，依法追究刑事责任。

7.《中华人民共和国防洪法》

第十六条　防洪规划确定的河道整治计划用地和规划建设的堤防用地范围内的土地，经土地管理部门和水行政主管部门会同有关地区核定，报经县级以上人民政府按照国务院规定的权限批准后，可以划定为规划保留区；该规划保留区范围内的土地涉及其他项目用地的，有关土地管理部门和水行政主管部门核定时，应当征求有关部门的意见。规划保留区依照前款规定划定后，应当公告。前款规划保留区内不得建设与防洪无关的工矿工程设施；在特殊情况下，国家工矿建设项目确需占用前款规划保留区内的土地的，应当按照国家规定的基本建设程序报请批准，并征求有关水行政主管部门的意见。防洪规划确定的扩大或者开辟的人工排洪道用地范围内的土地，经省级以上人民政府土地管理部门和水行政主管部门会同有关部门、有关地区核定，报省级以上人民政府按照国务院规定的权限批准后，可以划定为规划保留区，适用前款规定。

第二十二条　河道、湖泊管理范围内的土地和岸线的利用，应当符合行洪、输水的要求。禁止在河道、湖泊管理范围内建设妨碍行洪的建筑物、构筑物，倾倒垃圾、渣土，从事影响河势稳定、危害河岸堤防安全和其他妨碍河道行洪的活动。禁止在行洪河道内种植阻碍行洪的林木和高秆作物。在船舶航行可能危及堤岸安全的河段，应当限定航速。限定航速的标志，由交通主管部门与水行政主管部门商定后设置。

违反本法第二十二条第二款、第三款规定，有下列行为之一的，责令停止违法行为，排除阻碍或者采取其他补救措施，可以处五万元以下的罚款：

（一）在河道、湖泊管理范围内建设妨碍行洪的建筑物、构筑物的。

（二）在河道、湖泊管理范围内倾倒垃圾、渣土，从事影响河势稳定、危害河岸堤防安全和其他妨碍河道行洪的活动的。

（三）在行洪河道内种植阻碍行洪的林木和高秆作物的。

8.《中华人民共和国电力法》

第五十三条　电力管理部门应当按照国务院有关电力设施保护的规定，对电力设施保护区设立标志。

任何单位和个人不得在依法划定的电力设施保护区内修建可能危及电力设施安全的建筑物、构筑物，不得种植可能危及电力设施安全的植物，不得堆放可能危及电力设施安全的物品。

在依法划定电力设施保护区前已经种植的植物妨碍电力设施安全的，应当修剪或者砍伐。

第六十九条　违反本法第五十三条规定，在依法划定的电力设施保护区内修建建筑物、构筑物或者种植植物、堆放物品，危及电力设施安全的，由当地人民政府责令强制拆除、砍伐或者清除。

9.《电力设施保护条例》

第十条　电力线路保护区

（一）架空电力线路保护区：导线边线向外侧水平延伸并垂直于地面所形成的两平行面内的区域，在一般地区各级电压导线的边线延伸距离如下：

1～10kV 5m

35～110kV 10m

154～330kV 15m

500kV 20m

在厂矿、城镇等人口密集地区，架空电力线路保护区的区域可略小于上述规定。但各级电压导线边线延伸的距离，不应小于导线边线在最大计算弧垂及最大计算风偏后的水平距离和风偏后距建筑物的安全距离之和。

（二）电力电缆线路保护区：地下电缆为电缆线路地面标桩两侧各 0.75m 所形成的两平行线内的区域；海底电缆一般为线路两侧各 2 海里（港内为两侧各 100m），江河电缆一般不小于线路两侧各 100m（中、小河流一般不小于各 50m）所形成的两平行线内的水域。

第十五条　任何单位或个人在架空电力线路保护区内，必须遵守下列规定：

（一）不得堆放谷物、草料、垃圾、矿渣、易燃物、易爆物及其他影响安全供电的物品。

（二）不得烧窑、烧荒。

（三）不得兴建建筑物、构筑物。

（四）不得种植可能危及电力设施安全的植物。

第十六条　任何单位或个人在电力电缆线路保护区内，必须遵守下列规定：

（一）不得在地下电缆保护区内堆放垃圾、矿渣、易燃物、易爆物，倾倒酸、碱、盐及其他有害化学物品，兴建建筑物、构筑物或种植树木、竹子。

（二）不得在海底电缆保护区内抛锚、拖锚。

（三）不得在江河电缆保护区内抛锚、拖锚、炸鱼、挖沙。

第二十六条　违反本条例规定，未经批准或未采取安全措施，在电力设施周围或在依法划定的电力设施保护区内进行爆破或其他作业，危及电力设施安全的，由电力管理部门责令停止作业、恢复原状并赔偿损失。

10.《中华人民共和国森林法》

第三十七条　矿藏勘查、开采以及其他各类工程建设，应当不占或者少占林地；确需占用林地的，应当经县级以上人民政府林业主管部门审核同意，依法办理建设用地审批手续。

占用林地的单位应当缴纳森林植被恢复费。森林植被恢复费征收使用管理办法由国务院财政部门会同林业主管部门制定。

县级以上人民政府林业主管部门应当按照规定安排植树造林，恢复森林植被，植树造林面积不得少于因占用林地而减少的森林植被面积。上级林业主管部门应当定期督促下级林业主管部门组织植树造林、恢复森林植被，并进行检查。

第七十四条　违反本法规定，进行开垦、采石、采砂、采土或者其他活动，造成林木毁坏的，由县级以上人民政府林业主管部门责令停止违法行为，限期在原地或者异地补种毁坏株数一倍以上三倍以下的树木，可以处毁坏林木价值五倍以下的罚款；造成林地毁坏的，由县级以上人民政府林业主管部门责令停止违法行为，限期恢复植被和林业生产条件，可以处恢复植被和林业生产条件所需费用三倍以下的罚款。

违反本法规定，在幼林地砍柴、毁苗、放牧造成林木毁坏的，由县级以上人民政府林业主管部门责令停止违法行为，限期在原地或者异地补种毁坏株数一倍以上三倍以下的树木。

向林地排放重金属或者其他有毒有害物质含量超标的污水、污泥，以及可能造成林地污染的清淤底泥、尾矿、矿渣等的，依照《中华人民共和国土壤污染防治法》的有关规定处罚。

11.《公路安全保护条例》

第十一条　县级以上地方人民政府应当根据保障公路运行安全和节约用地的原则以及公路发展的需要，组织交通运输、国土资源等部门划定公路建筑控制区的范围。

公路建筑控制区的范围，从公路用地外缘起向外的距离标准为：

（一）国道不少于 20m。

（二）省道不少于 15m。

（三）县道不少于 10m。

（四）乡道不少于 5m。

属于高速公路的，公路建筑控制区的范围从公路用地外缘起向外的距离标准不少于 30m。

公路弯道内侧、互通立交以及平面交叉道口的建筑控制区范围根据安全视距等要求确定。

第十三条　在公路建筑控制区内，除公路保护需要外，禁止修建建筑物和地面构筑物；公路建筑控制区划定前已经合法修建的不得扩建，因公路建设或者保障公路运行安全等原因需要拆除的应当依法给予补偿。

在公路建筑控制区外修建的建筑物、地面构筑物以及其他设施不得遮挡公路标志，不得妨碍安全视距。

第五十六条　违反本条例的规定，有下列情形之一的，由公路管理机构责令限期拆除，可以处 5 万元以下的罚款。逾期不拆除的，由公路管理机构拆除，有关费用由违法行为人承担：

（一）在公路建筑控制区内修建、扩建建筑物、地面构筑物或者未经许可埋设管道、电缆等设施的。

（二）在公路建筑控制区外修建的建筑物、地面构筑物以及其他设施遮挡公路标志或者妨碍安全视距的。

12.《中华人民共和国防震减灾法》

第三十五条　新建、扩建、改建建设工程，应当达到抗震设防要求。

重大建设工程和可能发生严重次生灾害的建设工程，应当按照国务院有关规定进行地震安全性评价，并按照经审定的地震安全性评价报告所确定的抗震设防要求进行抗震设防。建设工程的地震安全性评价单位应当按照国家有关标准进行地震安全性评价，并对地震安全性评价报告的质量负责。

前款规定以外的建设工程，应当按照地震烈度区划图或者地震动参数区划图所确定的抗震设防要求进行抗震设防；对学校、医院等人员密集场所的建设工程，应当按照高于当地房屋建筑的抗震设防要求进行设计和施工，采取有效措施，增强抗震设防能力。

第四十条　县级以上地方人民政府应当加强对农村村民住宅和乡村公共设施抗震设防的管理，组织开展农村实用抗震技术的研究和开发，推广达到抗震设防要求、经济适用、具有当地特色的建筑设计和施工技术，培训相关技术人员，建设示范工程，逐步提高农村村民住宅和乡村公共设施的抗震设防水平。

国家对需要抗震设防的农村村民住宅和乡村公共设施给予必要支持。

13.《中华人民共和国合同法》

第五十三条　合同中的下列免责条款无效：

（一）造成对方人身伤害的。

（二）因故意或者重大过失造成对方财产损失的。

第二百六十二条　承揽人交付的工作成果不符合质量要求的，定作人可以要求承揽人承担修理、重作、减少报酬、赔偿损失等违约责任。

14.《中华人民共和国劳动合同法》

第十条　建立劳动关系，应当订立书面劳动合同。

已建立劳动关系，未同时订立书面劳动合同的，应当自用工之日起一个月内订立书面劳动合同。

用人单位与劳动者在用工前订立劳动合同的，劳动关系自用工之日起建立。

第八十二条　用人单位自用工之日起超过一个月不满一年未与劳动者订立书面劳动合同的，应当向劳动者每月支付二倍的工资。

用人单位违反本法规定不与劳动者订立无固定期限劳动合同的，自应当订立无固定期限劳动合同之日起向劳动者每月支付二倍的工资。

15.《最高人民法院关于审理人身损害赔偿案件适用法律若干问题的解释》

第二条　受害人对同一损害的发生或者扩大有故意、过失的，依照民法通则第一百三十一条的规定，可以减轻或者免除赔偿义务人的赔偿责任。但侵权人因故意或者重大过失致人损害，受害人只有一般过失的，不减轻赔偿义务人的赔偿责任。

适用民法通则第一百〇六条第三款规定确定赔偿义务人的赔偿责任时，受害人有重大过失的，可以减轻赔偿义务人的赔偿责任。

第九条　雇员在从事雇佣活动中致人损害的，雇主应当承担赔偿责任；雇员因故意或者重大过失致人损害的，应当与雇主承担连带赔偿责任。雇主承担连带赔偿责任的，可以向雇员追偿。

前款所称“从事雇佣活动”，是指从事雇主授权或者指示范围内的生产经营活动或者其他劳务活动。雇员的行为超出授权范围，但其表现形式是履行职务或者与履行职务有内在联系的，应当认定为“从事雇佣活动”。

第十条　承揽人在完成工作过程中对第三人造成损害或者造成自身损害的，定作人不承担赔偿责任。但定作人对定作、指示或者选任有过失的，应当承担相应的赔偿责任。

第十一条　雇员在从事雇佣活动中遭受人身损害，雇主应当承担赔偿责任。雇佣关系以外的第三人造成雇员人身损害的，赔偿权利人可以请求第三人承担赔偿责任，也可以请求雇主承担赔偿责任。雇主承担赔偿责任后，可以向第三人追偿。

雇员在从事雇佣活动中因安全生产事故遭受人身损害，发包人、分包人知道或者应当知道接受发包或者分包业务的雇主没有相应资质或者安全生产条件的，应当与雇主承担连带赔偿责任。

属于《工伤保险条例》调整的劳动关系和工伤保险范围的，不适用本条规定。

第十三条　为他人无偿提供劳务的帮工人，在从事帮工活动中致人损害的，被帮工人应当承担赔偿责任。被帮工人明确拒绝帮工的，不承担赔偿责任。帮工人存在故意或者重大过失，赔偿权利人请求帮工人和被帮工人承担连带责任的，人民法院应予支持。

第十四条　帮工人因帮工活动遭受人身损害的，被帮工人应当承担赔偿责任。被帮工人明确拒绝帮工的，不承担赔偿责任；但可以在受益范围内予以适当补偿。

帮工人因第三人侵权遭受人身损害的，由第三人承担赔偿责任。第三人不能确定或者没有赔偿能力的，可以由被帮工人予以适当补偿。

16.《广东省自然资源厅关于规范农村宅基地审批管理的通知》

二、依法规范审批管理流程

依照《中华人民共和国土地管理法》有关规定，农村村民住宅用地由乡镇人民政府审核批准，其中，涉及占用农用地的依法办理农用地转用审批手续，涉及使用林地的要依法办理使用林地审核审批手续。乡镇人民政府要切实履行属地责任，优化审批流程，提高审批效率，加强事中事后监管，组织做好农村宅基地审批和建房规划许可有关工作，为农民提供便捷高效的服务。

（一）宅基地分配原则。农村宅基地分配使用严格贯彻“一户一宅”的法律规定，农村村民一户只能拥有一处宅基地，面积继续沿用省规定的面积标准。农村村民应严格按照批准面积和建房标准建设住宅，禁止未批先建、超面积占用宅基地。经批准易地建造住宅的，应严格按照“建新拆旧”要求，将原宅基地交还村集体。农村村民出卖、出租、赠予住宅后，再申请宅基地的不予批准。人均土地少、不能保障一户拥有一处宅基地的地区，县级人民政府在充分尊重农民意愿的基础上，可以采取措施，按照我省宅基地面积标准保障农村村民户有所居。各县（市、区）人民政府要完善以户为单位取得宅基地分配资格的具体条件和认定规则，消除公安分户前置障碍。农村宅基地地上房屋层高和建筑面积标准由各县（市、区）人民政府结合本地实际作出限定。

（二）规范村级审核。符合宅基地申请条件的农户，以户为单位向具有宅基地所有权的农村集体经济组织提出宅基地和建房（规划许可）书面申请。所在农村集体经济组织收到申请后，提交农村集体经济组织成员（代表）会议讨论并将申请理由、拟用地位置和面积、拟建房层高和面积等情况在本集体经济组织范围内公示，公示期不少于 5 个工作日。公示无异议或异议不成立的，所在农村集体经济组织将农户申请、农村集体经济组织成员（代表）会议记录等材料交村集体经济组织或村民委员会（以下简称村级组织）审查。村级组织重点审查提交的材料是否真实有效、拟用地建房是否符合村庄规划、是否征求了用地建房相邻权利人意见等。审查通过的，由村级组织签署意见，报送乡镇政府。如果没有组级集体经济组织的，则由村民向村民小组提出申请，依照上述程序办理。没有分设村民小组或宅基地和建房申请等事项已由村级组织办理的，农户直接向村级组织提出申请，经村民代表会议通过并在本集体经济组织范围内公示后，由村级组织签署意见，报送乡镇政府。

（三）规范乡镇审批。乡镇政府要依托乡镇行政服务中心等平台，建立一个窗口对外受理、多部门内部联动运行或整合相关资源力量集中办公的农村宅基地用地建房联审联办制度。审批过程中，农业农村部门负责审查申请人是否符合申请条件、拟用地是否符合宅基地合理布局要求和面积标准、宅基地和建房（规划许可）申请是否经过村组审核公示等，并综合各有关部门意见提出审批建议；自然资源部门负责审查用地建房是否符合国土空间规划、林地保护利用规划、用途管制要求，其中涉及占用农用地的，应在办理农用地转用审批手续后，核发《乡村建设规划许可证》。涉及林业、水利、电力等部门的要及时征求意见。不涉及农用地转用的，由乡镇政府根据各部门联审结果，对农村宅基地申请进行审批，出具《农村宅基地批准书》和《乡村建设规划许可证》。各地要公布办理流程和要件，明确材料审查、现场勘查等各环节的岗位职责和办理期限。各地可根据上述原则要求，探索建立适合当地工作实际的审批管理制度。审批结果应及时公布。乡镇政府要建立宅基地用地建房审批管理台账，有关资料归档留存，并于每月 3 日前将上月审批情况报县级农业农村、自然资源等部门备案。鼓励各地加快信息化建设，研发农村宅基地用地和建房规划许可审批管理信息系统，逐步实现数字化管理。

（四）严格用地建房全程管理。乡镇政府应推行农村宅基地和建房规划许可申请审批管理“五公开”制度，落实村庄规划、申请条件、审批程序、审批结果、投诉举报方式公开。全面落实“三到场”要求，乡镇政府应及时组织农业农村、自然资源等有关部门进行实地审查，做到申请审查到场、批准后丈量批放到场、住宅建成后核查到场，出具《农村宅基地和建房（规划许可）验收意见表》。通过验收的农户可以向不动产登记部门申请办理不动产登记。各地要依法组织开展农村用地建房动态巡查，及时发现和处置涉及宅基地使用和建房规划的各类违法违规行为；指导村级组织完善宅基地民主管理程序，探索设立村级宅基地协管员。

17.《住房和城乡建设部关于切实加强农房建设质量安全管理的通知》

二、落实管理责任

（三）落实人员管理责任。乡镇建设管理员按照有关规定负责农房选址、层数、层高等乡村建设规划许可内容的审核，对农房设计给予指导。实地核实农房“四至”，在施工关键环节进行现场指导和巡查，发现问题及时告知农户，对存在违反农房质量安全强制性技术规范的予以劝导或制止。指导和帮助农户开展竣工验收，对符合规划、质量合格的农房按有关规定办理备案手续，对不合格的提出整改意见并督促落实。

三、强化建设责任和安全意识

（一）落实建设主体责任。农房建设单位或个人对房屋的质量安全负总责，承担建设主体责任。农房设计、施工、材料供应单位或个人分别承担相应的建设工程质量和安全责任。

五、加强农村建筑工匠队伍管理

各级住房和城乡建设部门要加强对农村建筑工匠的管理，指导成立农村建筑工匠自律协会。要发挥农村建筑工匠保障农房建设质量安全的重要作用，指导农户与工匠签订施工合同，结合当地实际，探索建立农村建筑工匠质量安全责任追究和公示制度，并由农房质量安全监管部门进行备案。要组织编印农村建筑工匠培训教材，开展专业技能、安全知识等方面培训，提高农村建筑工匠的技术水平及从业素质。

六、严格农房改扩建管理

各地要加强农房改造、扩建、加层、隔断等建设行为的指导与监管，特别要加强城乡接合部、乡村旅游地等房屋租赁行为频繁、建设主体混乱地区农房改扩建的质量安全管理，未通过竣工验收的农房不得用于从事经营活动，切实保障公共安全。要完善建设规划许可管理，鼓励和支持有资质的单位和个人提供设计和施工服务，在确保结构安全的前提下满足农民改扩建需求。要加强日常巡查，及时发现和制止随意加大门窗洞口、超高接层、破坏承重结构改造建设等情况，发现安全隐患，督促农户及时加固处理。

18.《广东省住房和城乡建设厅关于调整房屋建筑和市政基础设施工程施工许可证办理限额的通知》

一、2019 年 9 月 1 日起，工程投资额在 100 万元以下（含 100 万元）或者建筑面积在 $500m^2$ 以下（含 $500m^2$）的房屋建筑和市政基础设施工程（以下称限额以下小型工程），可以不申请办理施工许可证。

二、任何单位和个人不得将应当申请办理施工许可证的工程项目分解为若干限额以下的工程项目，规避申请办理施工许可证。各地住房城乡建设主管部门要严格执行有关法律规范，贯彻落实工程建设项目审批制度改革要求，依法审查和颁发施工许可证。应当申请领取施工许可证的工程项目未取得施工许可证的，一律不得开工。

19.《住房和城乡建设部关于加强农村危房改造质量安全管理工作的通知》

二、全面实行基本的质量标准

农村危房改造后的房屋必须满足基本的质量标准，即选址安全，地基坚实；基础牢靠，结构稳定，强度满足要求；抗震构造措施齐全、符合规定；围护结构和非结构构件与主体结构连接牢固；建筑材料质量合格；施工操作规范。同时，应具备卫生厕所等基本设施。

各省级住房和城乡建设部门要根据上述基本的质量标准，以及《农村危房改造抗震安全基本要求（试行）》（建村〔2011〕115 号）的规定，结合本地区实际，细化并提出主要类型农房改造基本质量要求。

三、全面实行基本的结构设计

农村危房改造必须要有基本的结构设计，没有基本的结构设计不得开工。要依据基本的质量标准或当地农房建设质量要求进行结构设计。基本的结构设计内容应包括地基基础、承重结构、抗震构造措施、围护结构等分项工程的建设要点，可使用住房和城乡建设部门推荐的通用图集，或委托设计单位、专业人员进行专业设计，也可采用承建建筑工匠提供的设计图或施工要点。

四、全面实行基本的建筑工匠管理

农村危房改造必须实行建筑工匠管理。各地要指导危房改造户按照基本的结构设计，与承建的建筑工匠或施工单位签订施工协议。要切实做好建筑工匠培训，未经培训的建筑工匠不得承揽农村危房改造施工。有能力自行施工的危房改造户，也应签署依据基本结构设计施工的承诺书。施工人员信息、建筑工匠培训合格证明材料、施工协议或承诺书等要纳入危房改造农户档案，将上述材料拍成照片作为图文资料录入农村危房改造农户档案管理信息系统（以下简称信息系统）。

各地要加强建筑工匠管理和服务。县级以上地方住房和城乡建设部门要通过政府购买服务或纳入相关培训计划等方式，免费开展建筑工匠培训，提高工匠技术水平。各县（市）要建立建筑工匠质量安全责任追究和公示制度，发生质量安全事故要依法追查施工方责任，要公布有质量安全不良记录的工匠“黑名单”。

五、全面实行基本的质量检查

农村危房改造基本的质量检查必须覆盖全部危房改造户。县级住房和城乡建设部门要按照基本的质量标准，组织当地管理和技术人员开展现场质量检查，并做好现场检查记录。检查项目包括地基基础、承重结构、抗震构造措施、围护结构等，重要施工环节必须实行现场检查。经检查满足基本质量标准的要求后，进行现场记录并与危房改造户、施工方签字确认，存在问题的要当场提出措施进行整改。现场检查记录要纳入农村危房改造农户档案，检查记录的照片要上传到信息系统。统一建设的农村危房改造项目，由省级住房和城乡建设部门制定现场质量检查办法。

1.2　安全意识

建筑业是危险性较大的行业。农村建房中，安全设施简单，施工人员的安全意识差，造成农房建设过程中安全事故时有发生，因拆房、建房施工发生人员伤亡而起诉到法院的案件数量每年也居高不下。因此，乡村建筑工匠在建房过程中要提高安全意识，做好个人安全防护。

1.2.1　建筑施工行业是高尚的行业、高危的行业

建筑施工行业是高尚的行业。乡村建筑工匠是美丽乡村的建设者，实施乡村振兴战略的实施者，走进城市就是美好城市的建设者和城市建设的主力军。乡村建筑工匠为我国的美丽新农村建设、城市发展作出了巨大贡献，见图 1.2-1。

建筑施工行业是高危险的作业行业。据统计，建筑业伤亡事故率在工矿企业中仅次于矿山行业。据住房和城乡建设部的建办质函〔2020〕316 号、建办质函〔2019〕188 号文件可知，2019 年全国共发生房屋市政工程生产安全事故 773 起、死亡 904 人，2018 年全

图 1.2-1　生态宜居的美丽新农村

国共发生房屋市政工程生产安全事故 734 起、死亡 840 人。

在农村建房，承包人普遍没有从业资格和企业资质，施工人员普遍没有从事建筑施工的专业技能，施工安全设施简陋，施工过程中没有相应的安全防范措施且违规作业，如未设置防护网，脚手架未扎牢，裸露施工，不戴安全帽，酒后作业，施工用电不规范，水电乱接乱引，材料零乱堆放，建房场地不符合安全标准等。由于近年来农村青壮年劳动力大多数外出打工，农民建房时，往往会就近在本村找一些中老年劳动力进行施工。这些人年龄大多都在四十岁以上，有的甚至年逾六旬。他们由于年龄大、体力弱、身体敏捷度差，遇事反应慢，在施工中极易发生安全事故。

安全无小事，在施工过程中一旦发生安全事故，轻者造成施工人员伤残，重者造成人员死亡，经济损失少则数万元，多则几十万元。不但使受害者及其家属承受巨大的心理伤痛，还不得不垫付巨额的医药费，而且雇主和房主也面临着受害者及其家属的经济索赔，背负沉重的经济负担，有的还会因经济赔偿问题引发新的纠纷。所以，工作中千万要记住安全是第一位的。

1.2.2　安全责任重于泰山

生命只有一次，请珍爱生命，牢记安全。安全是天，生死攸关。安全维系着人的生命，是“人命关天”的大事。安全关乎我们每一个人的身体健康和生命安全，关乎每一个家庭的幸福，也关系到每个企业的发展和社会的和谐。

平安是福，无危则安，无缺则全。安全是我们工作生活的永恒主题，是家庭幸福的重要组成部分。在家庭中，“你的安全是父母眼中的幸福，你的平安是妻子殷殷的嘱托，你的平安是儿女成长的根基”。任何人的生命只有一次，如果一旦失去将无法挽回，家庭将失去顶梁柱，父母和孩子将承受巨大的悲痛，一个家庭的希望将会破灭。“身体是革命的本钱”，身体没了、残了、垮了，你就无法继续工作和健康生活，也可能无法再承担起家庭的责任。发生安全事故，不仅自己难受，家人更是心疼。安全事故的发生除了对自身的伤害外，对亲人的伤害可能是一辈子的。你的安全就是亲人的期盼，你的亲人最希望的是你能平平安安、健健康康回来。做好个人安全生产就是你对亲人最好的承诺和最大的责任和担当。因此，在施工生产中，我们一定要把安全生产放在首位，严格遵守劳动纪律，杜绝“三违”，珍爱生命，若忽视了施工安全，那将是最大的隐患和危险，是工作中最大的错误，所以我们要在施工中牢记“安全责任重于泰山”，时时刻刻提高安全意识，处处讲安全，真正做到“安全第一、预防为主”，为自己、家庭和企业尽自己的责任。

1.2.3　安全意识及其主要表现形式

所谓安全意识，就是人们头脑中建立起来的生产必须安全的观念，是人们在生产活动中，对各种各样可能对自己或他人造成伤害的外在环境条件的一种戒备和警觉的心理状态。

1. 安全第一意识

“安全第一”是做好一切工作的试金石，是落实“以人为本”的根本措施。坚持“安全第一”，就是对国家负责，对企业负责，对人的生命负责。

2. 预防为主意识

“预防为主”是实现“安全第一”的前提条件，也是重要手段和方法。“隐患险于明火，防范胜于救灾”，虽然人类还不可能完全杜绝事故的发生，实现绝对安全，但只要积极探索规律，采取有效的事前预防和控制措施，就可以做到防患于未然，将事故消灭在萌芽状态。

3. 遵守法律法规意识

自觉树立遵守法律法规意识，自觉遵章守纪，是做好安全施工的前提。

4. 自我保护意识

要深刻理解安全的重要性，努力提高自身的综合素质和技术水平，严格按照施工操作规程操作，自觉做好个人安全保护工作，做到不伤害自己、不伤害他人、不被他人伤害。

5. 群体意识

一定要树立良好的群体意识，相互帮助，相互保护，相互协作，密切配合，这是保障安全施工的重要条件。例如在高空作业时，没有群体意识，高空抛物就有可能伤害到他人。

1.2.4　提高安全意识的方法

1. 提高思想认识

提高安全意识，首先要认识到“拥有生命和健康是拥有和享受一切的基础”。保证安全是为了自己和亲人的幸福，没有安全就可能没有一切，就可能会给自己和亲人带来伤害和痛苦，会给自己、承包人、企业或业主带来损失。每一个工匠都要树立安全第一的意识，要时刻想着，做到“三不伤害”，其中最关键的是要保护好自己、不伤害自己。广大建筑工匠必须首先要认识到安全的重要性！提高自己的思想认识，牢固树立“安全第一”的思想。

2. 养成良好的安全行为习惯

提高安全意识，最主要的一点就是提高严格执行安全操作规程的意识。要做到有没有人管都一个样，有没有监控都一个样，坚决杜绝习惯性“三违”，养成执行安全规程的习惯，在每项工作开始前要想着安全规程。大量事实证明，不少人既是违章作业者，同时也是事故受害者。因此每位建筑工匠都要养成严格执行安全规程的良好行为习惯。

3. 积极学习掌握安全知识和技能

提高安全意识，就是要从内心深处一定要根除迷信，要相信科学，相信技术，要实事求是，要相信只有提高每一个人的安全技能、安全事故分析防范能力，提高设备的机械化自动化程度，提高每个人的事故处理及逃跑能力，这样才能避免和减少事故的发生，降低事故发生的概率。

1.2.5 杜绝“三违”现象

杜绝“三违”是指杜绝违章指挥、违章作业、违反劳动纪律。

1. 违章指挥

企业负责人、有关管理人员或包工负责人等法制观念淡薄，缺乏安全知识，思想上存有侥幸心理，对国家、集体的财产和人民群众的生命安全不负责任。在明知不符合安全生产有关条件下，仍指挥作业人员冒险作业。

2. 违章作业

作业人员没有安全生产常识，不懂安全生产规章制度和操作规程，或者在知道基本安全知识的情况下，在作业过程中，仍违反安全生产规章制度和操作规程，不顾国家、集体的财产和他人、自己的生命安全，擅自作业，冒险蛮干。

3. 违反劳动纪律

作业人员在上班时不知道劳动纪律，或者不遵守劳动纪律，违反劳动纪律进行冒险作业，造成不安全因素。

1.2.6 克服不安全行为心理因素

人是有思维的劳动者，其行为方式取决于人的心理状况。人的不安全行为背后，起支配作用的大多是一些不安全的心理因素。因此，要了解自身可能存在的不稳定心理因素，并在此基础上，通过对可能导致事故的心理进行预防和矫正，克服作业中不利的心理因素，从而消除事故隐患，保证施工安全。

1. 侥幸心理

其表现特征是：不能辩证地认识事故发生的偶然性和必然性，认为出事故的人都是“运气”不好，违章操作不一定会发生事故，相信自己有能力避免事故发生且别人不一定能发现。

（1）一是经验错误。例如，某种违章作业从未发生过事故，或多年未发生过，心理上的危险感觉便会减弱，从而导致出现错误的认识，认为违章也未必出事故，以前没事，现在也应该不会有事。

（2）二是认识上错误。认为事故的发生是小概率和随机的，这次应该不会出事，出事了不一定就会造成伤害，即便造成了伤害也不一定很重。因此，容易容忍不安全行为的存在。

所谓不怕一万、就怕万一，就是这个道理。因此，必须从第一次违章起，就要坚决予以纠正，决不允许形成不安全的行为习惯。

2. 冒险心理

其表现特征是：争强好胜，喜欢逞能，干事情不尊重客观规律，自以为是，爱出风头，冒险作业，全然不考虑后果；私下爱与人打赌，违章作业；为争取产量、时间，不按规程作业。

有冒险行为的人，一般只顾眼前一时得失，自以为能一举成名，而不顾客观效果，盲目行动，蛮干且不听劝阻，把冒险当作英雄行为。这种心理尤以青年职工为盛，应引起特别注意。

3. 麻痹心理

其表现特征是：由于是经常干的工作，所以习以为常，并不感到有什么危险，认为此工作已干过多次，因此满不在乎，没注意反常现象，照常操作。责任心不强，得过且过，安全意识淡薄，缺乏严谨细致的工作态度，特别是一段时间未发生安全事故，工作时会麻痹松懈、马虎凑合，对质量和安全不严格要求。

在这种心理支配下，会沿用习惯的方式作业，凭“老经验”行事，放松对危险的警惕，习以为常，屡教不改。对一些不良习惯，听不进安全管理人员的规劝、制止，这将终会酿成灾祸。

4. 省事心理

其表现特征是：贪便宜、走捷径，把必要的安全规定、安全措施、安全设备认为是其实现目标的障碍。如为了图凉快而不戴安全帽；为了方便不准确穿戴各种防护用品。怕麻烦，工作不细致，工作责任心差，缺乏科学的工作态度，实际工作中只追求产量和进度。

这种贪便宜、图省事、走捷径的心理是人类长期生活中养成的一种心理习惯。

5. 逆反心理

其表现特征是：不接受正确的、善意的规劝和批评，坚持其错误行为。

6. 凑兴心理

凑兴心理有增进人们团结的积极作用，但也常导致一些无节制的不理智行为；诸如上班凑热闹、乱动操作机台、工作时间嬉笑等，这都是发生事故的隐患。

7. 从众心理

由于从众心理，不安全行为或行动很容易被他人仿效；如有些人不遵守安全操作规程并未发生事故，那么同班组的其他人也会跟着不按规程操作。

8. 自私心理

这种心理与人的品德、责任感、修养、法制观念有关。它是以自我为核心，只要我方便而不顾他人、不顾后果。

9. 事故案例

（1）在广州某工地进行人工挖孔桩施工时遇夹层（桩直径 1.2m，深 17m，井下水深 8m），需补做地质情况勘测。朱某下井检查钻机套管，机手提醒他戴安全带，他说：“这是一点小事，不需要安全带”。结果失足跌落井内。事发后即便立即抽水打捞救人，但 20 分钟后捞起，朱某已身亡。

（2）中山市南朗镇某工地，工人李某下班为图方便，沿墙钢架杆件由屋顶爬下，结果从 10m 高处失足坠落地面当场死亡。

1.2.7　做到“三不伤害”

1. 不伤害自己

（1）保持正确的工作态度及良好的身体心理状态，保护自己的责任主要在于自己。

（2）掌握自己操作的设备或活动中的危险因素及控制方法，遵守安全规则，使用必要的防护用品，不违章作业。

（3）任何活动或设备都可能是危险的，要确认无伤害和威胁后再行动。

（4）杜绝侥幸、自大、逞能、想当然心理，莫以患小而为之。

（5）积极参加安全教育培训，提高识别和处理危险的能力。

（6）虚心接受他人对自己不安全行为的纠正。

2. 不伤害别人

（1）个人的活动随时会影响他人安全，应尊重他人生命，不制造安全隐患。

（2）对不熟悉的活动、设备、环境多听、多看、多问，行动前要做必要的沟通协商。

（3）操作设备尤其是启动、维修、清洁、保养时，要确保他人在免受影响的区域。

（4）个人所知、所造成的危险应及时告知受影响人员，同时加以消除或予以标识。

（5）对所接受到的安全规定/标识/指令，应认真理解后执行。

（6）管理者对危害行为的默许纵容是对他人最严重的威胁，安全表率是其应尽的职责。

3. 不被别人伤害

（1）提高自我防护意识，保持警惕，及时发现并报告危险。

（2）个人的安全知识及经验应与同事共享，要帮助他人提高事故预防技能。

（3）不忽视已标识的或潜在的危险并远离，除非有防护措施及安全保证。

（4）纠正他人可能危害自己的不安全行为，不伤害生命比不伤害情面更重要。

（5）冷静处理所遭遇的突发事件，正确应用所学的安全技能。

（6）拒绝他人的违章指挥，即使是主管所发出的，不被伤害是个人的权利。

4. 事故案例

（1）上海市某工地，一工人未戴安全帽蹲地施工，在站立过程中，头部撞到脚手架，经抢救无效死亡。

（2）韶关某工地，一人擅自推开搅拌机控制室窗，伸手拉开门进入控制室，启动搅拌机，致使另一正在清理搅拌机的人被伤害，经抢救无效死亡。

（3）韶关某工地，7.5m 高的支模用木材制作，事发时刚开始进行屋面边缘排水天沟的拆模作业（此时混凝土龄期仅 13d），而支模下又违规安排工人进行贴外墙瓷片的交叉作业，南向①～⑩轴（54m）的支模突然倾覆垮塌，致 2 人被压当场死亡，1 人经抢救无效死亡，1 人重伤，4 人轻伤。

1.2.8　施工现场十大安全纪律

1. 进入施工现场，必须遵守安全生产规章制度。

2. 严禁穿拖鞋、高跟鞋或光脚进入施工现场。

3. 进入施工现场必须正确佩戴安全帽。

4. 严禁酒后上岗作业。

5. 高处作业严禁穿皮鞋和带钉易滑鞋。

6. 施工现场动火，要办相关手续，吸烟到吸烟室，不准随意吸烟。

7. 严禁攀爬脚手架、井架或随吊盘上落，对各种安全防护保险装置、设施、警告牌和标志等不准随意拆除和挪动。

8. 施工现场的各种机械、电气设备必须由持证专业人员操作，任何人不得随意动用或乱拉乱接。

9. 现场要服从领导和安全检查人员的指挥，不准在施工现场打闹嬉戏。

10. 严禁从高处向下抛掷任何物品，以免造成物体打击，高处作业必须系好安全带。

1.2.9　常见安全事故的防范措施

1. 防高处坠落和物体打击的安全措施

（1）做好“三宝”“四口”“五临边”的防护。

（2）设施必须牢固，物体必须放稳。

（3）不违章攀爬、不违章作业和不高空抛物。

（4）高处作业要注意行走，站稳踩实，不用力过猛。

2. 防触电的安全措施

（1）安装漏电保护装置。

（2）使用前检查用电设备的防护设施、漏电开关和电线（缆），证实完好后才能施工。

（3）不乱拉乱接电线（缆），不踩踏电线（缆），注意不触碰外电线路。

（4）不用湿手触摸开关和电线，不乱动通电设备，移动电器设备要切断电源。

（5）用电作业要戴绝缘手套，穿绝缘鞋。

（6）特殊工种应持证上岗。电器出现问题，应立即通知上级，不要擅自修理，非电工人员严禁进行电工作业。

3. 防坍塌的安全措施

（1）挖掘土方应从上而下施工，禁止采用掏空底脚的操作方法。

（2）挖出的泥土要按规定放置或外运，不得随意沿围墙或临时建筑堆放。

（3）各种模板支撑等，必须按照设计方案的要求搭设和拆除，不能过早拆除模板。

（4）建（构）筑物要严格按施工方案和采取安全技术措施拆除，一般应按自上而下的顺序进行，不能采用推倒办法，禁止数层同时拆除。当拆除某一部分的时候，应防止其他部分发生坍塌。

（5）脚手架上、楼板面等不能集中堆放物料，防止坍塌。

（6）严禁随意拆除模板、脚手架的稳固设施。

1.2.10　安全事故应急救援

1. 触电急救知识

（1）首先应拉下开关、拔下插头或切开断路器，也可戴上绝缘手套或用带有绝缘柄的利器切断电源线。

（2）如果无法迅速拉下开关、拔下插头或切开断路器，可用干燥的木棍挑开电线，或用干燥的衣服包住手或电线再使其分开。

（3）如果触电者由于痉挛，手指紧握导线或导线缠绕在身上，救护人可先用干燥的木板塞进触电者身下，使其与地绝缘来隔断电源，然后再采取其他办法把电源切断。

（4）地面有水潮湿时，救护者应穿绝缘鞋，或站在木板或绝缘垫上进行施救。水中触电时，如果没有切断电源，不要随便施救。

（5）触电者脱离电源后，如果没有心跳和呼吸应立即进行心肺复苏，在医护人员到来之前不要停止。

2. 心肺复苏紧急救护知识

伤者一旦呼吸心跳停止，18s 后脑缺氧，30s 后昏迷，60s 后脑细胞开始死亡，4～6min 时大脑细胞产生不可逆损害，6min 后脑细胞可能全部死亡。抢救生命的黄金时间只有 4min！在医院专业急救人员到达前，现场“第一目击者”及时伸出双手施救，就有可能挽救生命。

（1）呼叫伤者判断其意识和呼吸，如没有反应或仅仅只有喘息样呼吸，即可实施心肺复苏紧急救护。

（2）胸外按压。找到胸骨中下段 1/3 处，也即是两乳头连线的中点位置，或剑突上两横指。把手掌根部放在两乳头连线中点位置，手掌根部重叠，双手十指交叉相扣，按压深度至少为 5cm，按压 30 次，注意须让胸廓回弹，见图 1.2-2。

（3）开放气道。托起伤者下颌，并使其头尽量后仰，查看伤者呼吸是否顺畅，应清除病人口腔内的呕吐物、泥土、杂物等，保持呼吸道畅通。

（4）人工呼吸。捏住伤者的两个鼻孔，口对口，自然吸气，适力吹入。每次吹气持续 1s 以上，连续吹气两次，胸廓起伏避免过度通气，不要吹气过多或吹气过猛，见图 1.2-3。

（5）胸外按压 30 次，人工呼吸 2 次，周而复始进行，直至复苏。

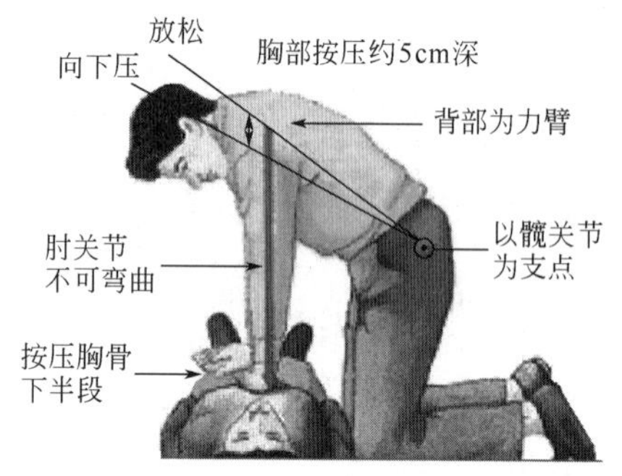

图 1.2-2　胸外按压

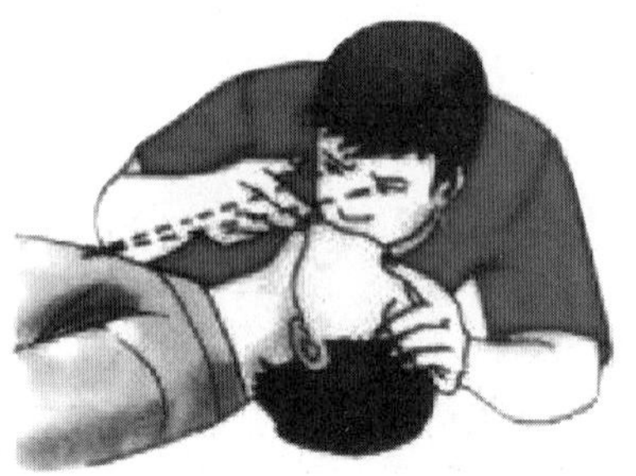

图 1.2-3　人工呼吸

1.3　质量意识

质量意识是一个企业从决策层到员工对质量工作的认识和理解的程度，这对质量行为起着极其重要的影响和制约作用。在质量意识当中，具有质量管理专门知识、技能的人才是质量管理的第一要素，对质量管理的开展起到决定性的作用。因此，提高乡村建筑工匠的质量意识对提高乡村建设的建筑质量具有重要作用。

1.3.1　质量意识

在 ISO 质量体系中，“质量”被理解为一组固有特性满足明示的、通常隐含的或必须履行的需求或期望的程度。广义来说，“质量”包括过程质量、产品质量、组织质量、体系质量及其组合的实体质量、人的质量等。一般来说，质量意识应该体现在每一位员工的岗位工作中，也应该体现在企业决策层的岗位工作中。质量意识是企业生存和发展的思想基础。有质量意识的员工和决策层，不仅仅限于被动地接受对产品质量的要求，而是应不断地关注产品质量，且提出改善意见，促进质量的提高。

1.3.2　百年大计，质量第一

建筑工程要求使用寿命长，一般的建筑按设计使用年限要求最低也应达到 50 年，很多高品质的建筑甚至可以使用百年、千年。赵州桥始建于隋代，是一座位于河北省石家庄市赵县城南洨河之上的石拱桥（图 1.3-1），由匠师李春设计建造，已有 1400 余年历史；南禅寺大殿（图 1.3-2），是我国现存最早的木结构建筑，位于山西省五台县城西南 22km 的李家庄，始建年代不详，重建于唐建中三年（公元 782 年），距今已有 1200 余年历史；东升围客家围屋（图 1.3-3），位于梅州兴宁市宁新街道东风村，始建于元朝初期，是兴宁历史最悠久的围龙屋，已有 700 年历史；自力村碉楼群（图 1.3-4）位于广东开平市塘口镇，是世界文化遗产地之一，已有近 100 年历史。以往的建筑往往是要传给子孙后代居住或使用，所以建造时十分重视建筑质量，对建筑施工要求很高。由此看来，要想使建筑使用年限长久，必须真正做到“百年大计，质量第一”。

图 1.3-1　赵州桥

图 1.3-2　南禅寺大殿

图 1.3-3　东升围客家围屋

图 1.3-4　自力村碉楼群

“百年大计，质量第一”也是我国工程建设的基本方针之一。坚持质量第一，既是建筑工匠的职责，也是建筑工匠的良心和道德要求。目前，对于普通老百姓，买房子或建房子都不容易，往往要花费大半辈子，甚至几代人的积蓄和努力。一个能够遮风挡雨的建筑空间，既是人们生存发展的最基本的物质需求，也关系居民生活水平的高低。质量不佳的建筑将严重影响建筑的使用功能和生活体验，甚至危及人们的生命安全，安居乐业便更无从谈起，如一些新建不久的房屋出现漏水、开裂问题（图 1.3-5～图 1.3-6），给老百姓的生活造成很大的影响和经济损失。因此，所有工程建设都要坚持“百年大计、质量第一”，要给子孙后代留下质量可靠的宝贵财富。

图 1.3-5　新建房屋开裂

图 1.3-6　新建房屋漏水

1.3.3　工匠精神

工匠精神是一种职业精神，是职业道德、职业能力、职业品质的体现，是从业者的一种职业价值取向和行为表现。

工匠们喜欢不断雕琢自己的产品，不断改善自己的工艺，享受着产品在双手中升华的过程。工匠们对细节有很高要求，追求完美和极致，对精品有着执着的坚持和追求，把品质从 0 提高到 1，其利虽微，却长久造福于世。

工匠精神是社会文明进步的重要尺度，是中国制造前行的精神源泉，是企业竞争发展的品牌资本，是员工个人成长的道德指引。工匠精神就是追求卓越的创造精神、精益求精的品质精神、用户至上的服务精神。

1. 工匠精神的内涵

（1）敬业。敬业是从业者基于对职业的敬畏和热爱而产生的一种全身心投入的认真、尽职尽责的职业精神状态。中华民族历来有“敬业乐群”“忠于职守”的传统，敬业是中国人的传统美德，也是当今社会主义核心价值观的基本要求之一。早在春秋时期，孔子就主张人在一生中始终要“执事敬”“事思敬”“修己以敬”。“执事敬”，是指行事要严肃、认真、不怠慢；“事思敬”，是指临事要专心致志，不懈怠；“修己以敬”，是指加强自身修养，保持恭敬、谦逊的态度。

（2）精益。精益就是精益求精，是从业者对每件产品、每道工序都凝神聚力、追求极致的职业品质。所谓精益求精，是指已经做得很好了，还要求做得更好，“即使做一颗螺丝钉，也要做到最好”。正如老子所说，“天下大事，必作于细”。能基业长青的企业，无不是精益求精才获得成功的。

（3）专注。专注就是内心笃定而着眼于细节的耐心、执着、坚持的精神，这是一切“大国工匠”所必须具备的精神特质。从中外实践经验来看，工匠精神都意味着一种执着，即一种几十年如一日的坚持与韧性。“术业有专攻”，一旦选定行业，就一门心思扎根下去，心无旁骛，在一个细分产品上不断积累优势，在各自领域成为“领头羊”。在中国早就有“艺痴者技必良”的说法，如《庄子》中记载的游刃有余的庖丁、《核舟记》中记载的奇巧人王叔远等。

2. 工匠精神的现实意义

当今社会心浮气躁，追求“短、平、快”（投资少、周期短、见效快）带来的即时利益，从而忽略了产品的品质灵魂。因此建筑作品更需要工匠精神，才能在长期的竞争中获得成功。坚持“工匠精神”的企业或工匠，依靠信念、信仰，看着自己作品不断改进、不断完善，最终通过高标准高要求历练之后，成为众多客户和用户的骄傲，无论成功与否，这个过程，他们的精神是在完完全全地享受，是脱俗的，也是正面积极的。

工匠精神就是匠人精神。所谓工匠精神，第一是热爱你所做的事，胜过爱这些事给你带来的利益；第二就是精益求精，精雕细琢。精益管理就是“精”“益”两个字。把作品从 60％提高到 99％，和从 99％提高到 99.99％是一个概念。他们不跟别人较劲，跟自己较劲。

工匠精神落在个人层面，就是一种认真精神、敬业精神。其核心是：不仅仅把工作当作赚钱养家糊口的工具，更是树立起对职业敬畏、对工作执着、对产品负责的态度，极度注重细节，不断追求完美和极致，带给客户无可挑剔的体验。将一丝不苟、精益求精的工匠精神融入每一个环节，做出打动人心的一流产品。与工匠精神相对的，则是“差不多精神”——满足于 90％，差不多就行了，而不追求 100％。我国的建筑质量存在大而不强、产品档次整体不高、自主创新能力较弱等现象，多少与工匠精神缺失、“差不多精神”显现有关。

1.3.4　三全质量管理

“三全质量管理”是指生产企业的质量管理实行全员、全过程、全方位的质量管理。质量管理始于二十世纪初期的美国，五十年代后，日本结合本国特点在实践中总结出一套质量管理的思想特点和方法，即“全面质量管理”。1980 年开始，建筑业推广全面质量管理，调动了广大员工参加质量管理的积极性、创造性，提高了工作质量、工程质量。

1. 全员质量管理

全员质量管理是指全体员工参加全面质量管理，任何一个人的工作质量会不同程度地、直接或间接地影响建筑工程质量。因此，必须把全体人员的积极性和创造性充分调动起来，抓好全员质量管理教育，实行质量目标责任制，让每一名工匠都积极参加质量管理活动，共同把关，搞好质量。因此，要想建造高质量的建筑物，每一名建筑工匠都必须做好自己的本职工作。

2. 全过程质量管理

全过程质量管理是指根据工程质量的形成规律，从源头抓起，全过程推进。按照施工程序，从质量目标计划、施工准备、施工过程控制、竣工验收到交工，把质量贯穿全过程，每个工序、每个环节、每个阶段都要进行预防和把关。因此，必须掌握识别过程和应用过程方法进行全过程质量控制。全过程质量控制包括事前控制、事中控制和事后控制。如要想建好房子，就必须从购买原材料开始控制，要买质量好的水泥、砂石、砌块、钢筋等材料，要施工好，还要做好养护和成品保护等。

3. 全企业（全方位）质量管理

全企业（全方位）质量管理是指建设工程各参与主体的工程质量与工作质量的全面控制。工作质量是工程质量的保证，直接影响工程质量的形成。质量控制涉及项目所有管理部门，任何一方、任何环节的怠慢疏忽或质量责任不到位都会造成对工程质量的影响。因此，施工项目质量的管理是全方位的管理。

第2章

房屋建筑构造、结构与识图

2.1 房屋建筑构造

建筑是建筑物与构筑物的总称。

建筑物是为了满足社会的需要、利用所掌握的物质技术手段，在科学规律与美学法则的支配下，通过对空间的限定、组织而创造的人为社会生活环境，如住宅、学校、办公楼、影剧院、体育馆等。

构筑物是指人们一般不直接在内进行生产和生活的建筑，如桥梁、城墙、堤坝、水塔、蓄水池、烟囱、贮油罐等。

建筑物按使用功能分为民用建筑、工业建筑和农业建筑。其中，民用建筑又分为居住建筑和公共建筑。

民用建筑是指供人们工作、学习、生活、居住用的建筑物。工业建筑是指为工业生产服务的生产车间及辅助车间、动力用房、仓储等。农业建筑是指供农（牧）业生产和加工用的建筑，如种子库、温室、畜禽饲养场等。

按建筑物的高度或层数分为：①低层建筑：1～3 层；②多层建筑：4～6 层；③中高层建筑：7～9 层；④高层建筑：10 层以上；⑤超高层建筑：高度超过 100m 的建筑物。

建筑按主要承重结构使用的材料可分为：钢筋混凝土结构建筑、钢结构建筑、砖混结构建筑、木结构建筑和其他结构（如钢-混凝土组合结构）建筑。

民用建筑构造组成为基础、墙或柱、楼板和地坪、屋顶、门窗、楼梯和电梯六个主要部分。除上述主要组成部分之外，还有其他的构配件和设施，如阳台、雨篷、散水、台阶、坡道、烟道、通风道等，以保证建筑可以充分发挥其功能。

2.1.1 基础

基础是埋在地面以下建筑物最下部的承重构件，其作用是承受建筑物的全部荷载，并将这些荷载传给地基，如图 2.1-1 所示。

基础是房屋的主要受力构件，其构造要求是坚固、稳定、耐久，能经受冰冻、地下水及所含化学物质的侵蚀。

按材料及受力特点分，房屋基础型式有无筋扩展基础（如毛石混凝土基础、混凝土基础等）、扩展基础两种，如图 2.1-2～图 2.1-3 所示。

房屋基础按构造型式可分为独立基础、条形基础、井格基础、筏形基础、箱形基础和桩基础等，如图 2.1-4～图 2.1-6 所示。

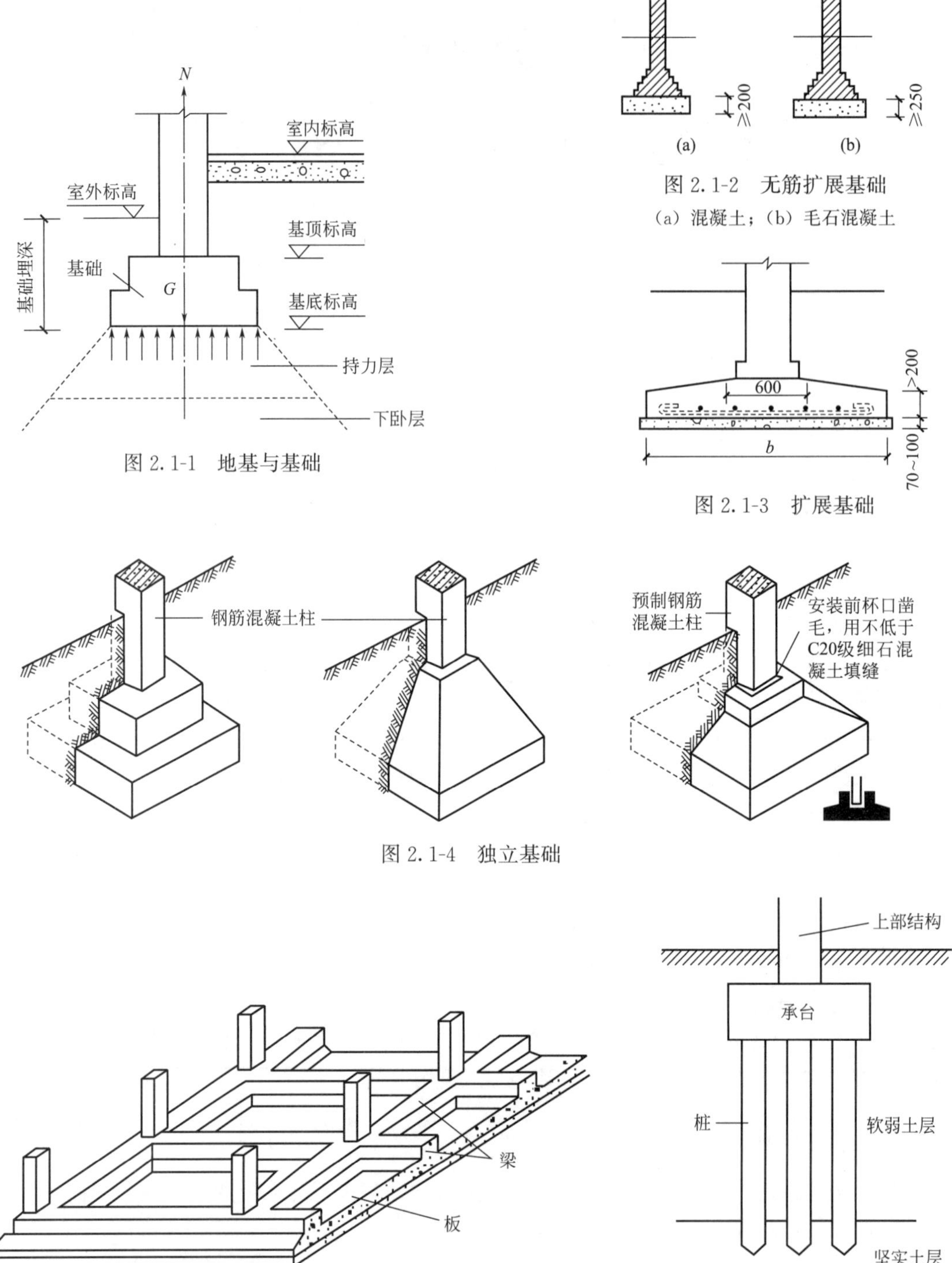

图 2.1-1　地基与基础

图 2.1-2　无筋扩展基础

（a）混凝土；（b）毛石混凝土

图 2.1-3　扩展基础

图 2.1-4　独立基础

图 2.1-5　筏形基础

图 2.1-6　桩基础

2.1.2　墙或柱

墙或柱是建筑物的竖向承重构件，其作用是承受屋顶、楼层等构件传来的荷载，并将这些荷载传给基础。墙体不仅具有承重作用，同时具有围护和分隔的作用。外墙主要起分隔建筑物内外空间、抵御自然界各种因素对室内空间侵袭的作用；内墙起分隔建筑内部空间及保证室内拥有舒适环境的作用，因此墙体应满足强度、稳定、保温、隔热、防水、防火、耐久及经济等性能的要求。在框架结构建筑中，柱起承重作用，墙体只起围护和分隔作用，这样可以提高空间布局的灵活性，满足使用的多样要求。

砖墙的组砌方式：为了保证墙体的强度，砖砌体的砖缝必须横平竖直，错缝搭接，避免通缝，如图 2.1-7 所示。同时砖缝砂浆必须饱满，厚薄均匀。常用的错缝方法是将顶砖和顺砖上下皮交错砌筑。每水平排列一层砖称为一皮砖。

砖墙的厚度除了有标准砖的 120 墙、180 墙、240 墙、370 墙等几种以外，还有由多孔砖组砌的以 50mm 为级差的 100 墙、150 墙、200 墙、250 墙、300 墙及 350 墙等。

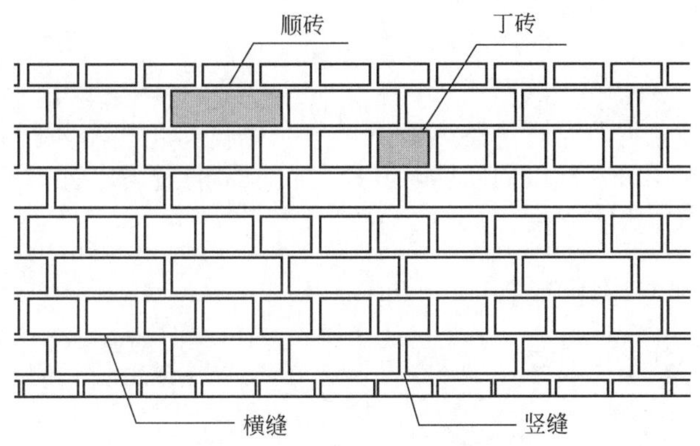

图 2.1-7　砖墙组砌与错缝

墙体的细部构造包括勒脚、防潮层、散水与明沟、窗台、门窗过梁、变形缝、圈梁、构造柱等。

勒脚是外墙墙身接近室外地面的部分，由于其作用为防止地面水、雨水侵蚀，从而保护墙面墙身，所以要求勒脚须坚固耐久和防潮。一般情况下，其高度为室内地坪与室外地面的高差部分，如图 2.1-8 所示。

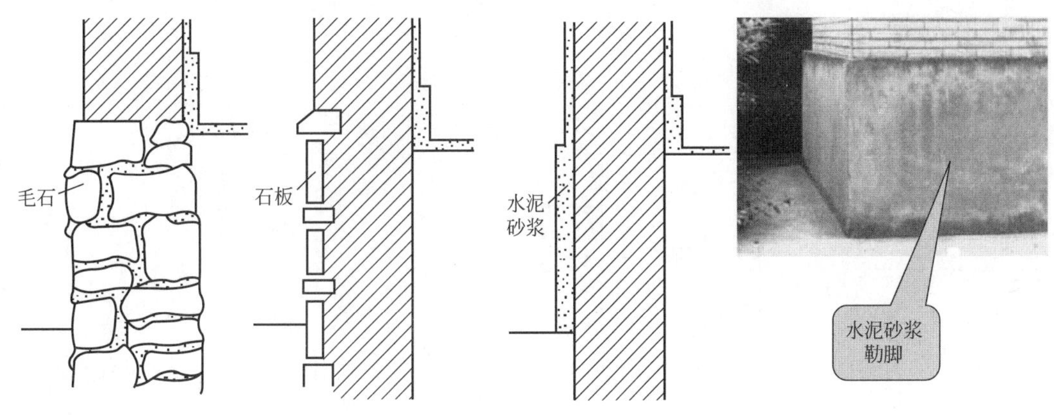

图 2.1-8　勒脚构造做法

通常在勒脚部位设置连续的水平隔水层，称为墙身水平防潮层，简称防潮层。防潮层的设置可采用防水卷材、水泥砂浆、防水砂浆、细石混凝土等材料，如图 2.1-9 所示。

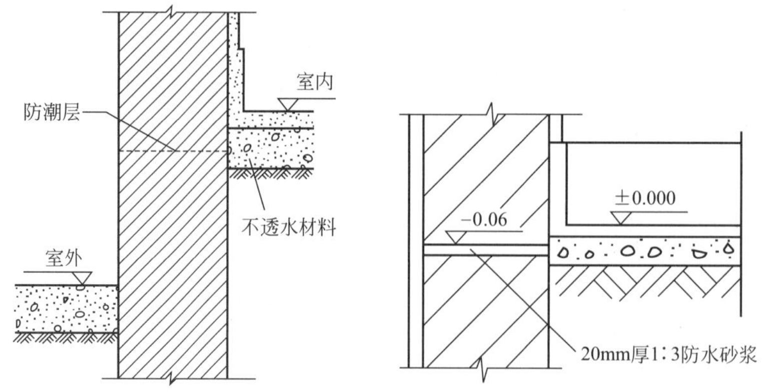

图 2.1-9　防潮层做法

外地面靠近勒脚下部所做的排水坡称为散水，其作用是迅速排除从屋檐滴下的雨水。明沟又称阴沟，位于建筑物外墙的四周，其作用在于将通过雨水管流下的屋面雨水有组织地导向地下排水井而流入下水道，如图 2.1-10 所示。

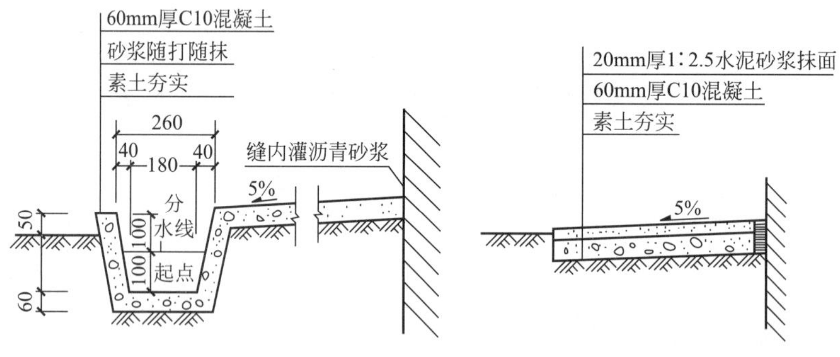

图 2.1-10　散水与明沟

为了承受门窗洞口上部墙体的重力和楼盖传来的荷载，在门窗洞口上沿设置的梁称为过梁，如图 2.1-11 所示。

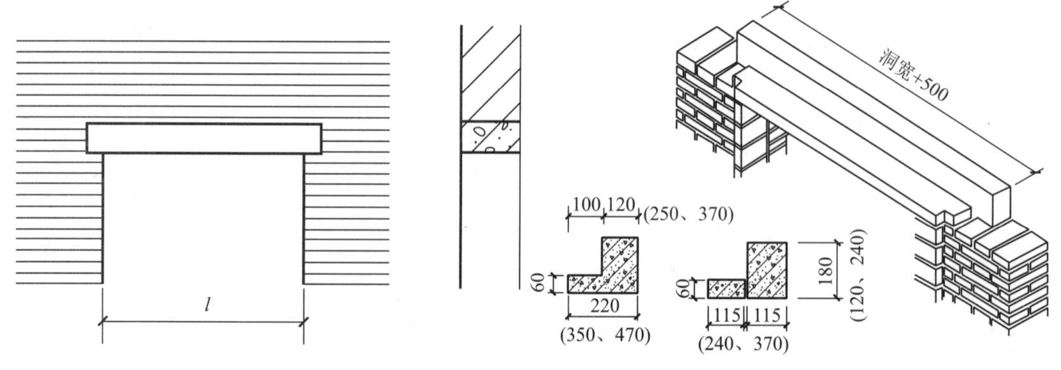

图 2.1-11　过梁

圈梁是沿外墙四周及部分内墙设置在楼板处的连续闭合的梁，可提高建筑物的空间刚度及整体性，增加墙体的稳定性，减少由于地基不均匀沉降而引起的墙身开裂。对于需抗震设防的地区，利用圈梁加固墙身则非常有必要。圈梁的构造有钢筋砖圈梁和钢筋混凝土圈梁两种。

构造柱是设在墙体内的钢筋混凝土现浇柱，主要作用是与圈梁共同形成空间骨架，以增加房屋的整体刚度，提高抗震能力，如图 2.1-12 所示。

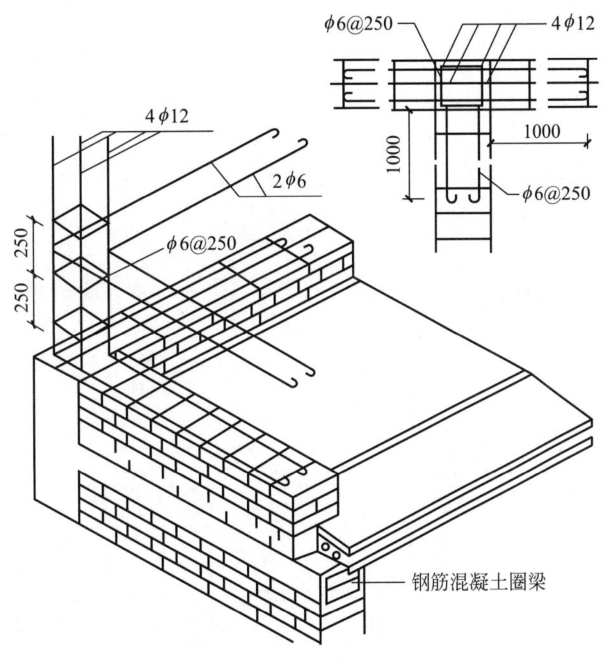

图 2.1-12　构造柱的构造及圈梁

2.1.3　楼板和地坪

楼板是水平的承重和分隔构件，楼层的荷载通过楼板传给梁柱或承重墙。楼板对墙体还有水平支撑作用，层高越小的建筑，刚度越好。楼板由结构层、面层和顶棚层组成，如图 2.1-13 所示。楼板要求坚固、刚度大、隔声好、防渗漏。

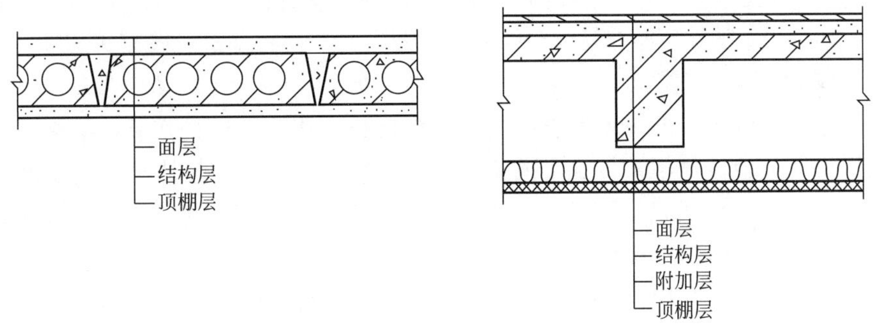

图 2.1-13　楼板的组成

钢筋混凝土楼板强度高、刚度好，耐久性、耐火性、耐水性好，且具有良好的可塑性，目前被广泛采用。

地坪层作为底层空间与地基之间的分隔构件，承受着人、家具、设备的荷载，并将这些荷载传递给地基，如图 2.1-14 所示。地坪层应有足够的承载力和刚度，并须均匀传力及防潮。

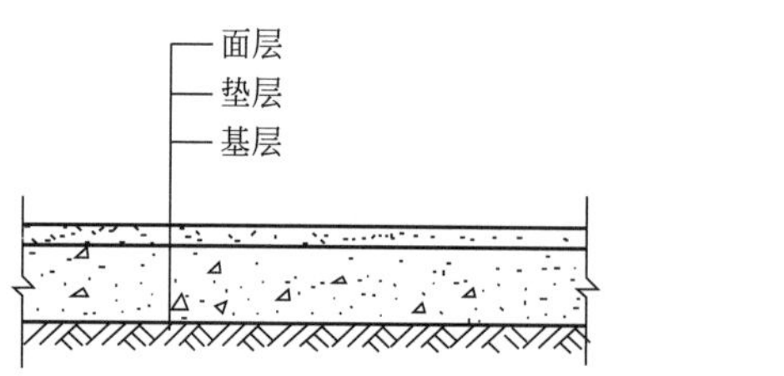

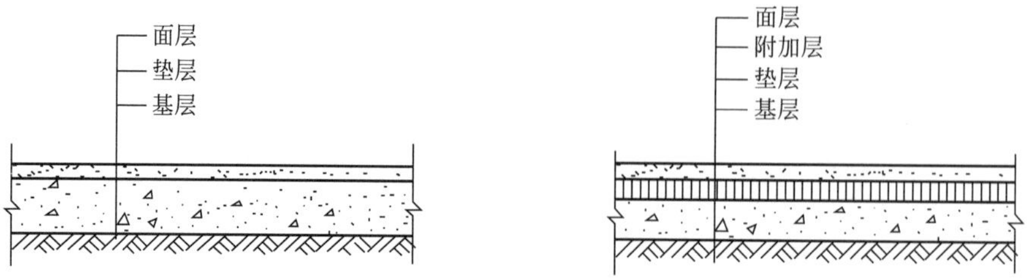

图 2.1-14　地坪层的组成

楼地面的构造主要是指楼板层和地坪层的面层构造，这里统称地面。按楼地面所用材料和施工方式的不同，楼地面可分为整体类楼地面、块材类楼地面、卷材类楼地面和涂料类楼地面等。整体类楼地面有水泥砂浆地面、细石混凝土地面、现浇水磨石地面。块材类楼地面通常是指用人造或天然的预制块材、板材镶铺在基层上的楼地面，常用的材料有地面砖、缸砖、陶瓷锦砖，还有花岗石、大理石、预制水磨石，其地面做法如图 2.1-15 所示。

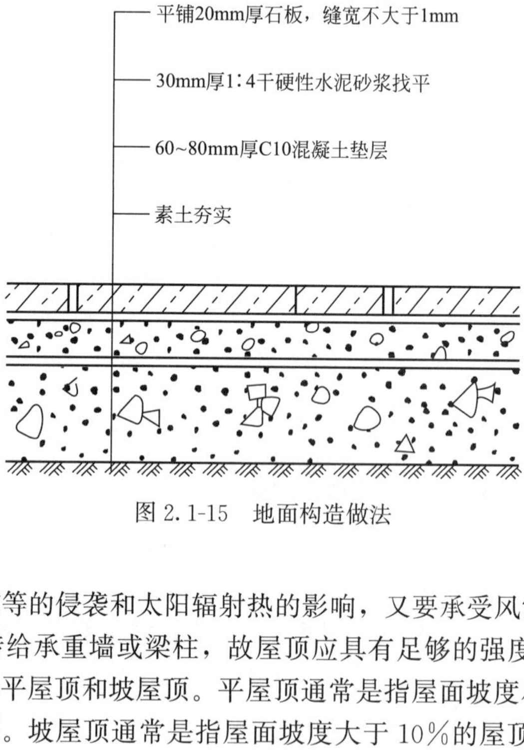

平铺20mm厚石板，缝宽不大于1mm

30mm厚1∶4干硬性水泥砂浆找平

60~80mm厚C10混凝土垫层

素土夯实

图 2.1-15　地面构造做法

2.1.4　屋顶

屋顶是建筑物顶部的围护构件和承重构件。屋顶既要抵抗风、雨、雪、霜、冰雹等的侵袭和太阳辐射热的影响，又要承受风雪荷载及施工、检修等荷载，并将这些荷载传给承重墙或梁柱，故屋顶应具有足够的强度、刚度及防水、保温、隔热等性能。屋顶分为平屋顶和坡屋顶。平屋顶通常是指屋面坡度小于 5％的屋顶，常用的坡度范围为 2％～3％。坡屋顶通常是指屋面坡度大于 10％的屋顶，常用坡度范围为 10％～60％。

平屋顶排水坡度的形成主要有材料找坡和结构找坡两种。材料找坡，又称垫置坡度或填坡，是指将屋面板像楼板一样水平搁置，然后在屋面板上采用轻质材料铺垫而形成屋面坡度的一种做法。结构找坡是指将屋面板倾斜地搁置在下部的承重墙或屋面梁及屋架上而形成屋面坡度的一种做法，如图 2.1-16 所示。

平屋顶排水分为有组织排水和无组织排水。无组织排水也叫自由落水。有组织排水是指通过排水系统，将屋面积水有组织地排至地面或地下集水井的一种排水方式，如图 2.1-17 所示。排水系统把屋面划分成若干排水区，使雨水有组织地排到檐沟中，通过雨水口排至

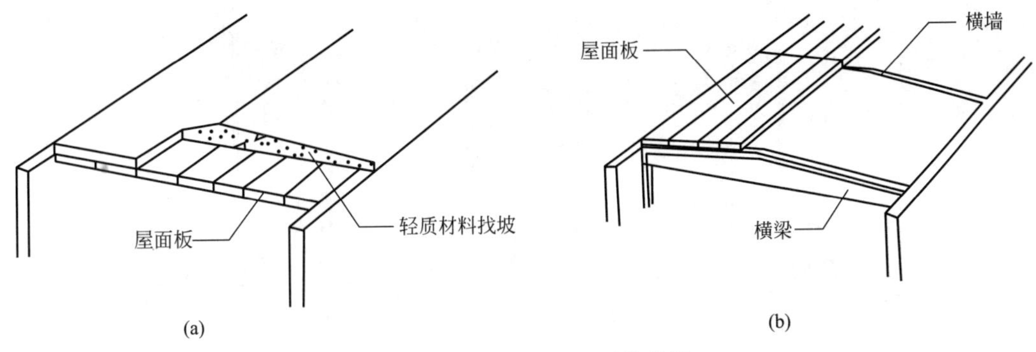

图 2.1-16　材料找坡和结构找坡

(a) 材料找坡；(b) 结构找坡

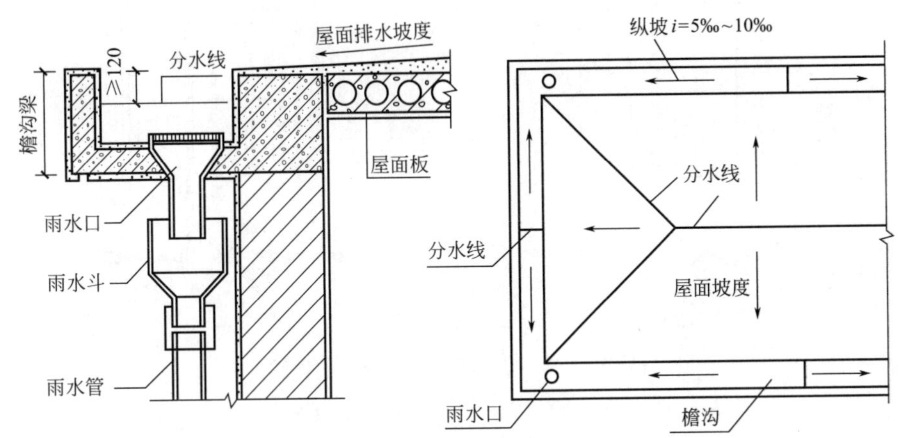

图 2.1-17　有组织檐沟外排水

雨水斗，再经雨水管排到室外，最后排往城市地下排水管网系统。

2.1.5　门窗

门与窗均属于非承重构件，也称建筑配件。其中，门主要起通行、分隔建筑空间、消防疏散作用，兼起采光和通风等作用。

门按所使用材料的不同，可分为木门、钢门、铝合金门、塑钢门、玻璃钢门、无框玻璃门等。门按开启方式分为平开门、弹簧门、推拉门、折叠门、转门、卷帘门、升降门、上翻门等，如表 2.1-1 和图 2.1-18 所示。

门的开启方式与代号　　**表 2.1-1**

开启形式	平开	折叠	推拉	地弹簧	平开下悬
代号	P	Z	T	DT	PX

窗主要起通风、采光、围护、分隔等作用。处于外墙上的门窗又是围护构件的一部分，要满足热工及防水的要求；某些有特殊要求的房间，门和窗应具有保温、隔声和防火的功能。窗按开启方式的不同，可分为平开窗、上悬窗、中悬窗、下悬窗等，如图 2.1-19 所示。

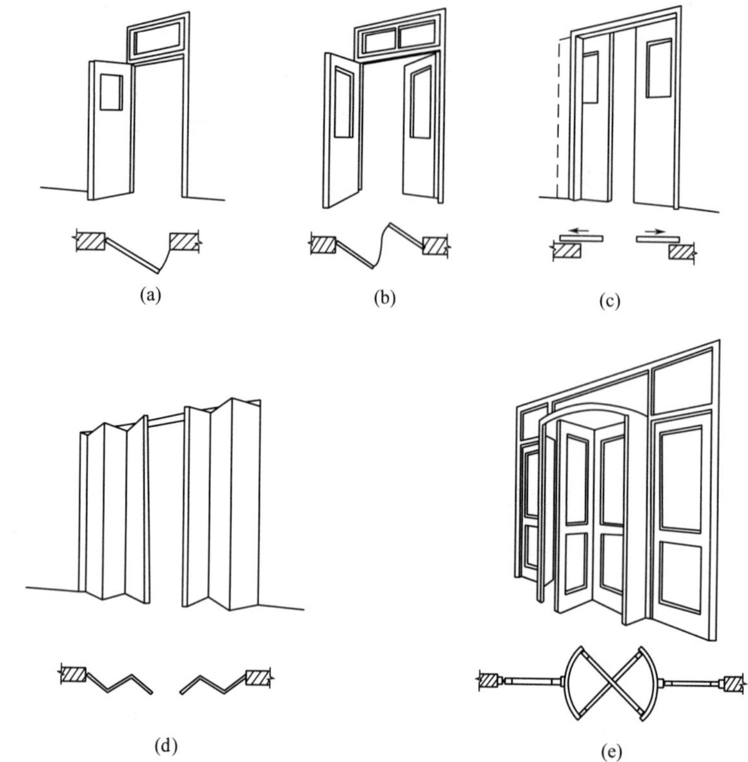

图 2.1-18　按开启方式划分门的种类

（a）平开门；（b）弹簧门；（c）推拉门；（d）折叠门；（e）转门

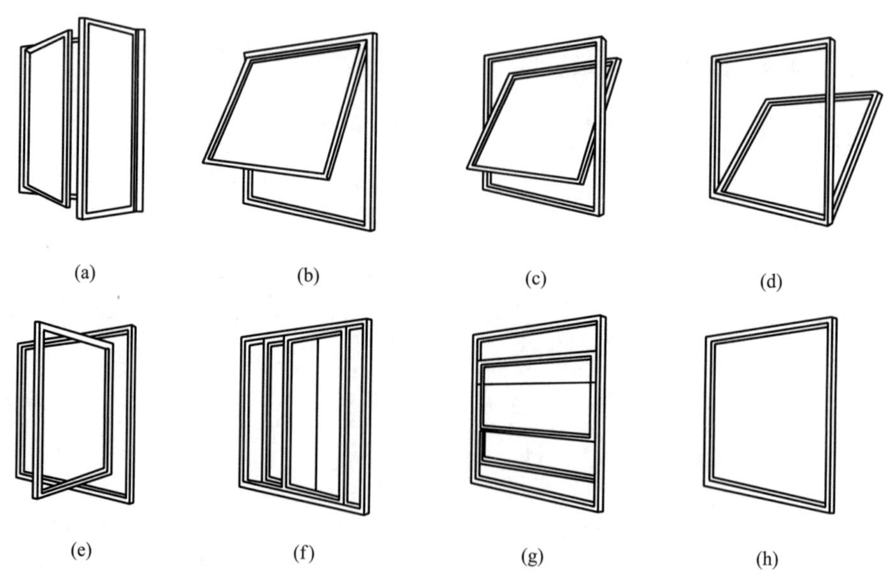

图 2.1-19　按开启方式划分窗的种类

（a）平开窗；（b）上悬窗；（c）中悬窗；（d）下悬窗；
（e）立转窗；（f）水平推拉窗；（g）垂直推拉窗；（h）固定窗

2.1.6　楼梯和电梯

楼梯是建筑中人们步行上下楼层的交通联系部件。楼梯应有足够的通行能力，并做到坚固耐久和满足消防疏散安全的要求。楼梯的类型如图 2.1-20 所示。

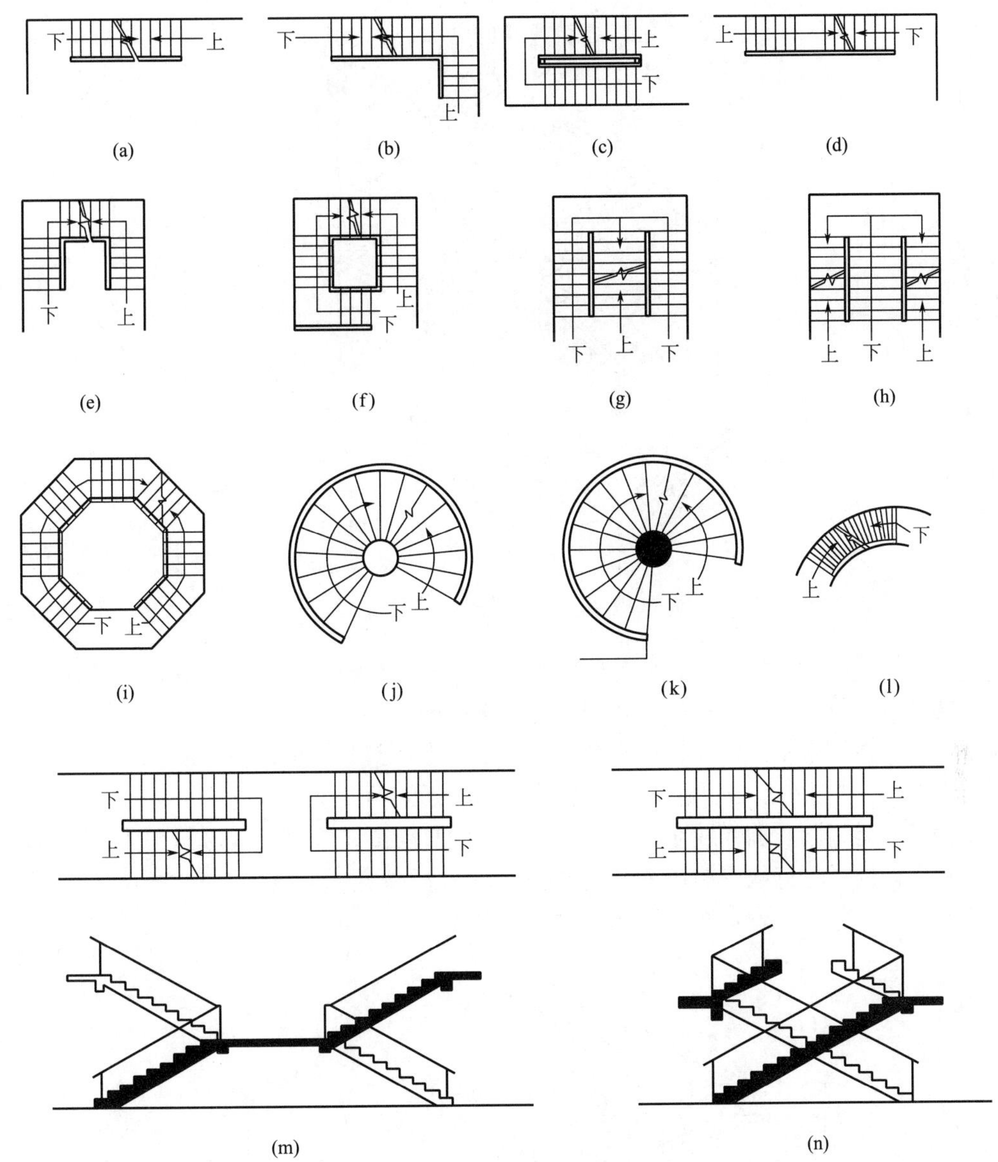

图 2.1-20　楼梯的类型

(a) 直行单跑楼梯；(b) 折行双跑楼梯；(c) 平行双跑楼梯；(d) 直行双跑楼梯；(e) 折行三跑楼梯；(f) 折行四跑楼梯；(g) 平行双分楼梯；(h) 平行双合楼梯；(i) 八角形楼梯；(j) 圆形楼梯；(k) 螺旋形楼梯；(l) 弧形楼梯；(m) 剪刀式楼梯；(n) 交叉式楼梯

楼梯一般由梯段、平台和栏杆扶手三部分组成，如图 2.1-21 所示。

供层间上下行走的通道构件称为梯段。梯段连续踏步级数的范围是 3～18 级。平台是

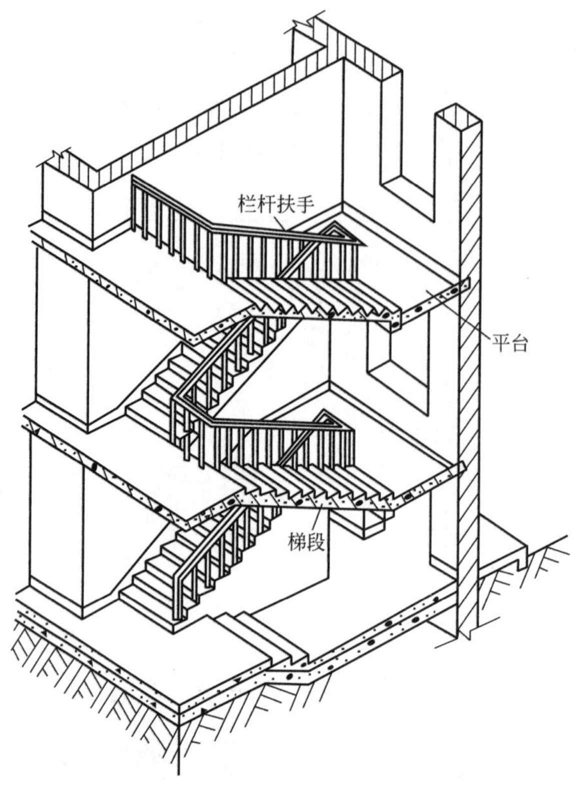

图 2.1-21　楼梯的组成

供人们上下楼梯时调节疲劳和转换方向的水平面，故也称缓台或休息平台。平台有楼层平台和中间平台之分，与楼层标高一致的平台称为楼层平台，介于上下两楼层之间的平台称为中间平台。栏杆扶手是设在楼梯段及平台临空边缘的安全保护构件，以保证人们在楼梯处通行的安全。栏杆扶手必须坚固可靠，并保证有足够的安全高度。

扶手高度是指踏步前缘线至扶手顶面之间的垂直距离。扶手高度应与人体重心高度协调，避免人们倚靠栏杆扶手时因重心外移发生意外，高度一般设置为 900mm。供儿童使用的楼梯应在 500～600mm 的高度增设扶手，如图 2.1-22 所示。

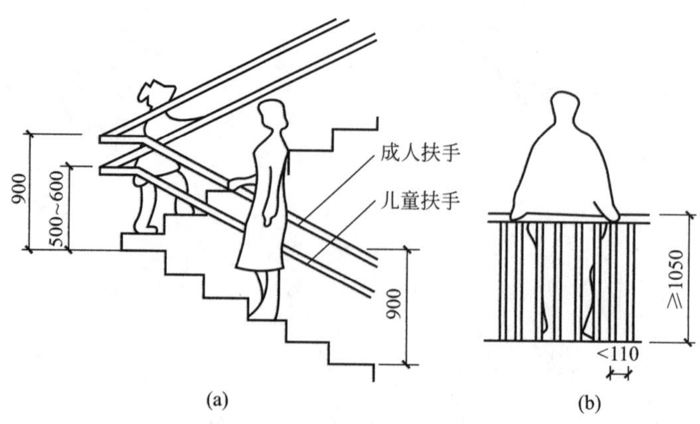

图 2.1-22　栏杆扶手的高度

（a）梯段处；（b）顶层平台处安全栏杆

在建筑物中，布置楼梯的房间称为楼梯间。楼梯间有开敞式楼梯间、封闭式楼梯间和防烟楼梯间之分，如图 2.1-23 所示。

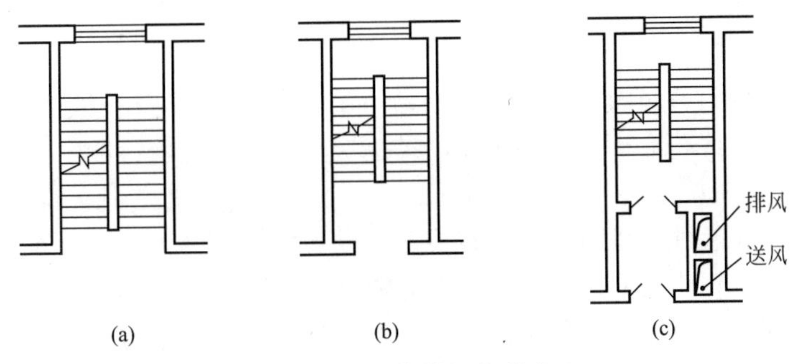

图 2.1-23　楼梯间的形式

（a）开敞式楼梯间；（b）封闭式楼梯间；（c）防烟楼梯间

自动扶梯则是楼梯的机电化形式，用于传送人流但不能用于消防疏散。电梯是建筑的垂直运输工具，应有足够的运送能力和方便快捷性能。消防电梯则用于紧急事故时消防扑救之用，须满足消防安全要求。

2.2　房屋建筑结构

建筑结构是建筑物的受力主体，一般习惯以室外地面为界，分为上部结构和下部结构两部分。房屋在建造之前，根据其建筑的层数、造价、施工等来决定其结构类型。不同建筑结构的房屋其安全性、适用性、耐久性和空间使用性能是不同的。本节主要介绍了结构受到哪些荷载的影响，结构的不同形式和体系，不同结构的作用等内容。

2.2.1　建筑结构基本概念

上部结构由水平结构体系和竖向结构体系组成。

水平结构体系是指各层的楼盖和顶层的屋盖。楼盖或者屋盖，一方面承受楼、屋面的竖向荷载，并把竖向荷载传递给竖向结构体系；另一方面把作用在各层处的水平力传递和分配给竖向结构体系。竖向结构体系承受由楼、屋盖传来的竖向力和水平力，并将其传给下部结构。

下部结构主要由地下室和基础等组成，其主要作用是把上部结构传来的力可靠地传给天然地基或人工地基。

一般来讲，建筑物的结构类型通常是以上部结构的结构类型来命名的。

此外，建筑结构必须适应当时当地的环境，并与施工方法有机结合，因为任何建筑都或多或少受到当时当地经济、社会、文化等诸多因素的影响，任何建筑结构最后都是靠合理的施工技术来实现的。好的建筑结构普遍具有以下特点：

（1）在应用上，要满足空间和功能的需求。

（2）在安全上，要符合承载和耐久的需要。

（3）在技术上，要体现科技和工程的新发展方向。

（4）在建造上，要合理用材，并与施工实际相结合。

2.2.2 建筑结构的可靠性

1. 结构的功能要求

结构设计的主要目的是要保证所建造的结构安全适用，能够在规定的期限内满足各种预期的功能要求，且经济合理。具体来说，结构应具有以下几项特性：

（1）安全性

在正常施工和正常使用条件下，结构应能承受可能出现的各种荷载作用和变形而不发生破坏；在偶然事件发生后，结构仍能保持必要的整体稳定性。例如，厂房结构平时受自重、吊车、风等荷载作用时，能够坚固不坏，在遇到强烈地震、爆炸等偶然事件时，允许有局部的小破坏，但能够保持结构的整体稳定而不发生倒塌。

（2）适用性

在正常使用时，结构应具有良好的工作性能。例如，工业厂房吊车梁变形过大而开裂，导致吊车无法正常运行，因此需要对变形、裂缝等进行必要的控制。

（3）耐久性

在正常维护的条件下，结构应能在预计的使用年限内满足各项功能要求，即应具有足够的耐久性。例如，不致因混凝土的老化、腐蚀或钢筋的锈蚀等而影响结构的使用寿命。

安全性、适用性和耐久性概括称为结构的可靠性。结构可靠性是指结构在规定时间内，在规定条件下，完成预定功能的能力。结构的可靠度是结构可靠性的概率度量，即对结构可靠性的定量描述。结构可靠度与结构使用年限长短有关。但应强调的是，结构的设计使用年限虽与结构使用寿命正相关，但不划等号。当结构的使用年限超过设计使用年限后，并不意味着结构就要报废，但其可靠度将会逐渐降低。

2. 结构的安全等级

建筑物的重要程度是根据其用途决定的。不同用途的建筑物发生破坏后所造成的生命财产损失是不一样的。《建筑结构可靠性设计统一标准》GB 50068—2018 规定，建筑结构设计时，应根据结构破坏可能产生的后果（危及人的生命、造成经济损失、产生社会影响等）的严重性，采用不同的安全等级。根据破坏后果的严重程度，建筑结构划分为三个安全等级。建筑结构安全等级的划分应符合表 2.2-1 的要求。影剧院、体育馆和高层建筑等重要的工业与民用建筑的安全等级为一级，一般的工业与民用建筑的安全等级为二级，次要建筑的安全等级为三级。有其他有特殊要求的建筑，其安全等级即可根据具体情况另行确定。

建筑结构的安全等级 **表 2.2-1**

安全等级	破坏后果	建筑物类型
一级	很严重	重要的房屋
二级	严重	一般的房屋
三级	不严重	次要的房屋

3. 结构的设计使用年限

结构设计的目的是要使所设计的结构在规定的设计使用年限内能完成预期的全部功能要求。所谓设计使用年限，是指设计规定的结构或结构构件不需进行大修即可按其预定目的使用的时期。所以，设计使用年限就是房屋建筑在正常设计、正常施工、正常使用和维护下所应达到的持久年限。结构的设计使用年限应按表 2.2-2 采用。

结构的设计使用年限分类　　**表 2.2-2**

类别	设计使用年限(年)	示例
1	5	临时性结构
2	25	易于替换的结构构件
3	50	普通房屋和构筑物
4	100	纪念性建筑和特别重要的建筑结构

2.2.3　建筑结构荷载

1. 结构上的作用与荷载

使结构产生内力或变形的原因称为“作用”，分为直接作用和间接作用两种。荷载是直接作用，例如结构自重（或称为恒载）、活荷载、积灰荷载、雪荷载、风荷载等；而混凝土的收缩、焊接变形、地基沉降、地震等引起结构外加变形的作用称为间接作用。

间接作用与外界因素和结构本身的特性有关。例如，地震对结构物的作用是间接作用，它不仅与地震加速度有关，还与结构自身的动力特性有关，所以不能把地震作用称为“地震荷载”。结构上的作用使结构产生的内力变化（如弯矩、剪力、轴向力、扭矩等）、变形、裂缝等统称为作用效应。

2. 荷载的分类

（1）按随时间的变异分类

1）永久荷载

永久荷载也称恒荷载，是指在结构使用期间，其值不随时间变化，或者其变化与平均值相比可忽略不计的荷载，如结构自重、土压力、预应力等。

2）可变荷载

可变荷载也称为活荷载，是指在结构使用期间，其值随时间变化，且其变化值与平均值相比不可忽略的荷载，如楼面活荷载、屋面活荷载、风荷载、雪荷载、吊车荷载等。

3）偶然荷载

在结构使用期间不一定出现，而一旦出现，其量值很大且持续时间很短的荷载称为偶然荷载，如爆炸力、撞击力等。

（2）按荷载作用面大小分类

1）均布面荷载

如铺设的木地板、地砖、花岗石、大理石面层等因重量引起的荷载。

2）线荷载

建筑物原有的楼面或屋面上的各种面荷载传到梁上或条形基础上时，可简化为单位长度上的分布荷载。

3）集中荷载

集中荷载是指荷载作用的面积相对于总面积而言很小，可简化为作用在一点的荷载。

（3）按结构的反应分类

1）静力作用

不使结构或结构构件产生加速度或所产生的加速度可以忽略不计，如结构自重、住宅与办公楼的楼面活荷载、雪荷载等。

2）动力作用

使结构或结构构件产生不可忽略的加速度，例如地震作用、吊车设备振动、高空坠物冲击作用等。

（4）按荷载作用方向分类

1）垂直荷载

如结构自重、雪荷载等。

2）水平荷载

如风荷载、水平地震作用等。

（5）施工和检修荷载

在建筑结构工程施工和检修过程中引起的荷载，一般称为施工和检修荷载。施工荷载包括施工人员和施工工具、设备和材料等重量及设备运行的振动与冲击作用。检修荷载包括检修人员和所携带检修工具的重量。

3. 作用效应和结构抗力的概念

作用效应是指结构上的各种作用，引起结构或结构构件的反应，例如内力、变形、裂缝等的总称，用 S 表示。由直接作用产生的效应，通常称为荷载效应。

结构抗力是结构或构件承受作用效应的能力，如构件的承载力、刚度、抗裂度等，用 R 表示。结构抗力是结构内部固有的，其大小主要取决于材料性能、构件的几何尺寸、结构的构成形态等，如图 2.2-1 所示。

当 $Z>0$ 时，结构处于可靠状态。

当 $Z<0$ 时，结构处于失效状态。

当 $Z=0$ 时，结构处于极限状态。

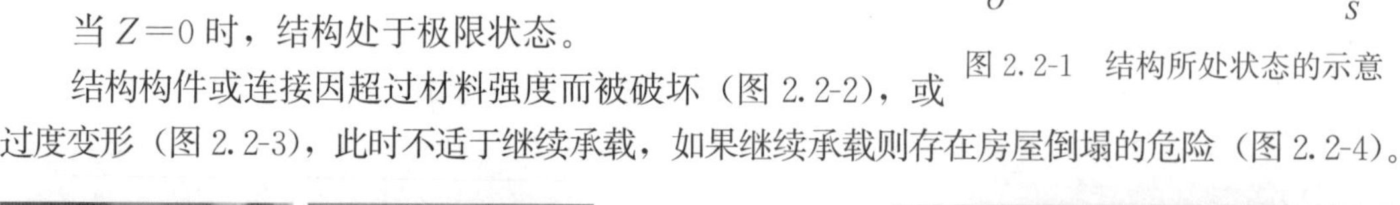

图 2.2-1　结构所处状态的示意

结构构件或连接因超过材料强度而被破坏（图 2.2-2），或过度变形（图 2.2-3），此时不适于继续承载，如果继续承载则存在房屋倒塌的危险（图 2.2-4）。

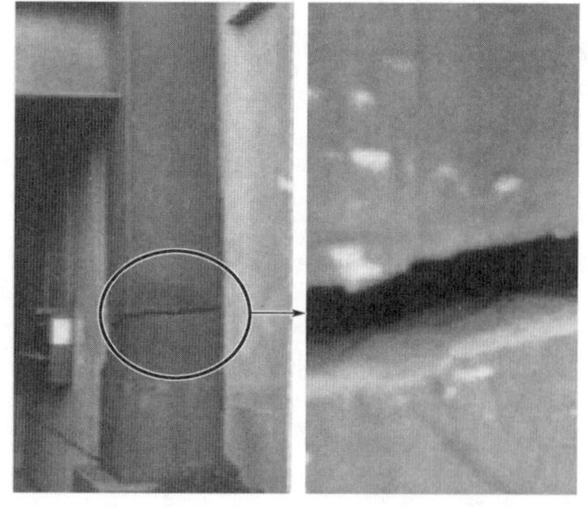

图 2.2-2　钢柱断裂

图 2.2-3　房屋楼层过度变形

图 2.2-4　2009 年 6 月上海倒楼事件

在做结构构件的承载力设计时，应采用下列极限状态设计表达式：

$$S \leqslant R \tag{2.2-1}$$

式中　R——结构构件的承载力设计值，即抗力设计值；

S——荷载效应基本组合或偶然组合的设计值。

2.2.4　基本构件类型

1. 板

（1）板的特点

板是覆盖一个具有较大平面尺寸，但却具有相对较小厚度的平面形结构构件。它通常水平设置，有时斜向设置，承受垂直于板面方向的荷载，主要受弯矩、剪力、扭矩作用。

（2）板的分类

① 按平面形状分，有方形、矩形、圆形、扇形、三角形、梯形和各种异形板等。

② 按截面形状分，有实心板、空心板、槽形板、T 形板、密肋板、压型钢板、叠合板等。

③ 按受力特点分，有单向板、双向板；按支承条件又可分为四边支承板、三边支承板、两边支承板、一边支承板和四角点支承板。板可以仅支承在梁上、墙上、柱上或地面上，也可以一部分支承在梁上，一部分支承在墙上或柱上。

④ 按所用材料分，有钢筋混凝土板、预应力混凝土板、钢板、压型钢板等。

2. 梁

（1）梁的特点

梁一般是指承受垂直于其纵轴方向荷载的线形构件，它的截面尺寸小于其跨度。

（2）梁的分类

① 按几何形状分，有水平直梁、斜直梁、曲梁等。

② 按截面形状分，有矩形梁、T 形梁、工字形梁、槽形梁、箱形梁等。

③ 按受力特点分，有简支梁、伸臂梁、悬臂梁、两端固定梁、一端简支另一端固定梁、连续梁等。

④ 按所用材料分，有钢筋混凝土梁、预应力混凝土梁、型钢梁、型钢与混凝土组合梁等。

（3）主梁和次梁

建筑结构中，梁又分主梁和次梁。次梁在主梁的上部，主要起传递荷载的作用，而主梁则是起承重且传递荷载的作用。简单来说，板以次梁为支座，次梁以主梁为支座，主梁以柱子为支座，板的受力传给次梁，次梁的力传给主梁。在框架梁结构体系中，主梁是搁置在框架柱子上，次梁是搁置在主梁上。

3. 柱

（1）柱的特点

柱是承受平行于其纵轴方向荷载的线形构件，它的截面尺寸小于它的高度，一般以受压和受弯为主。

（2）柱的分类

① 按截面形状分，有矩形柱、圆形柱、工字形柱等。

② 按受力特点分，有轴心受压柱和偏心受压柱两种。至于构造柱，则是墙砌体中的一种构件，不直接承受荷载，其作用主要是增加墙体的延性。

③ 按所用材料分，有石柱、砖柱、砌块柱、钢筋混凝土柱、钢柱、型钢与混凝土柱等。

4. 墙

（1）墙的特点

墙是主要承受平行于墙面方向荷载的竖向构件。它在重力和竖向荷载作用下主要承受压力，有时也承受弯矩和剪力；但在风、地震等水平荷载作用下或土压力、水压力等水平力作用下则主要承受剪力和弯矩。

（2）墙的分类

① 按位置或功能分，有内墙、外墙、纵墙、横墙、山墙、女儿墙、挡土墙等。

② 按受力特点分，有以承受重力为主的承重墙、以承受风力或地震产生的水平力为主的剪力墙以及作为隔断等非受力用的非承重墙。承重墙多用于单、多层建筑，剪力墙多用于高层建筑。

③ 按材料分，有砖墙、砌块墙、钢筋混凝土墙、组合墙（两种以上材料）、玻璃幕墙等。

5. 基础

（1）基础的特点

基础是地面以下部分的结构构件，用来将上部结构（即地面以上结构）所承受的荷载传给地基。

（2）基础的分类

① 按结构形式分，有独立基础、墙下条形基础、柱下联合基础、筏形基础、箱形基础、桩基础、沉箱基础等。

② 按受力特点分，有柔性基础（承受弯矩、剪力为主）、刚性基础（承受压力为主）。

③ 按所用材料分，有砖基础、条石基础、毛石基础、三合土基础、混凝土基础、钢筋混凝土基础等。

2.2.5　常用建筑结构体系及其应用

1. 混合结构体系

混合结构房屋一般是指楼盖和屋盖采用钢筋混凝土结构，而墙和柱采用砌体结构建造的房屋，大多用在住宅、办公楼、教学楼建筑中。因为砌体的抗压强度高而抗拉强度很低，所以住宅建筑最适合采用混合结构（图 2.2-5），尤其是适用于农村的房屋（一般在 6 层以下）。混合结构不宜建造大空间的房屋。

混合结构根据承重墙所在的位置，可划分为纵墙承重和横墙承重两种方案。纵墙承重方案的特点是楼板支承于梁上，梁把荷载传递给纵墙。纵墙的设置主要是为了满足房屋刚度和整体性的要求，其优点是房屋的开间相对大些，使用灵活。横墙承重方案的主要特点是楼板直接支承在横墙上，横墙是主要承重墙，其优点是房屋的横向刚度大，整体性好，但平面使用灵活性差。

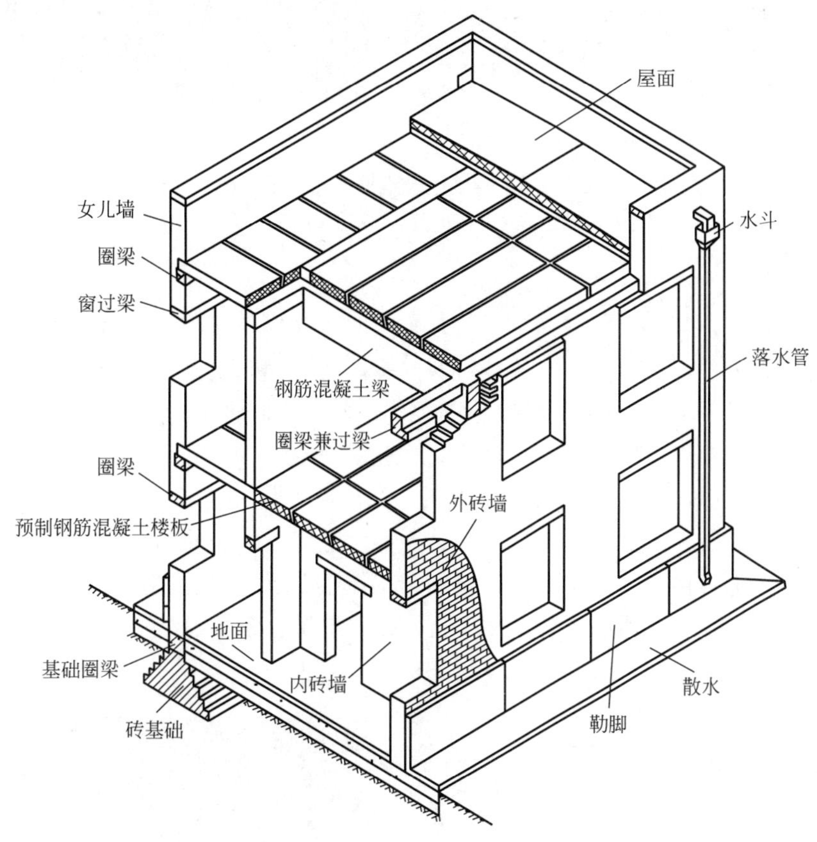

图 2.2-5　混合结构房屋示意图

2. 框架结构体系

框架结构是指利用梁、柱组成的纵、横两个方向的框架所形成的结构体系（图 2.2-6）。它同时承受竖向荷载和水平荷载，其主要优点是建筑平面布置灵活，可形成较大的建筑空间，建筑立面处理也比较方便；主要缺点是侧向刚度较小，当层数较多时，会产生过大的侧移，易引起非结构性构件的破坏进而影响使用，例如隔墙、装饰装修的破坏。

在非地震区，框架结构一般不超过15层。框架结构的内力分析通常是用计算机进行精确分析。框架结构梁和柱节点的连接构造直接影响结构安全、经济及施工的方便，因此，梁与柱节点的混凝土强度等级，梁、柱纵向钢筋伸入节点内的长度，梁与柱节点区域的钢筋的布置等，都应符合相应规范的规定。

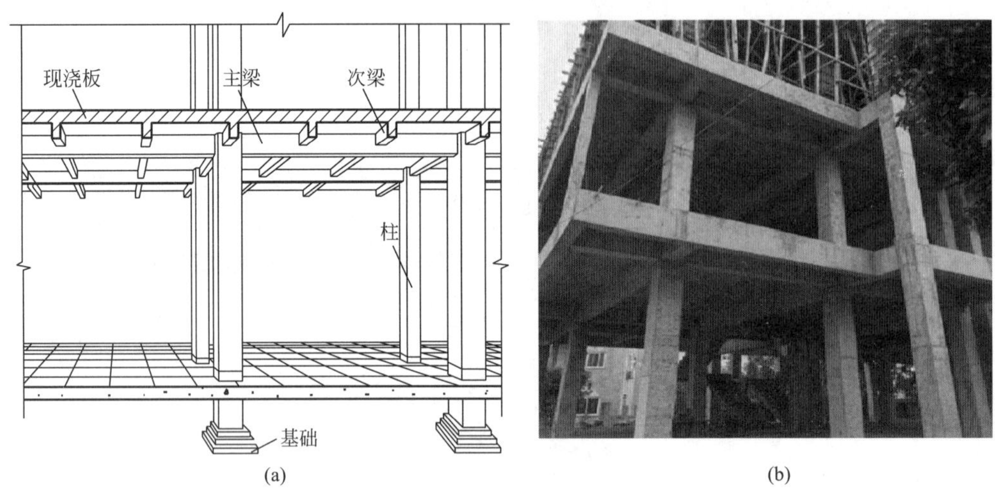

图2.2-6　钢筋混凝土框架结构示意图
(a) 结构布置图；(b) 现场图

3. 剪力墙体系

对高层建筑来说其主要荷载为水平荷载，因墙体既受剪又受弯，所以称为剪力墙。剪力墙既承受垂直荷载，也承受水平荷载。剪力墙一般为钢筋混凝土墙，厚度≥160mm，墙段长度则不宜大于8m。剪力墙结构特点是整体性好，侧向刚度大，水平力作用下侧移小，并且由于没有梁、柱等外露构件，可以不影响房屋的使用功能。缺点是剪力墙的间距小，不能提供大空间房屋，建筑平面布置不灵活，结构延性较差。剪力墙结构适用范围较大，从十几层到几十层都很常见。由于剪力墙结构能承受更大的竖向力和水平力作用，横向刚度大，因此比框架结构更适用于高层建筑的结构体系布置（图2.2-7）。由于剪力墙结构提供的房屋空间一般较小，所以比较适用于宾馆、住宅等建筑类型。另外，剪力墙结构自重也较大，不适用于大空间的公共建筑。

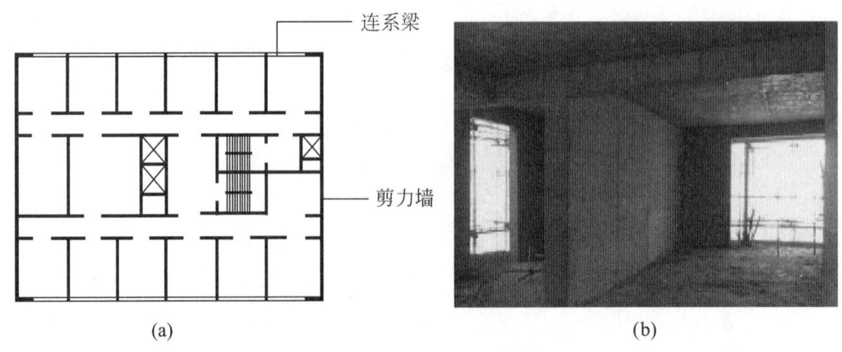

图2.2-7　剪力墙结构示意图
(a) 结构布置图；(b) 现场图

4. 框架-剪力墙结构

框架-剪力墙结构是指在框架结构中适当设置剪力墙的结构。它具有框架结构平面布置灵活，空间和侧向刚度较大的优点。框架-剪力墙结构中，剪力墙主要承受水平荷载，竖向荷载主要由框架承担。由于框架结构的主要优点是能获得大空间房屋，房间布置灵活，主要弱点是侧向刚度小，侧移大，而框架-剪力墙结构体系则可充分发挥它们各自的特点，使其既能获得大的灵活空间，又具有较强的侧向刚度，所以这种结构形式在房屋设计中比较常用（图 2.2-8）。

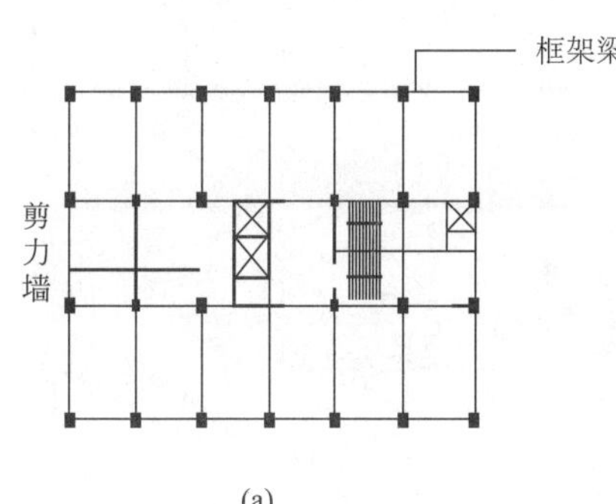

图 2.2-8　框架-剪力墙结构示意图

（a）结构布置图；（b）现场图

在框架-剪力墙结构体系中，框架往往只承受并传递竖向荷载，而水平荷载及地震作用主要由剪力墙承担。一般情况下，剪力墙可承受 70%～90%的水平荷载作用。剪力墙在建筑平面上的布置，应按均匀、分散、对称的原则考虑，并宜沿纵横两个方向布置。剪力墙宜布置在建筑物的周边附近、恒载较大处及建筑平面变化处和楼梯间和电梯的周围；剪力墙宜贯穿建筑物的全高，宜避免刚度突变；剪力墙开洞时，洞口宜上下对齐。

5. 筒体结构体系

在高层建筑中，特别是超高层建筑中，水平荷载越来越大，对建筑起着控制作用。筒体结构便是抵抗水平荷载最有效的结构体系，它的受力特点是，整个建筑犹如一个固定于基础上的封闭空心筒式悬臂梁来抵抗水平荷载。筒体结构主要包括框架-核心筒结构与筒中筒结构（图 2.2-9）。

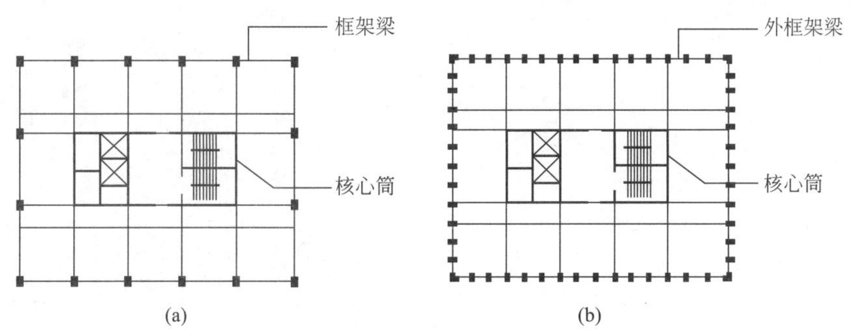

图 2.2-9　筒体结构示意图

（a）框架-核心筒结构；（b）筒中筒结构

框架-核心筒结构由实体核心筒和外框架构成，一般是将楼电梯间及一些服务用房集中在核心筒内，其他需要较大空间的办公用房、商业用房等布置在外框架部分。核心筒实体是由两个方向的剪力墙构成的封闭空间结构，它具有很好的整体性与抗侧刚度，其水平截面为单孔或多孔的箱形截面。它既可以承担竖向荷载，又可以承担任意方向的水平侧向力作用。核心筒是因其在高层建筑中往往布置在平面的中心部位而得名。

6. 桁架结构体系

桁架结构体系是指由杆件组成的结构体系。在进行内力分析时，节点一般假定为铰节点，当荷载作用在节点上时，杆件只承受轴向力，其材料的强度可得到充分发挥。桁架结构的优点是可利用截面较小的杆件组成截面较大的构件。单层工业厂房的屋架常选用桁架结构（图 2.2-10）。

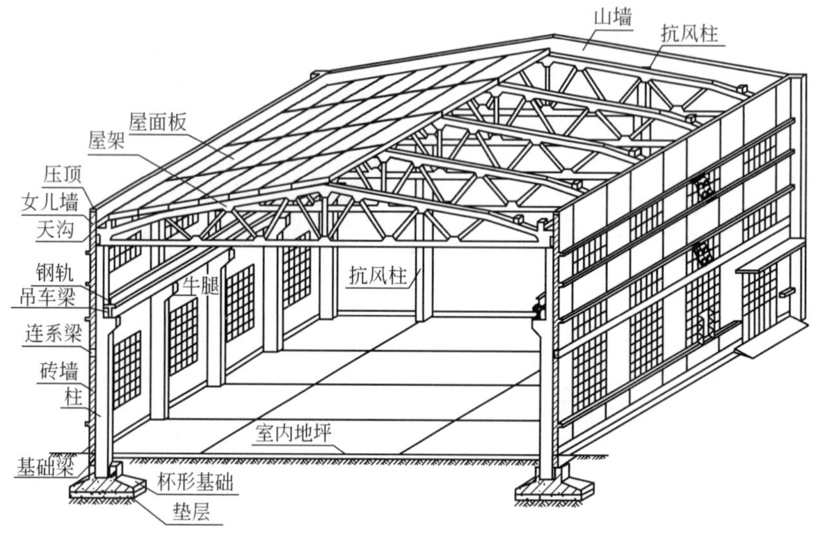

图 2.2-10　单层工业厂房结构示意图

屋架的弦杆外形和腹杆布置对屋架内力变化规律起决定性作用。同样高跨比的屋架，当上下弦成三角形时，弦杆内力最大；当上弦节点在拱形线上时，弦杆内力最小。屋架的高跨比一般为 1/8～1/6 较为合理。一般屋架为平面结构（图 2.2-11），平面外刚度非常弱。在制作运输安装过程中，大跨屋架必须进行吊装验算。桁架结构在其他结构体系中也得到了运用，如拱式结构、单层钢架结构等体系中，当断面较大时，可采用桁架的形式。

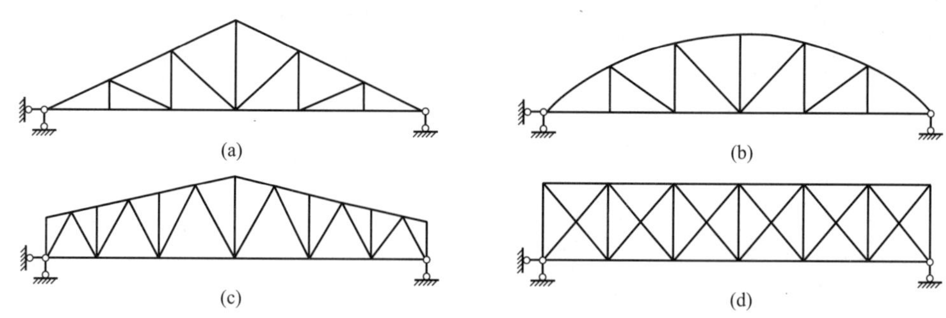

图 2.2-11　各种形式屋架

（a）三角形屋架；（b）拱形屋架；（c）梯形屋架；（d）矩形屋架

7. 网架结构

网架结构是由许多杆件按照一定规律组成的网状结构（图 2.2-12）。网架结构可分为平板网架结构和曲面网架结构，它改变了平面桁架的受力状态，是高次超静定的空间结构。平板网架结构一般采用较多，其优点是：空间结构三向受力；杆件主要承受轴向力，受力合理；节约材料，整体性能好；刚度大，抗震性能好；杆件类型较少，适于工业化生产。平板网架结构可分为交叉桁架体系和角锥体系两类。角锥体系受力更为合理，刚度更大。

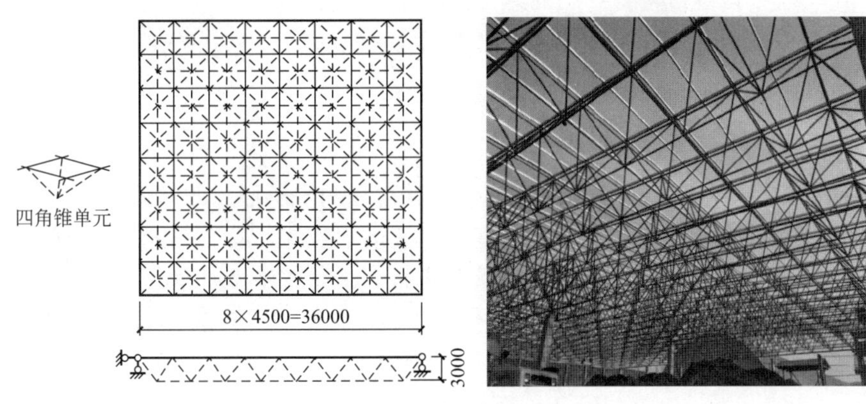

图 2.2-12　网架结构

网架的高度主要取决于跨度，网架尺寸应与网架高度配合决定，腹杆的角度以 45°为宜。网架的高度与短跨之比一般为 1/15 左右。网架杆件一般采用钢管，节点一般采用球节点。网架制作精度要求高，安装方法可分为高空拼装和整体安装两类。

8. 拱式结构

拱式结构是以轴向受压为主的结构，在建筑和桥梁中被广泛应用（图 2.2-13）。

(a)

(b)

图 2.2-13　拱式结构

（a）赵州桥；（b）江界河大桥

拱是一种有推力的结构，拱脚必须能够可靠地传递水平推力。按照结构的组成和支承方式，拱可分为三铰拱、两铰拱和无铰拱，三铰拱的构成见图 2.2-14。拱的基本特点是在竖向荷载作用下会产生水平推力，从而大大减小拱内弯矩。水平推力的存在与否是区别拱与梁的主要标志。

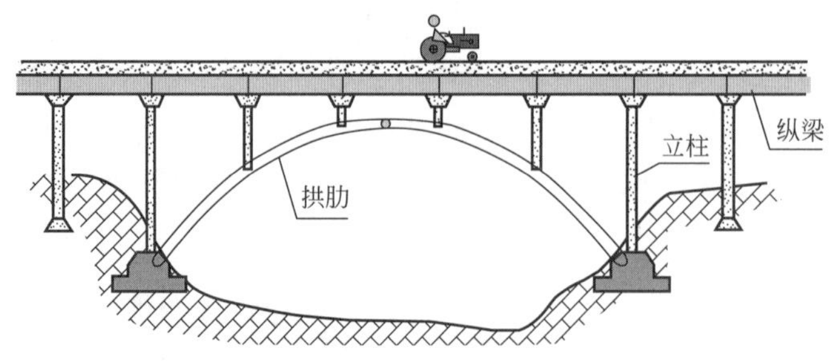

图 2.2-14　三铰拱的构成

9. 悬索结构

悬索结构（图 2.2-15）是由柔性受拉索及其边缘构件所形成的承重结构，主要应用于建筑工程和桥梁工程，比如体育馆、展览馆。索的材料可以采用钢丝束、钢丝绳、钢铰线、链条、圆钢，以及其他受拉性能良好的线材。索是中心受拉构件，既无弯矩也无剪力。悬索结构包括三部分：索网、边缘构件和下部支承结构。悬索结构的主要承重构件是受拉的钢索，钢索是用高强度钢绞线或钢丝绳制成。

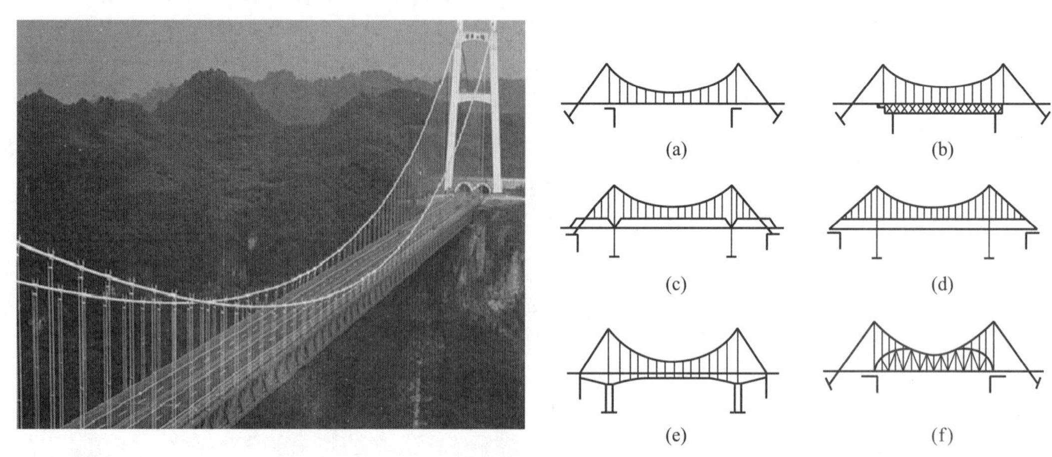

图 2.2-15　悬索结构

（a）柔性无加劲梁；（b）主跨吊于悬索设加劲梁；（c）三跨吊于悬索三跨简支加劲梁；
（d）三跨吊于悬索三跨连续加劲梁；（e）自锚式；（f）缆索中段同加劲桁架上弦合为一体

悬索结构按受力状态分成平面悬索结构和空间悬索结构。平面悬索结构是指主要在一个平面内受力的平面结构，多用于悬索桥和架空管道。空间悬索结构是指一种处于空间受力状态的结构，多用于大跨度屋盖结构中。

2.2.6　钢筋混凝土结构的受力特点

1. 混凝土结构的环境类别

混凝土在不同环境中，其劣化与损伤速度是不一样的。根据《混凝土结构耐久性设计标准》GB/T 50476—2019 规定，结构所处环境按其对钢筋和混凝土材料的腐蚀机理，可分为如下五类，见表 2.2-3。

环境类别　　**表 2.2-3**

环境类别	名称	劣化机理
Ⅰ	一般环境	正常大气作用引起钢筋锈蚀
Ⅱ	冻融环境	反复冻融导致混凝土损伤
Ⅲ	海洋氯化物环境	氯盐侵入引起钢筋锈蚀
Ⅳ	除冰盐等其他氯化物环境	氯盐侵入引起钢筋锈蚀
Ⅴ	化学腐蚀环境	硫酸盐等化学物质对混凝土的腐蚀

根据《混凝土结构耐久性设计标准》GB/T 50476—2019 规定，环境对配筋混凝土结构的作用程度见表 2.2-4。

环境作用等级　　**表 2.2-4**

环境类别 / 环境作用等级	A 轻微	B 轻度	C 中度	D 严重	E 非常严重	F 极端严重
一般环境	Ⅰ-A	Ⅰ-B	Ⅰ-C			
冻融环境			Ⅱ-C	Ⅱ-D	Ⅱ-E	
海洋氯化物环境			Ⅲ-C	Ⅲ-D	Ⅲ-E	Ⅲ-F
除冰盐等其他氯化物环境			Ⅳ-C	Ⅳ-D	Ⅳ-E	
化学腐蚀环境			Ⅴ-C	Ⅴ-D	Ⅴ-E	

当结构构件受到多种环境类别共同作用时，应分别满足每种环境类别单独作用下的耐久性要求。

结构构件的混凝土强度等级应同时满足耐久性和承载能力的要求，因此《混凝土结构耐久性设计标准》GB/T 50476—2019 中对配筋混凝土结构满足耐久性要求的混凝土最低强度等级作出了相应规定，见表 2.2-5。

满足耐久性要求的混凝土最低强度等级　　**表 2.2-5**

环境类别与作用等级	设计使用年限		
	100 年	50 年	30 年
Ⅰ-A	C30	C25	C25
Ⅰ-B	C35	C30	C25
Ⅰ-C	C40	C35	C30
Ⅱ-C	C_a35、C45	C_a30、C45	C_a30、C40
Ⅱ-D	C_a40	C_a35	C_a35
Ⅱ-E	C_a45	C_a40	C_a40
Ⅲ-C、Ⅳ-C、Ⅴ-C、Ⅲ-D、Ⅳ-D、Ⅴ-D	C45	C40	C40
Ⅲ-E、Ⅳ-E、Ⅴ-E	C50	C45	C45
Ⅲ-F	C50	C50	C50

注：预应力混凝土构件最低强度等级应≥C40；C_a 为引气混凝土。

混凝土结构的优点如下：

（1）强度较高，钢筋和混凝土两种材料的强度都能充分利用。

（2）可模性好，适用面广。

（3）耐久性和耐火性较好，维护费用低。

（4）现浇混凝土结构的整体性，延性好，适用于抗震、抗爆结构，同时防振性和防辐射性能也较好，适用于防护结构。

（5）易于就地取材。

混凝土结构的缺点：自重大，抗裂性较差，施工复杂，工期较长。

正是因为钢筋混凝土结构有很多优点，适用于各种结构形式，因而在房屋建筑中得到广泛应用。

2. 钢筋

普通钢筋指用于钢筋混凝土结构中的钢筋和预应力混凝土结构中的非预应力钢筋。我国普通钢筋混凝土中配置的钢筋主要是热轧钢筋。预应力筋常由中、高强钢丝和钢绞线组成。常见钢筋外形见图 2.2-16。

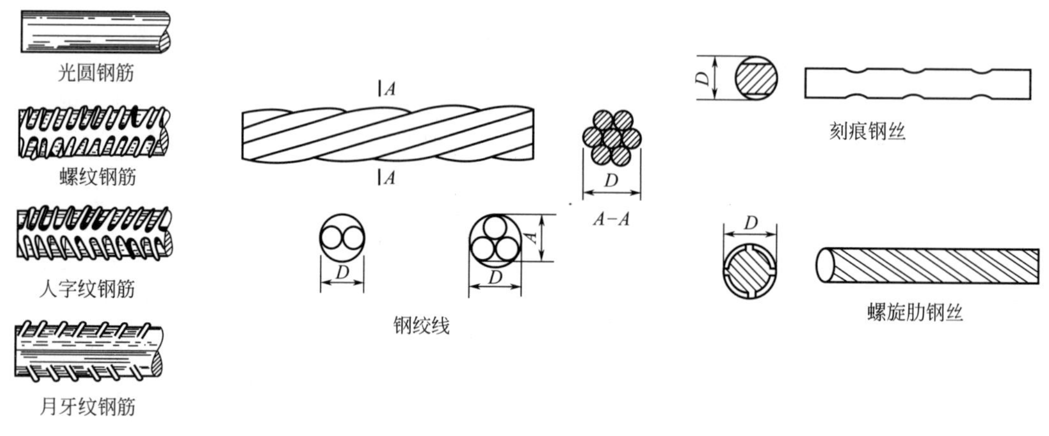

图 2.2-16　常见钢筋外形

用于钢筋混凝土结构的普通钢筋分为 HPB300；HRB335、HRBF335；HRB400、HRBF400、RRB400；HRB500、HRBF500 四个级别。《混凝结构设计规范（2015 年版）》GB 50010—2010 中普通钢筋选用的规定为：

（1）纵向受力普通钢筋宜采用 HRB400、HRB500、HRBF400、HRBF500 钢筋，也可采用 HPB300、HRB335、HRBF335、RRB400 钢筋。

（2）梁、柱纵向受力普通钢筋应采用 HRB400、HRB500、HRBF400、HRBF500 钢筋。

（3）箍筋宜采用 HRB400、HRB500、HPB300、HRB500、HRBF500 钢筋，也可采用 HRB335、HRBF335 钢筋。

热轧钢筋是由普通低碳钢（含碳量≤0.25%）和普通低合金钢（合金元素≤5%）制成。其常用种类、代表符号和直径范围见表 2.2-6。

热轧钢筋常用种类、代表符号和直径范围　　　表 2.2-6

强度等级代号	钢种	符号	d(mm)
HPB300	Q300	ϕ	6～14

续表

强度等级代号	钢种	符号	d(mm)
HRB335	20MnSi	Φ	6～14
HRB400	20MnSiV,20MnSiNb,20MnTi	Φ	6～50
HRB400	K20MnSi	$Φ^R$	6～50

（1）钢筋分类

① 按生产工艺分为：热轧钢筋、热处理钢筋、中高强钢丝、钢绞线、冷加工钢筋。

② 按使用用途分为：普通钢筋、预应力钢筋。

③ 按化学成分分为：低碳钢钢筋、普通低合金钢钢筋。

④ 按力学性能分为：有明显屈服点钢筋（“软钢”）、无明显屈服点钢筋（“硬钢”）。

⑤ 按钢筋表面形状分为：光面钢筋、变形钢筋。

（2）钢筋的力学性能

建筑钢筋分为两类，一类为有明显流幅的钢筋，另一类为没有明显流幅的钢筋。

有明显流幅的钢筋含碳量少，塑性好，延伸率大。无明显流幅的钢筋含碳量多，强度高，塑性差，延伸率小，没有屈服台阶，易脆性破坏。对于有明显流幅的钢筋，其性能的基本指标有屈服强度、延伸率、强屈比和冷弯性能四项。冷弯性能是反映钢筋塑性性能的另一个指标。

（3）钢筋的成分

钢筋的主要成分是铁，还包含少量的碳、锰、硅、钒、钛等；另外，也还有少量有害元素，如硫、磷。

（4）钢筋的冷加工

钢筋的冷加工是指对有明显屈服点的钢筋进行的机械冷加工，可以使钢材内部组织结构发生变化，从而提高钢材的强度，具体方法有冷拉、冷拔、冷轧等。

其中，钢筋的冷拉是指利用有明显屈服点的热轧钢筋“屈服强度/极限抗拉强度”比值（称为屈强比）低的特性，在常温条件下把钢筋应力拉到超过其原有的屈服点，再完全放松，当钢筋再次受拉，就能获得较高屈服强度的一种加工方法。

3. 混凝土

（1）抗压强度：立方体强度 f_{cu} 作为混凝土的强度等级，单位是 N/mm^2（MPa），例如 C20 表示抗压强度为 $20N/mm^2$。抗压强度共分十四个等级，为 C15～C80，级差为 $5N/mm^2$。

（2）棱柱体抗压强度 f_c 是采用 150mm×150mm×300mm 的棱柱体作为标准试件试验所得。

（3）抗拉强度 f_t 是计算抗裂的重要指标。混凝土的抗拉强度很低，一般为抗压强度的 1/10。

4. 钢筋与混凝土的共同工作

钢筋与混凝土之所以可以共同工作是由它自身的材料性质决定的。首先，钢筋与混凝土有着近似的线膨胀系数，不会因为材料所处环境不同而产生过大的应力。其次，钢筋与混凝土之间有良好的粘结力，有时钢筋的表面也被加工成变形钢筋来提高混凝土与钢筋之间的机械咬合，当仍不足以传递钢筋与混凝土之间的拉力时，通常再将钢筋的端部弯起180°弯钩。此外，混凝土中的氢氧化钙提供的碱性环境，在钢筋表面形成了一层钝化保护膜，使钢筋更不易受腐蚀。

影响钢筋混凝土粘结强度的主要因素有混凝土的强度、保护层的厚度和钢筋之间的净距离等。

2.2.7 结构抗震的构造要求

地震是由于某种原因引起的强烈地动，是一种自然现象。地震根据成因可分为三种：火山地震、塌陷地震和构造地震。

构造地震是地壳运动推挤岩层，造成地下岩层的薄弱部位突然发生错动、断裂而引起的地动。这种地震破坏性大，影响面广，而且发生较频繁，约占破坏性地震总量的95%以上。房屋结构抗震主要是研究构造地震的抗震。在我国发生的绝大多数地震属于浅源地震，一般深度为5～40km；浅源地震造成的危害最大。

1. 地震震级

震级是按照地震本身强度而定的等级标度，用以衡量某次地震的大小，用符号 M 表示。

一次地震只有一个震级。世界上多数国家采用12个等级划分地震烈度。一般来说，$M<2$ 的地震，人是感觉不到的，称为无感地震或微震；$M=2\sim5$ 的地震称为有感地震；$M>5$ 的地震，对建筑物可引起不同程度的破坏，统称为破坏性地震；$M>7$ 的地震为强烈地震或大震；$M>8$ 的地震称为特大地震。

2. 地震烈度

地震烈度是指某一地区遭受一次地震影响的强弱程度。一般来说，距震中越远，地震影响越小，烈度就越小；反之，距震中越近，烈度就越高。此外，地震烈度还与地震大小、震源深浅、地震传播介质、表土性质、建筑物的动力特性、施工质量等许多因素有关。

一个地区基本烈度是指该地区今后一定时间内，在一般场地条件下可能遭遇的最大地震烈度。基本烈度大体为在设计基准期超越概率为10%的地震烈度。《建筑抗震设计规范（附条文说明）（2016年版）》GB 50011—2010中明确规定，从6度地震区开始，所有建筑必须进行抗震设计，其基本的抗震设防目标是：当遭受低于本地区抗震设防烈度的多遇地震影响时，主体结构不受损坏或不需修理可继续使用；当遭受相当于本地区抗震设防烈度的设防地震影响时，可能发生损坏，但经一般性修理仍可继续使用；当遭受高于本地区抗震设防烈度的罕遇地震影响时，不致倒塌或发生危及生命的严重破坏。使用功能或其他方面有专门要求的建筑，当采用抗震性能化设计时，应具有更具体或更高的抗震设防目标。

3. 多层砌体结构的抗震构造措施

多层砌体结构是目前常用的主要结构类型之一，但是这种结构材料脆性大，抗拉、抗剪能力低，抵抗地震的能力差。很多震害调查表明，在强烈地震作用下，多层砌体结构的破坏部位主要是墙身，楼盖本身的破坏较轻。因此，应采取如下措施提高其抗震性：

（1）设置钢筋混凝土构造柱，可减少墙身的破坏，并改善其抗震性能，提高延性。

（2）设置钢筋混凝土圈梁，与构造柱连接起来，增强房屋的整体性，改善房屋的抗震性能。

（3）加强墙体的连接，楼板和梁应有足够的支承长度和可靠连接。

（4）加强楼梯间的整体性等。

4. 框架结构的抗震构造措施

钢筋混凝土框架结构是我国工业与民用建筑较常用的结构形式。震害调查表明，框架结构震害的严重部位多发生在框架梁柱节点和填充墙处；一般是柱的震害重于梁，柱顶的震害重于柱底，角柱的震害重于内柱，短柱的震害重于一般柱。为加强框架结构的抗震性能，应把框架设计成延性框架，遵守强柱、强节点、强锚固，避免短柱、加强角柱，框架沿高度不宜突变，避免出现薄弱层，控制最小配筋率，限制配筋最小直径等原则，构造上采取受力筋锚固适当加长，节点处箍筋适当加密等措施。

5. 设置必要的防震缝

不论什么结构形式，防震缝都可以将不规则的建筑物分割成几个规则的结构单元，每个单元在地震作用下受力明确、合理，可避免产生扭转或应力集中的薄弱部位，有利于抗震。

2.2.8　装配式混凝土建筑结构

我国装配式建筑起步较晚，1977年后才开始对装配式结构体系进行研究和开发，但发展迅速，目前装配式钢筋混凝土结构是我国建筑结构发展的重要方向之一，它有利于促进我国建筑工业化的发展，提高生产效率，节约能源，发展绿色环保建筑，并且有利于提高和保证建筑工程质量。

装配式混凝土建筑是以工厂化生产的混凝土预制构件为主，通过现场装配的方式来设计建造的混凝土结构类型房屋建筑。现场装配式构件通常采用吊装的方式（图2.2-17）。构件的装配方法一般有现场后浇叠合层混凝土连接、钢筋锚固后浇混凝土连接等，钢筋连接可采用灌浆套筒连接、焊接、机械连接及预留孔洞搭接连接等做法。装配式混凝土建筑是建筑工业化最重要的方式，降低了对环境的负面影响，具有提高质量、缩短工期、节约能源、减少消耗、清洁生产等许多优点。另外，装配式结构在较大程度上减少了建筑垃圾，如废钢筋、废板材、废弃混凝土等。

图2.2-17　装配式构件吊装

1. 装配式混凝土建筑的分类

装配式混凝土建筑的预制构件主要有预制外墙、预制柱、预制剪力墙、预制楼板、预制楼梯、预制露台等。按照预制构件的预制部位不同，可以分为全预制装配式混凝土结构体系和预制装配整体式混凝土结构体系。

装配式结构的房屋最大适用高度应符合表 2.2-7 的规定。

装配式结构房屋的最大适用高度（m） **表 2.2-7**

结构体系	抗震设防烈度			
	6	7	8(0.2g)	8(0.3g)
装配整体式框架结构	60	50	40	30
装配整体式框架-现浇剪力墙结构	130	120	100	80
装配整体式框架-现浇核心筒结构	150	130	100	90
装配整体式剪力墙结构	130(120)	110(100)	90(80)	70(60)
装配整体式部分框支剪力墙结构	110(100)	90(80)	70(60)	40(30)

（1）全预制装配式结构

全预制装配式结构是指所有结构构件均在工厂内生产，然后运至现场进行装配的结构体系。全预制装配式结构通常采用柔性连接。柔性连接是指连接部位抗弯能力比预制构件低。地震作用下弹塑性变形通常发生在连接处，而梁柱构件本身不会被破坏，或者是变形在弹性范围内。因此，全预制装配式结构的恢复性能好，震后只需对连接部位进行修复即可继续使用，具有较好的经济效益。

全预制装配式建筑的围护结构可以采用现场砌筑或浇筑，也可采用预制墙板。它的主要优点是生产效率高，施工速度快，构件质量好，受季节影响小。在建设量较大而又相对稳定的地区，采用工厂化生产可以取得较好的效果。

（2）预制装配整体式结构

预制装配整体式结构是指部分结构构件在工厂内生产，如预制外墙、预制内隔墙、半预制露台、半预制梁、预制楼梯等，预制构件运至现场后，与主要竖向承重构件（预制或现浇梁柱、剪力墙等）通过叠合层现浇楼板浇筑成整体的结构体系。

预制装配整体式结构通常采用强连接节点。由于强连接的装配式结构在地震中依靠构件截面的非弹性变形的耗能能力，因此能够达到与现浇混凝土现浇结构相同或相近的抗震能力，且具有良好的整体性能和足够的强度、刚度、延性，能抵抗地震作用。

预制装配整体式结构的主要优点是生产基地一次投资比全装配式少，适用性强，节省运输费用，便于推广。施工现场也可以实现大面积的流水作业，在一定条件下可缩短工期，并能取得较好的经济效果。

2.3 房屋建筑材料

2.3.1 建筑块料：建筑石材和砌体材料

1. 建筑石材

建筑石材是指主要用于建筑工程中砌筑或装饰的天然石材。

（1）毛石

毛石是由爆破直接获得的石块，按其平整程度分为乱毛石和平毛石。如图 2.3-1 和图 2.3-2 所示为毛石和用毛石做的基础。

图 2.3-1　毛石

图 2.3-2　毛石基础

（2）料石

料石是由人工或机械开采出的较规则的六面体石块，略经加工凿琢而成，可分为毛料石、粗料石、半细料石、细料石。料石的材质通常为砂岩、花岗石等质地比较均匀的岩石，其至少应有一个面较整齐，以便互相合缝，如图 2.3-3 和图 2.3-4 所示。

图 2.3-3　料石

图 2.3-4　料石墙体

（3）石材饰面板

1）天然大理石板材

天然大理石板材是建筑装饰中应用较为广泛的天然石饰面材料，如图 2.3-5 和图 2.3-6 所示。其特点为结构致密（密度 2.7g/cm^3 左右），强度较高，吸水率低，但表面硬度较低，不耐磨，耐化学侵蚀和抗风蚀性能较差。

2）天然花岗石板材

天然花岗石经加工后的板材简称花岗板。其特点为结构致密，强度高，空隙率和吸水

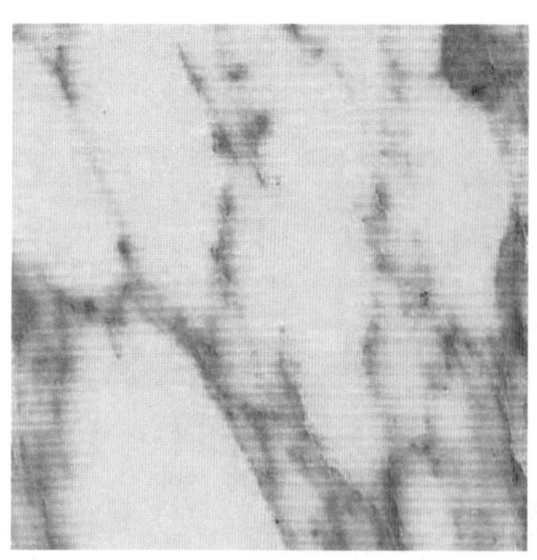
图 2.3-5 大花白

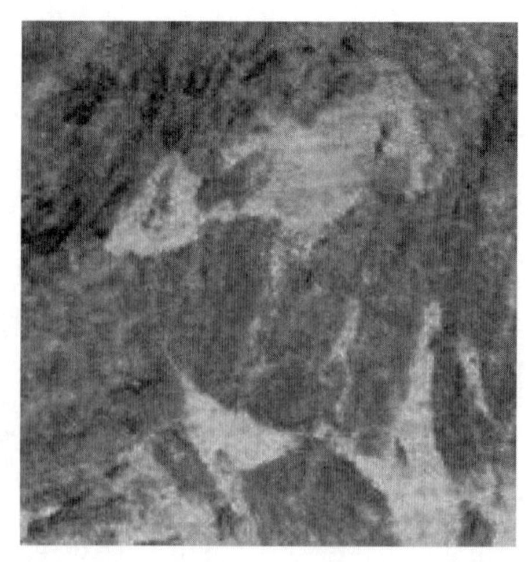
图 2.3-6 螺丝转

率低，具有耐化学侵蚀、耐磨、耐冻、抗风蚀性能优良等优点，经加工后色彩多样且具有光泽，是理想的天然装饰材料，如图 2.3-7 和图 2.3-8 所示。

图 2.3-7 元帅红

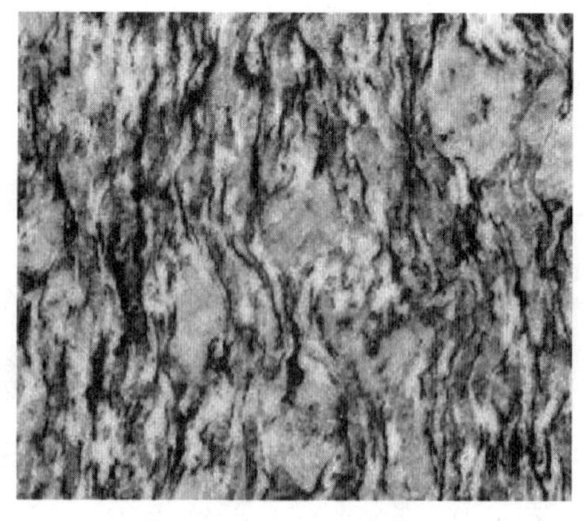
图 2.3-8 海浪花

建筑石材的选用原则为适用、经济、安全。选用时应注意以下几点：

① 使用满足强度、硬度等力学性能要求的石材。

② 选择耐久性好的石材。

③ 室内使用时，注意石材放射性指标应不超标。

④ 因石材运输不便，运费高，应就地取材。

2. 砌体材料

建筑用砌体材料主要有烧结多孔砖、烧结空心砖和普通混凝土小型空心砌块、蒸压加气混凝土砌块、轻集料混凝土小型空心砌块。

（1）烧结多孔砖

烧结多孔砖为大面有孔洞的砖，孔多而小，孔洞率≥15%，使用时孔洞垂直于承压面，常用于承重部位（六层以下建筑物的承重墙）。

相关标准：《烧结多孔砖和多孔砌块》GB 13544—2011。

主要规格：分为 M 型和 P 型，如图 2.3-9 所示。M 型：190mm×190mm×90m、P 型：240mm×115mm×90mm。

质量等级：优等品（A）、一等品（B）、二等品（C）。

强度等级：MU30、MU25、MU20、MU15、MU10。

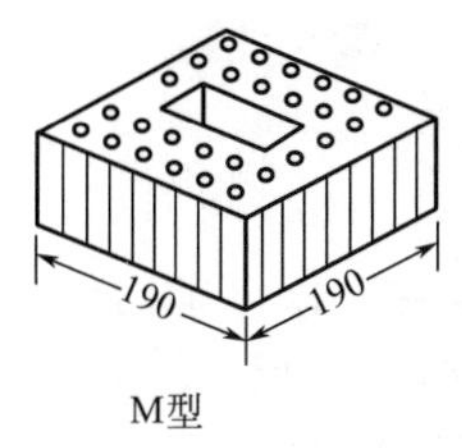

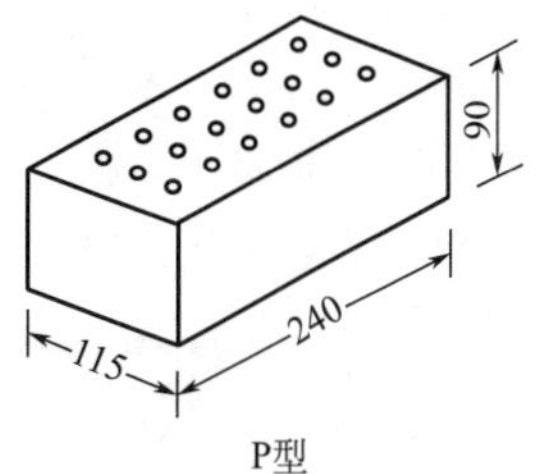

图 2.3-9　M 型和 P 型烧结多孔砖

（2）烧结空心砖

烧结空心砖是以黏土、页岩、煤矸石为主要原料，经焙烧而成的孔隙率≥35%的砖。

相关标准：《烧结空心砖和空心砌块》GB/T 13545—2014。

主要规格：分为 290mm×190mm×9mm、240mm×180mm×115mm 两种。

密度等级：按体积密度分为 800 级、900 级、1000 级、1100 级。

质量等级：优等品（A）、一等品（B）、合格品（C）。

强度等级：MU10.0、MU7.5、MU5.0、MU3.5。

（3）普通混凝土小型空心砌块

普通混凝土小型空心砌块是用水泥、石子、砂、水，必要时加入外加剂，按一定的比例配料、搅拌、成型，经养护制成，各部位名称如图 2.3-10 所示。

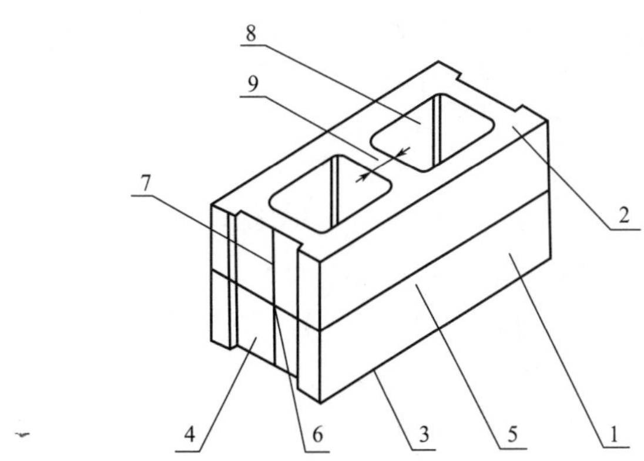

图 2.3-10　普通混凝土小型空心砌块各部位的名称

1—条面；2—坐浆面（肋厚较小的面）；3—铺浆面（肋厚较大的面）；4—顶面；5—长度；6—宽度；7—高度；8—壁；9—肋

强度等级：MU3.5、MU5.0、MU7.5、MU10.0、MU15.0 和 MU20.0。

质量等级：优等品（A）、一等品（B）和合格品（C）。

（4）蒸压加气混凝土砌块

蒸压加气混凝土砌块是以钙质材料和硅质材料及加气剂、少量调节剂，经配料、搅拌、浇筑成型、切割和蒸压养护而制成的多孔轻质块体材料。尺寸规格：长为600mm，高为200mm、250mm、300mm，宽为100mm、125mm、150mm、200mm、250mm、300mm和120mm、180mm、240mm。强度等级：A1.0、A2.0、A2.5、A3.5、A5.0、A7.5、A10.0。干密度级别：B03、B04、B05、B06、B07、B08。质量等级分为优等品（A）和合格品（B）两个等级。其表观密度低，具有较高的强度、抗震性及较低的热导率，可用于高层建筑物非承重的内外墙。

（5）轻集料混凝土小型空心砌块

轻集料混凝土小型空心砌块是由浮石、火山渣、煤渣等轻集料拌合物，经砌块成型机成型、养护制成的一种轻质墙体材料，特点是轻质、高强、保温隔热、抗震性能好等。

孔的排数：单排、双排、三排和四排。

强度等级：MU1.5、MU2.5、MU3.5、MU5.0、MU7.5、MU10.0。

质量等级：优等品（A）、一等品（B）和合格品（C）。

2.3.2 胶凝材料：石膏、石灰与水泥

胶凝材料是指用来把散粒、块状材料粘结为一个整体的材料，分为气硬性胶凝材料和水硬性胶凝材料。气硬性胶凝材料包括石膏、石灰、水玻璃，水硬性胶凝材料包括各类水泥。

1. 石膏

石膏的原料为天然二水石膏（$CaSO_4 \cdot 2H_2O$），即生石膏。

石膏品种：①107～170℃：建筑石膏（β型半水石膏）；②127kPa，124℃：高强石膏（α型半水石膏）。

建筑石膏特性有：质量轻，拌和用水量大，凝结硬化快，初凝$\geqslant$3min，终凝$\leqslant$30min，强度低，早期强度高。硬化微膨胀，膨胀率约1%。具有良好的成模性，表面光滑，不干裂。保温，隔声性能高，吸水性强、耐水性差、抗冻性差，遇水二水石膏晶体溶解。防火性好，耐火性差，本身不燃，遇火结晶水挥发，强度下降，有一定调温、调湿功能。

建筑石膏的应用主要有：（1）抹灰和粉刷；（2）制作石膏板：纸面石膏板、纤维石膏板、装饰石膏板、空心石膏板、吸声石膏板。

储运时应注意防潮、防水，储存期不大于3个月。

2. 石灰

建筑用石灰的种类：①生石灰（CaO）：块灰、生石灰粉；②熟石灰［$Ca(OH)_2$］：消石灰粉、石灰膏、石灰乳。

生石灰与水反应生成熟石灰的过程会剧烈放热（可鉴别石灰的优劣），会膨胀，质地优良的膨胀3～3.5倍，质地较差的膨胀1.5～2倍。石灰需要陈伏，陈伏的目的为防止过火石灰后期熟化引起起鼓和开裂。石灰在空气中即可发生硬化，硬化过程中水分大量蒸发而导致开裂，外皮碳化结壳，硬化速度下降。

石灰主要应用有：（1）石灰乳涂料和砂浆；（2）灰土和三合土。灰土：消石灰粉与黏

土拌和（3∶7或2∶8）；三合土：消石灰粉与黏土再掺加砂、粉煤灰等拌和；（3）硅酸盐混凝土及制品，粉煤灰砖，灰砂砖，加气混凝土等。

石灰的储存和保管须防潮、防水，保质期不大于1个月。

3. 水泥

水泥是典型的水硬性胶凝材料，可以分为通用水泥（硅酸盐水泥、普通硅酸盐水泥、矿渣硅酸盐水泥、粉煤灰硅酸盐水泥、火山灰质硅酸盐水泥、复合硅酸盐水泥），专用水泥（砌筑水泥、道路水泥、油井水泥等）和特性水泥（快硬水泥、彩色水泥、膨胀水泥、低热水泥、低碱水泥等）。

硅酸盐水泥熟料的矿物含量有硅酸三钙（简写 C_3S）、硅酸二钙（C_2S）、铝酸三钙（C_3A）和铁铝酸四钙（C_4AF），还含有少量游离 CaO、MgO（影响水泥体积安定性）和少量含碱矿物以及玻璃体（碱-骨料膨胀）等。根据矿物组成含量对水泥性能的影响，其应用范围见表2.3-1。

水泥的矿物组成及应用　　　　**表2.3-1**

矿物组成	水泥性能	应用
$C_3S\uparrow$	高强	结构工程
C_3A、$C_3S\downarrow$，$C_2S\uparrow$	水化热低	大体积混凝土
C_3S、$C_3A\uparrow$	快硬高强	抢修工程

另外，其他成分也会对水泥性能有不同程度的影响，如石膏。石膏是通用硅酸盐水泥中的重要组成部分，其主要作用是调节水泥的凝结时间。混合材料也是通用硅酸盐水泥中经常采用的组成材料，主要是指为改善水泥性能，调节水泥强度等级而加入到水泥中的矿物质材料。

通用硅酸盐水泥的技术要求见表2.3-2。

通用硅酸盐水泥的技术要求　　　　**表2.3-2**

技术性质	质量标准
密度（kg/m^3）	3100～3200
堆积密度（kg/m^3）	1300～1600
不溶物	Ⅰ型：不溶物不得超过0.75%；Ⅱ型：不溶物不得超过1.50%
烧失量	Ⅰ型：烧失量不得大于3.0%；Ⅱ型：烧失量不得大于3.5%
氧化镁	水泥中氧化镁含量不宜超过5.0%。如果水泥经压蒸法检验安定性合格，则水泥中氧化镁含量可放宽至6.0%
三氧化硫	3.5%
碱含量	水泥中碱含量按 $Na_2O+0.658K_2O$ 计算值来表示。若使用活性集料，用户要求提供低碱水泥时，水泥中碱含量不得大于0.60%或由供需双方商定

注：表中百分数均为质量百分数。

通用硅酸盐水泥中碱含量过多会产生危害，碱可与活性骨料反应，使混凝土开裂，一般应使用低碱水泥，碱含量应小于0.6%。

水泥颗粒的细度：国家标准要求硅酸盐水泥、普通水泥的比表面积应大于 $300m^2/kg$。

硅酸盐水泥的凝结时间分为初凝时间和终凝时间，如图 2.3-11 所示。

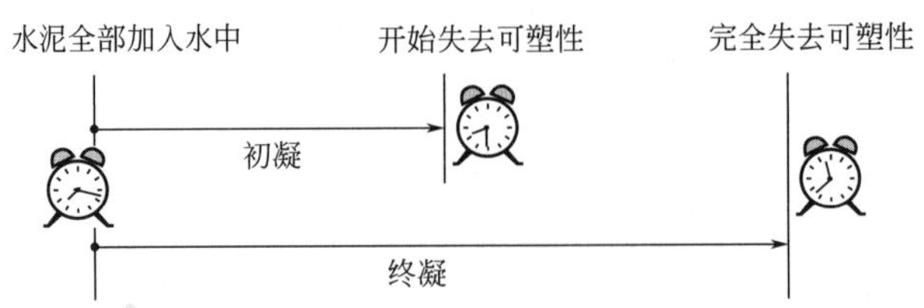

图 2.3-11 水泥的初凝和终凝

水泥的初凝时间和终凝时间对工程具有重要意义，例如混凝土的施工，要求水泥的初凝时间不能过短，否则在施工前水泥即已失去流动性和可塑性而导致无法施工。水泥的终凝时间也不能过长，否则将延长施工进度和模板周转期。

体积安定性：水泥硬化后体积变化是否均匀的性质。不良水泥硬化后体积发生不均匀膨胀，导致水泥石出现开裂、翘曲等现象。水泥安定性检验：试饼法（代用法）。养护 24h 后，沸煮 3h 无开裂、翘曲为合格，开裂、翘曲为不合格。

水化热：水泥水化反应产生的热量。水化热有利于冬期施工，但易造成大体积混凝土开裂。

水泥的储运与包装（包装有袋装和散装两种）：袋装水泥在包装袋上应清楚地标明产品名称、代号、净含量、强度等级、生产许可证标志（QS）和编号、生产者名称和地址、出厂编号、执行标准号、包装日期等主要包装标志。掺火山灰质混合材料的普通硅酸盐水泥，必须在包装上标上“掺火山灰”字样。包装袋两侧应印有水泥名称和强度等级。印刷字体颜色标识：硅酸盐水泥和普通硅酸盐水泥——红色；矿渣硅酸盐水泥——绿色；火山灰水泥、粉煤灰水泥和复合水泥——黑色或蓝色。散装水泥供应时须提交与袋装水泥标志内容相同的卡片。

《通用硅酸盐水泥》GB 175—2007 中规定：通用硅酸盐水泥性能中，凡化学指标中任一项及凝结时间、强度、安定性中的任一项不符合标准规定的指标时称为不合格品。水泥有效期一般不应超过三个月。

水泥的验收与复验：检查出厂合格证和试验报告，水泥进场后应立即复验，复验周期一般需一个月。

硅酸盐水泥的优缺点与应用。硅酸盐水泥的优点有：凝结硬化快，强度高，尤其早期强度高；适宜快硬、高强、抗渗、耐磨混凝土，可冬期施工；抗碳化性能好、抗中性化，适宜二氧化碳浓度高的工业区。抗冻性好，干缩小，适宜严寒地区施工。硅酸盐水泥的缺点主要有：水化热大，不宜做大体积混凝土；耐腐蚀性差，不宜做海工混凝土；耐热性差，不宜高温环境。

掺混合材料硅酸盐水泥的共性及其应用：早期强度低，后期强度增长较大，宜蒸汽养护，不宜低温施工。水化热较低，适用于大体积混凝土。抗软水、硫酸盐侵蚀能力强，适用于水工、海港工程。抗冻性差、抗碳化性能差，不宜用于受冻部位。

2.3.3 混凝土

混凝土是以胶凝材料与粗、细骨料和其他外掺材料按比例混合，经搅拌、成型、养护硬化而成的人工石材。混凝土的优点：①性能变化的范围大；②凝结前具有良好的可塑性；③可用钢筋增强（良好结合力）；④主要构成材料可就地取材；⑤高强、耐水、耐久；⑥可利用工业废料，利于环保。但也有以下缺点：①自重大；②抗拉强度小，易开裂；③硬化前，养护期较长；④传热快。

混凝土主要由水、水泥、石子、砂组成。细骨料（砂）（粒径在0.16～5mm间的骨料）的颗粒级配按照空隙率小、颗粒总表面积小的要求选取、筛余在同一级配区的为合格。粗骨料（石子）的选取应满足最大粒径和颗粒级配的要求，而且是连续级配。颗粒应从大至小连续分级，每一级都应占适当的比例，搭配较好，和易性好，不发生离析。拌合用水应用自来水、清洗的天然水，不可用污水、pH＜4.5的水，含油、糖类的水，一般不用海水（除素混凝土）和含硫酸盐的水。

混凝土拌合物应具有良好的和易性。改善混凝土拌合物工作性能的措施如下：

（1）在水灰比不变的前提下，适当增加水泥浆的用量。

（2）采用合理砂率。

（3）改善砂、石料的级配，一般情况下尽可能采用连续级配。

（4）调整砂、石料的粒径，如为加大流动性，可加大粒径；若欲提高粘聚性和保水性，可减小骨料的粒径。

（5）掺加外加剂。采用减水剂、引气剂、缓凝剂都可有效地改善混凝土拌合物的工作性能。

（6）尽可能缩小新拌混凝土的运输时间。若不允许，可掺缓凝剂、流变剂，减少坍落度损失。

随着现代工业的发展，混凝土在轻质高强方面有了长足的发展。根据原料和制造工艺的不同，可分为轻骨料混凝土、加气混凝土和大孔混凝土，其中轻骨料混凝土是应用范围大、技术较为成熟的一种新型混凝土，其抗渗等级等于或大于P6级。为突破施工条件的限制，建筑行业又研发了泵送混凝土和大体积混凝土。各类混凝土的广泛应用，把我国的建设事业推向了更广阔的空间。

2.3.4　建筑砂浆：砌筑砂浆与抹面砂浆

砂浆是由胶凝材料、细骨料、拌合材料及加入的掺加料按一定比例配制而成的混合物，主要分为砌筑砂浆、抹面砂浆（特殊砂浆）两种。砂浆的胶凝材料有水泥砂浆、石灰砂浆、混合砂浆，可应用于砌筑砌体（如砖、石、砌块）结构，建筑物内外表面（如墙面、地面、顶棚）的抹面，墙板、砖石墙的勾缝，装饰材料的粘结等。砂浆是建筑工程中用量最大、用途最广的建筑材料。

1. 砌筑砂浆

将砖、石、砌块等粘结成砌体的砂浆称为砌筑砂浆。水泥起着胶结块材及传递荷载的作用，是砌体的重要组成部分。砂浆中不含粗骨料，材料的其他要求与混凝土相近。

为改善砂浆的和易性，减少水泥用量，通常掺入一些廉价的其他胶凝材料（如石灰膏、黏土膏等）制成混合砂浆。掺加料的选用及质量要求如表2.3-3所示。

砂浆掺加料的选用及质量要求　　表 2.3-3

常用种类	质量要求
块状生石灰经熟化成石灰膏后使用	(1)熟化时应用孔径不超过 3mm×3mm 的网过滤，熟化时间不小于 7d。 (2)石灰膏应洁白细腻，不得含未熟化颗粒，脱水硬化的石灰膏不得使用。 (3)熟石灰粉不得直接用于砌筑砂浆中
建筑石膏	凝结时间应符合有关规定，电石渣应经 20min 加热至无乙炔味方可使用
砂质黏土	(1)干法时，应烘干磨细再使用；(2)湿法时，应淋浆过筛沉淀再使用

砂浆常用的细骨料为普通砂，对特种砂浆也可选用白色或彩色砂、轻砂等。砌筑砂浆用砂宜选用中砂，毛石砌体宜选用粗砂，含泥量不应超过 5%；强度等级为 M2.5 的水泥混合砂浆，砂的含泥量不应超过 10%。

拌制砂浆应采用不含有害杂质的洁净水。为改善或提高砂浆的性能，可掺入一定的外加剂，但对外加剂的品种的掺量必须通过试验确定。

经拌成后砌筑砂浆应具有以下性质：①满足和易性要求；②满足设计种类和强度等级要求；③具有足够的粘结力。砂浆和易性包括流动性、稳定性和保水性。

流动性也称为稠度，是指在自重或外力作用下能流动的性能。影响因素：与混凝土和易性类似，与用水量、胶凝材料用量、骨料的性质等有关，采用沉入度进行测定。砌筑砂浆的稠度如表 2.3-4 所示。

砌筑砂浆的稠度　　表 2.3-4

砌体种类	砂浆稠度(mm)
烧结普通砖砌体	70～90
轻骨料混凝土小型空心砌块砌体	60～90
烧结多孔砖，空心砖砌体	60～80
烧结普通砖平拱式过梁、空斗墙、筒拱、普通混凝土小型空心砌块砌体、加气混凝土砌块砌体	50～70
石砌体	30～50

沉入度大的砂浆，流动性大。但流动性过大，硬化后强度将会降低；若流动性过小，则不便于施工操作。

砂浆的稳定性是指砂浆拌合物在运输及停放时内部各组分保持均匀、不离析的性质。砂浆的稳定性用分层度表示。分层度在 10～20mm 之间为宜，不得大于 30mm。分层度大于 30mm 的砂浆，容易产生离析，不便于施工；分层度接近于零的砂浆，容易发生干缩裂缝。

砂浆的保水性是指新拌砂浆保持水分的能力，或砂浆中的各组成材料不易分离的性质。为了保证整体结构的强度满足要求，用来砌筑基础、墙体和柱等建筑部位的砌筑砂浆应有一定的强度要求。

砖石砌体是靠砂浆把块状材料粘结成坚固整体的，因此要求砂浆具有一定的粘结力。粘结力随抗压强度的增加而增强；粘结力与砖石表面状态、湿润程度有关，与施工养护条件有关。因此，砌筑前砖要浇水湿润，其含水率控制在 10%～15%左右，表面应不沾泥土，以提高砂浆与砖之间的粘结力，保证砌筑质量。

2. 抹面砂浆

凡涂抹在建筑物或建筑构件表面的砂浆，统称为抹面砂浆。根据抹面砂浆功能的不同，可将抹面砂浆分为普通抹面砂浆、装饰砂浆和具有某些特殊功能的抹面砂浆（如防水砂浆、吸声砂浆、耐酸砂浆等）。

抹面砂浆通常分为两层或三层进行施工。各层砂浆要求不同，因此每层所选用的砂浆也不一样。底层砂浆起粘结基层的作用，要求砂浆应具有良好的和易性和较高的粘结力，因此底层砂浆的保水性要好，否则水分易被基层材料吸收而影响砂浆的粘结力。基层表面粗糙些，有利于与砂浆的粘结。中层抹灰主要是为了找平，有时可省去不用。面层抹灰主要为了平整美观，因此应选用细砂。用于砖墙的底层抹灰多用石灰砂浆；用于板条墙或板条顶棚的底层抹灰多用混合砂浆或石灰砂浆；混凝土墙、梁、柱、顶板等底层抹灰多用混合砂浆、麻刀石灰浆或纸筋石灰浆。容易碰撞或潮湿的地方，应采用水泥砂浆。如墙裙、踢脚板、地面、雨篷、窗台以及水池、水井等处一般多用 1∶2.5 的水泥砂浆。水泥砂浆不得涂在石灰砂浆层上。

装饰砂浆是直接用于建筑物内外表面，以提高建筑物装饰艺术性抹面砂浆，如图 2.3-12 所示。它是常用的装饰手段之一。装饰砂浆由胶凝材料、精细分级的石英砂、颜料、可再分散乳胶粉及各种聚合物添加剂配制而成。

图 2.3-12　具有装饰效果的彩色饰面砂浆应用示例

3. 预拌砂浆

预拌砂浆是指专业生产厂商生产的干拌砂浆或湿拌砂浆。干拌砂浆是目前建材领域发展最快、发展潜力很大的新产品。干拌砂浆有效克服了传统砂浆在施工和质量上的不足，具有产品质量好、生产效率高、对环境污染小、便于文明施工等优点。

发展干拌砂浆符合建设节约型、环境友好型社会，大力发展循环经济，实现可持续发展的要求，也是建筑施工现代化发展的必然趋势。

2.3.5　建筑钢材

建筑钢材主要指钢筋混凝土结构用钢材，其为含碳低于 2%的铁碳合金。建筑钢材强度高，塑性好，具有良好的韧性，工艺性能良好，易于加工。

如图 2.3-13 所示，热轧钢筋包括热轧直条、光圆钢筋，强度等级代号为 HPB300。热轧带肋钢筋的牌号由 HRB 和牌号的屈服点最小值构成，包括 HRB335、HRB400、HRB500 三个牌号。

图 2.3-13 热轧钢筋

建筑钢材易锈蚀、耐火性差。建筑钢材锈蚀，可以采用外部涂保护层和合金钢来减小锈蚀的影响。建筑钢材耐热不耐火，当温度超过 700℃时，钢材会失去强度发生软化，失去承载能力，因此要采取措施保证其安全。

2.3.6 建筑涂料

建筑涂料是指涂覆于物体表面，能与基体材料牢固粘结并形成连续完整而坚韧的保护膜，具有防护、装饰及其他特殊功能的物质，其具有装饰和保护墙体的功能。

建筑涂料以其丰富的色彩和质感装饰美化建筑物，并能以其某些特殊功能改善建筑物的使用条件，延长建筑物的使用寿命。同时，涂饰作业方法简单，施工效率高，自重小，便于维护更新，造价低。

1. 建筑涂料的分类，如图 2.3-14 所示：

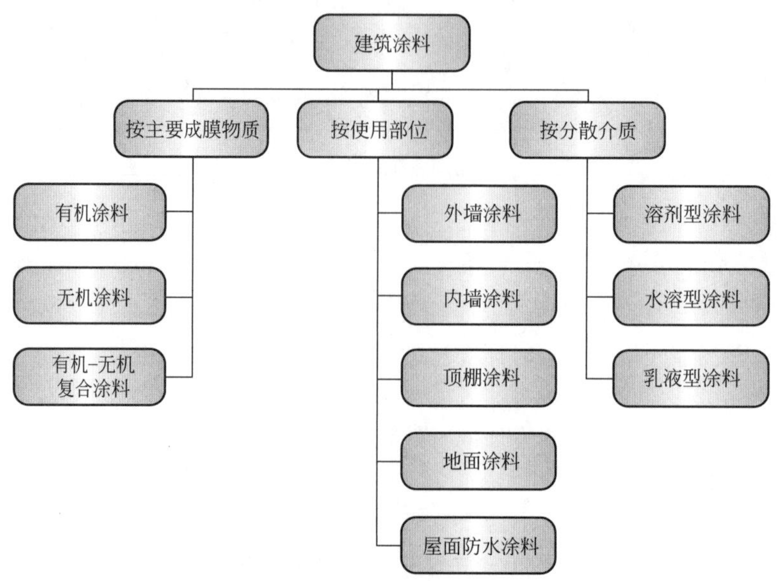

图 2.3-14 建筑涂料分类

2. 涂料的组成

按照涂料中各种材料在涂料的生产、施工和使用中所起作用的不同，分为主要成膜物质、次要成膜物质、溶剂和助剂等。

（1）主要成膜物质

作用：将涂料中其他组分粘结在一起，并能牢固附着在基层表面形成连续均匀、坚韧的保护膜。

特点：它具有独立成膜的能力，决定着涂料的使用范围和所形成涂膜的主要性能。

分类：树脂、油料。

（2）次要成膜物质

次要成膜物质是指涂料中的各种颜料，是构成涂膜的组分之一。

作用：使涂膜着色并赋予涂膜遮盖力，增加涂膜质感，改善涂膜性能，增加涂料品种，降低涂料成本等。

特点：本身不具备单独成膜的能力，须依靠主要成膜物质的粘结而成为涂膜的组成部分。

分类：无机颜料和有机颜料。

（3）溶剂

作用：在涂料生产过程中，是溶解、分散、乳化成膜物质的原料；在涂饰施工中，使涂料具有一定稠度、黏性和流动性，还可以增强成膜物质向基层渗透的能力，改善粘结性能；在涂膜的形成过程中，溶剂中少部分被基层吸收，大部分将逸入大气中，不保留在涂膜内。

分类：有机溶剂、水。

3. 有机建筑涂料

（1）溶剂型涂料

溶剂型涂料是指以高分子合成树脂为主要成膜物质，有机溶剂为稀释剂，再加入适量的颜料、填料及助剂，经研磨而成的涂料。

优点：形成的涂膜细腻光洁且坚韧，有较好的硬度、光泽和耐水性、耐候性，气密性好，耐酸碱，对建筑物有较强的保护作用，使用温度可以低至零度。

缺点：易燃、溶剂挥发对人体有害，施工时要求基层干燥，涂膜透气性差，价格较贵。

（2）水溶性涂料

水溶性涂料是指以水溶性合成树脂为主要成膜物质，以水为稀释剂，再加入适量颜料、填料及助剂经研磨而成的涂料。

特点：耐水性差，耐候性不强，耐洗刷性差，一般只用于内墙涂料。

（3）乳液型涂料

乳液型涂料是指由合成树脂借助乳化剂的作用，以 0.1～0.5μm 的极细微粒分散于水中构成乳液，并以乳液为主要成膜物质，再加入适量的颜料、填料助剂经研磨而成的涂料。

特点：价格较便宜，无毒、不燃，对人体无害，形成的涂膜有一定的透气性；涂布时不需要基层很干燥；涂膜固化后的耐水性、耐擦洗性较好，可作为室内外墙建筑涂料；施工温度一般在10℃以上，用于潮湿的部位时易发霉，须加防霉剂；涂膜质量不如同一主要成膜物质的溶剂型涂料。

建筑涂料的应用如图 2.3-15、图 2.3-16 所示。

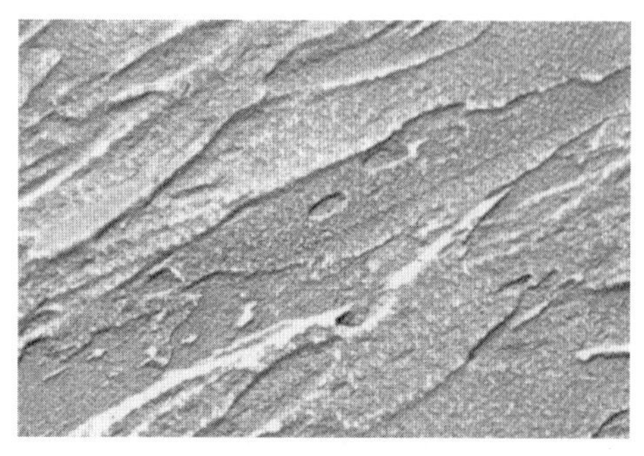

图 2.3-15　质感外墙涂料应用示例

图 2.3-16　建筑外墙涂料应用实例

4. 无机建筑涂料

无机建筑涂料是以碱金属硅酸盐或硅溶胶为主要成膜物质，加入相应的固化剂，或有机合成树脂、颜料、填料等配制而成，主要用于建筑物外墙装饰。

优点：耐水性、耐碱性、抗老化性等特别优异；粘结力强，对基层处理要求不高；温度适应性好；最低成膜温度5℃；颜色均匀，保色性好，遮盖力强，装饰性好；耐热性良好，不燃、无毒；资源丰富，生产工艺简单、施工方便。

分类：A类和B类。

5. 有机—无机复合涂料

有机—无机复合涂料可以取长补短，发挥有机、无机建筑涂料的各自优势。

2.3.7　防水材料

防水材料是建筑工程中不可缺少的建筑材料，可以保证房屋建筑中避免雨水、地下水与其他水分侵蚀渗透。工程中防水有刚性材料防水和柔性材料防水。工程中常采用沥青和改性沥青材料作为建筑屋面和地下防水的粘结材料。

2.4　房屋建筑识图

房屋建筑施工图的内容包括图纸目录、建筑总平面图、建筑设计总说明、门窗表、建筑平面图、建筑立面图、建筑剖面图和建筑详图。本节以实际工程案例介绍图纸的内容和识读。

图纸目录应先列新绘制图纸，后列选用的标准图。建筑设计总说明一般应包含施工图的设计依据、本工程项目的设计规模和建筑面积、本项目的相对标高与总图绝对标高的对应关系、室内室外的做法说明、门窗表等内容。

建筑总平面图主要表达拟建房屋的位置和朝向，与原有建筑物的关系，周围道路、绿化布置及地形地貌等内容。它可作为拟建房屋定位、施工放线、土方施工以及施工总平面布置的依据。常用建筑总平面图例见表 2.4-1，总平面图的图示内容有：

（1）表明新建区的总体布局。

（2）确定新建、扩建、改建的具体位置。

（3）注明新建房屋的层数以及室内首层地面和室外地坪、道路的绝对标高。

（4）用指北针或风向频率图表示建筑物朝向和该地区的常年风向频率。

（5）根据工程的需要，有时还包括水、暖、电等总平面图，各种管线综合布置图，道路纵横剖面图及绿化布置图等。

常用建筑总平面图例　　表 2.4-1

名称	图例	说明	名称	图例	说明
新建建筑物	8	(1)需要时，可用▲表示出入口，可在图形内右上角用点数或数字表示层数。 (2)建筑物外形(一般以±0.000高度处的外墙线为准)用粗实线表示，需要时，地面以上建筑用中粗线表示，地面以下建筑用细虚线表示	填挖边坡护坡		(1)边坡较长时，可在一端或两端局部表示。 (2)下边线为虚线时表示填方
			建筑物下面的通道		
原有建筑物		用细实线表示	水池、坑槽		也可以不涂黑
计划扩建的预留地或建筑物		用中粗线表示	围墙及大门		上图为实质性质的围墙，下图为通透性质的围墙，若仅表示围墙时不画大门
拆除的建筑物		用细实线表示			

2.4.1　房屋建筑制图标准

建筑图样是建筑施工的重要技术文件，因此，图样的绘制必须遵守统一的规范，通常统称为制图标准。目前常用的制图标准有《房屋建筑制图统一标准》GB 50001—2017、《总图制图标准》GB/T 50103—2010、《建筑制图标准》GB/T 50104—2010、《建筑结构制图标准》GB/T 50105—2010，工程技术人员在绘制工程图样时必须严格遵守，施工技术人员也要严格按标准工程图纸文件进行施工，认真贯彻国家标准。

制图的基本规定涉及图纸的幅面规格、图线、字体、比例、符号和尺寸标注等。

图纸幅面及图框尺寸按规定有五种，其代号分别为 A0、A1、A2、A3 和 A4，如表 2.4-2 和图 2.4-1 所示。

幅面及图框尺寸（mm）　　表 2.4-2

尺寸代号 \ 幅面代号	A0	A1	A2	A3	A4
$b \times l$	841×1189	594×841	420×594	297×420	210×297

续表

尺寸代号 \ 幅面代号	A0	A1	A2	A3	A4
c	10			5	
a	25				

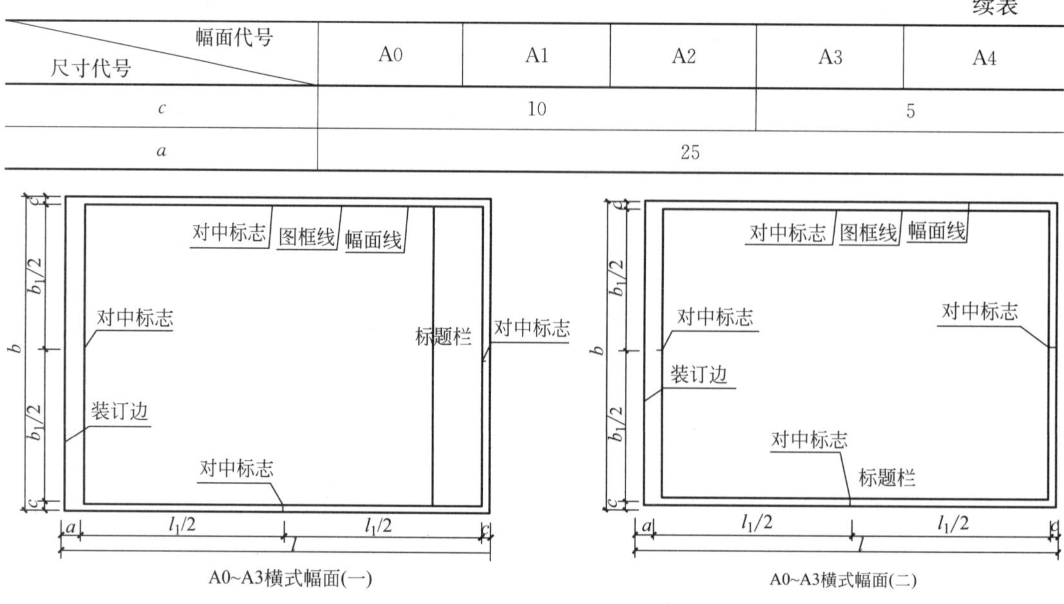

图 2.4-1　A0～A3 横式幅面

线型有实线、虚线、单点长画线、双点长画线、折断线和波浪线等，其中有些线型还分粗、中、细三种。

字体的书写要求为笔画清晰、字体端正、排列整齐。字高可分为 3.5mm、5mm、7mm、10mm、14mm、20mm 等，字高也称字号，如 5 号字的字高为 5mm。当需要写更大的字时，其字高应按$\sqrt{2}$的倍数递增。

图样的比例是图形与实物相对应的线性尺寸之比。比例的大与小，是指比值的大与小。比值大于 1 的比例，称为放大的比例。比值小于 1 的比例，称为缩小的比例，如表 2.4-3 所示。

建筑图样的常用比例　　**表 2.4-3**

图名	比例
建筑物或构筑物的平面图、立面图、剖面图	1∶50、1∶100、1∶150、1∶200、1∶300
建筑物或构筑物的局部放大图	1∶10、1∶20、1∶25、1∶30、1∶50
配件及构造详图	1∶1、1∶2、1∶5、1∶10、1∶15、1∶20、1∶25、1∶30、1∶50

图样中的符号主要有剖切符号、索引符号、详图编号、引出线和指北针等，如图 2.4-2 所示。

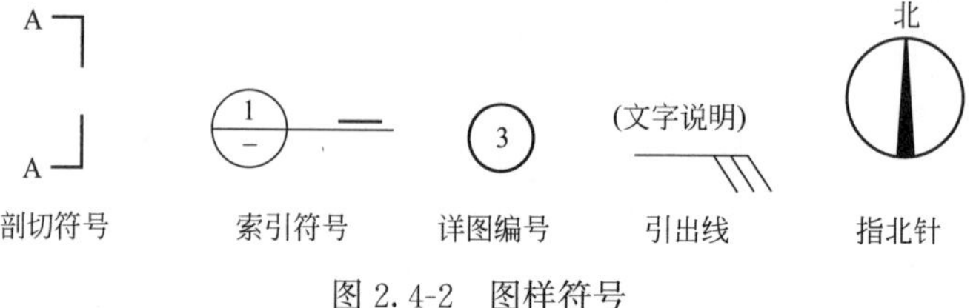

图 2.4-2　图样符号

图样上的尺寸由尺寸线、尺寸界线、起止符号和尺寸数字四部分组成，如图 2.4-3 所示。

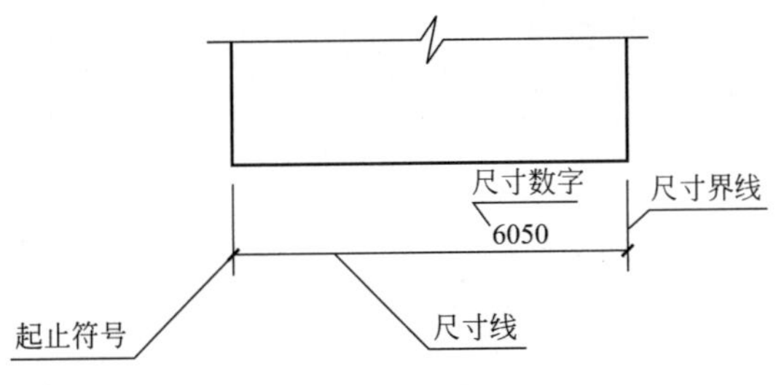

图 2.4-3　尺寸的组成

2.4.2　图纸目录、建筑说明和门窗表等

当拿到一套图纸后，首先要查看图纸目录。图纸目录可以帮助我们了解图纸的总张数、图纸专业类别及每张图纸所表达的内容，使我们可以迅速地找到所需要的图纸。图纸目录有时也称“首页图”，意思就是第一张图纸，如表 2.4-4 所示。

图纸目录　　　　**表 2.4-4**

序号	名称	图号或文件编号	版次	图幅					备注
				A0	A1	A2	A3	A4	
1	图纸目录	07E-034J-101-0	2B					1	
2	建筑用料及说明	07E-034J-101-1	2B			1			
3	±0.000 平面图	07E-034J-101-2	2B			1			
4	4.000 平面图	07E-034J-101-3	2B			1			
5	7.600 平面图	07E-034J-101-4	2B			1			
6	11.200 平面图	07E-034J-101-5	2B			1			
7	14.800 平面图	07E-034J-101-6	2B			1			
8	①～⑦立面	07E-034J-101-7	2B			1			
9	⑦～①立面	07E-034J-101-8	2B			1			
10	Ⓐ～Ⓓ立面　Ⓓ～Ⓐ立面	07E-034J-101-9	2B			1			
11	1-1 剖面图	07E-034J-101-10	2B			1			
12	1 号楼梯大样图	07E-034J-101-11	2B		1				
13	2 号楼梯大样图	07E-034J-101-12	2B		1				
14	厕所大样图	07E-034J-101-13	2B			1			
15	门窗大样图及门窗表	07E-034J-101-14	2B		1				
16	墙身及其他大样图	07E-034J-101-15	2B			1			

建筑设计说明的内容根据建筑物的复杂程度有多有少，但不论内容多少，必须说明设计依据、建筑规模、建筑物标高、装修做法和对施工的要求等。下面以“工程综合设计说明”为例，介绍读图方法。

（1）设计依据

设计依据包括政府的有关批文。这些批文主要有两个方面的内容：一是立项，二是规划许可证等。

（2）建筑规模

建筑规模主要包括占地面积（规划用地及净用地面积）和建筑面积，这是设计出来的图纸是否满足规划部门要求的依据。

占地面积：建筑物底层外墙皮以内所有面积之和。

建筑面积：建筑物外墙皮以内各层面积之和。

（3）标高

在房屋建筑中，规范规定用标高表示建筑物的高度。工程综合设计说明中要说明相对标高与绝对标高的关系。相对标高±0.000 等于绝对标高值（黄海系）。

（4）装修做法

装修做法的内容比较多，包括地面、楼面、墙面等的做法。我们需要读懂说明中的各种数字、符号的含义。

（5）施工要求

施工要求包含两个方面的内容，一是施工验收规范中的规定，二是对图纸中不详之处的补充说明，如图 2.4-4 所示为建筑用料及说明。

建筑用料及说明

总则

图纸中的所有文字说明以中文为准

√一、本设计除标高及总图以米为单位外，其余尺寸以毫米为单位。

√二、施工时应与各有关专业图纸配合，如有矛盾，应与设计人联系解决。

√三、图中的±0.00相当于绝对标高，详见总图专业图纸。

√四、本说明每项前有“√”符号者为本工程选用。

√五、工程概况。

√建筑面积：1413m² √建筑基底面积：360m²

生产(储存物品)类别 √耐火等级：二级

√建筑层数：4层 √建筑高度：15.10m

√屋面防水等级：三级 √设计使用年限：50年

用料

√一、地面

先将原土平整，如有填土则应分层洒水夯实，每层厚度≤300mm；然后现浇C20混凝土垫层100mm厚，(包括门口踏步)垫层分格<6m×6m，缝宽20mm，满填沥青砂浆。

钢筋混凝土板做法详结构专业图纸

√1.用1∶2.5水泥砂浆20mm厚找平，面层用料：

(1)加水泥浆抹光面，涂浅灰色环氧涂料1mm厚使用部位：除(3)、(4)外。

(2)浅绿色8~10mm厚现浇水磨石，用料比例为1∶2.5，10mm厚，铜条分格1500mm×1500mm。使用部位：辅助用房

(3)加水泥浆抹光面，使用部位：

√(4)600mm×600mm米黄色抛光耐磨地砖，使用部位：除厕所、楼梯、走廊外所有室内地面。

……(7) 贴 色塑料地板。使用部位：

(8)涂刷(a)热沥青(b)SL-2氯丁橡胶 厚粘贴拼木地板，表面刨光再刷 色漆 遍，使用部位：

2.用1∶2.5水泥砂浆坐砌，面层用料：

(1) 色预制水磨石，使用部位：

(2) 色预制水泥花阶砖，使用部位：

(3) 色磨光花岗石、大理石，使用部位：

3.用1∶2水泥砂浆20mm厚找平环氧砂浆自流平3mm厚。

使用部位：洁净区。

4.特殊矿物骨料硬化面层，具体施工方法由供应商提供。

使用部位：

√三、屋面

√1.防水层：

√在各种钢筋混凝土板面纵横各扫水泥砂浆1遍，然后：

(1)1∶2水泥砂浆(掺 %防水剂)20mm厚抹光面，使用部位：

√(2)捣陶粒混凝土(薄处40mm厚，找坡2%)，再用1∶2水泥砂浆(掺3%防水粉)批面抹光。

使用部位：所有屋面。

√(3) 1∶2水泥砂浆20mm厚抹光，然后涂(铺)：(a)聚氨酯防水涂料2mm厚；(b)JG-2放水冷胶2布3胶共2mm厚；(√c)1.2mm厚PVC防水卷材。

使用部位：所有屋面。

图 2.4-4　建筑用料及说明

门窗表主要有门窗的类型、尺寸、数量和参照的材料做法等，为施工和预算提供依

据，如表 2.4-5 所示。

某工程门窗表　　**表 2.4-5**

设计编号	洞口尺寸(mm)		标准图名称及门窗编号	数量(樘)	备注
	宽	高			
C1	4150	1800	参考 02ZJ702 第 34 页之 TC-1518	24	60 系列组合塑钢推拉窗
C2	800	2700	参考 02ZJ702	13	60 系列塑钢上悬窗
C3	1200	1500	参考 02ZJ702 第 34 页之 TC-1215	1	60 系列塑钢推拉窗
C4	3200	600	参考 02ZJ702 第 28 页之 PSC-1506	1	60 系列塑钢上悬窗
C5	1800	1500	参考 02ZJ702 第 34 页之 TC-1815	1	60 系列塑钢推拉窗
C6	2500	1500	参考 02ZJ702 第 34 页之 TC-2518	1	60 系列塑钢推拉窗
C7			参考 03J103-3	2	隐框玻璃幕墙，参考门窗大样图，由专业公司负责设计安装
C8			参考 03J103-3	1	隐框玻璃幕墙，参考门窗大样图，由专业公司负责设计安装
MC1			参考 03J103-3	1	隐框玻璃幕墙(带门)，参考门窗大样图，由专业公司负责设计安装
MC2			参考 03J103-3	1	隐框玻璃幕墙(带门)，参考门窗大样图，由专业公司负责设计安装
M1	1500	2400	参考 02ZJ602 第 22 页之 PPM-1524	15	60 系列塑钢平开门
M2	800	2400	参考 02ZJ602 第 22 页之 PPM-0824	7	60 系列塑钢平开门(门下带通风百页)
M3	1000	2400	参考 02ZJ602 第 22 页之 PPM-1024	28	60 系列塑钢平开门
M4	1500	2100	参考 98ZJ6 之 PLM-1521	1	平开铝合金门

说明：1. 以上尺寸均为洞口尺寸。

2. 单块面积大于 1.5m^2 的玻璃选用 5mm 厚浅绿色钢化玻璃。

3. 塑钢及铝合金门窗制作安装及检查均应按中南标 02ZJ602《塑钢门》、02ZJ702《塑钢窗》、98ZJ641《铝合金门》执行。

2.4.3 建筑平面图

建筑平面图主要用来表示房屋的平面形状、大小和房间布置，墙或柱的位置、厚度和材料，门窗安装和开启方向等，在施工过程中，它是放线、砌墙和安装门窗及编制概预算的重要依据。施工备料、施工组织都要用到建筑平面图。

建筑平面图可分为以下几类：

(1) 底层平面图。又称为首层平面图或一层平面图。它是所有建筑平面图中首先绘制的一张图。绘制此图时，应将剖切平面选放在房屋的一层地面与从一楼通向二楼的休息平台之间，且尽量通过该层上所有的门窗洞口，如图 2.4-5 所示。

(2) 标准层平面图。如图 2.4-6 所示，由于房屋内部平面布置不同，所以对于多层或高层建筑而言，应该每一层均有一张平面图。其名称就用本身的层数来命名或者标高来命名，例如“二层平面图”或“±0.000 平面图”等。但在实际的建筑设计中，多层或高层建筑往往存在许多相同或相近平面布置形式的楼层，因此在实际绘图时，可将这些相同或相近的楼层合用一张平面图来表示。这张合用的图就称为“标准层平面图”，有时也可用

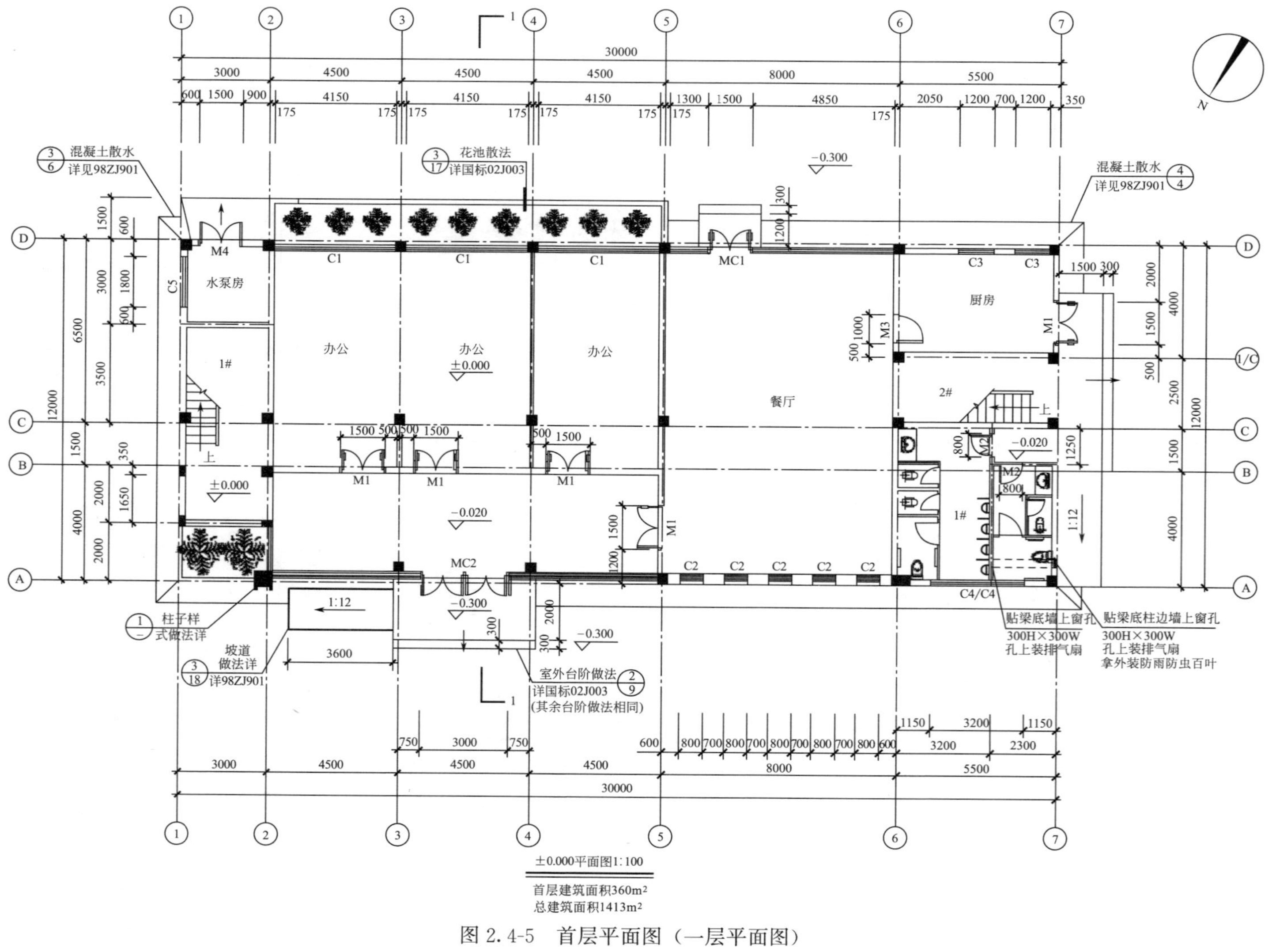

图 2.4-5 首层平面图（一层平面图）

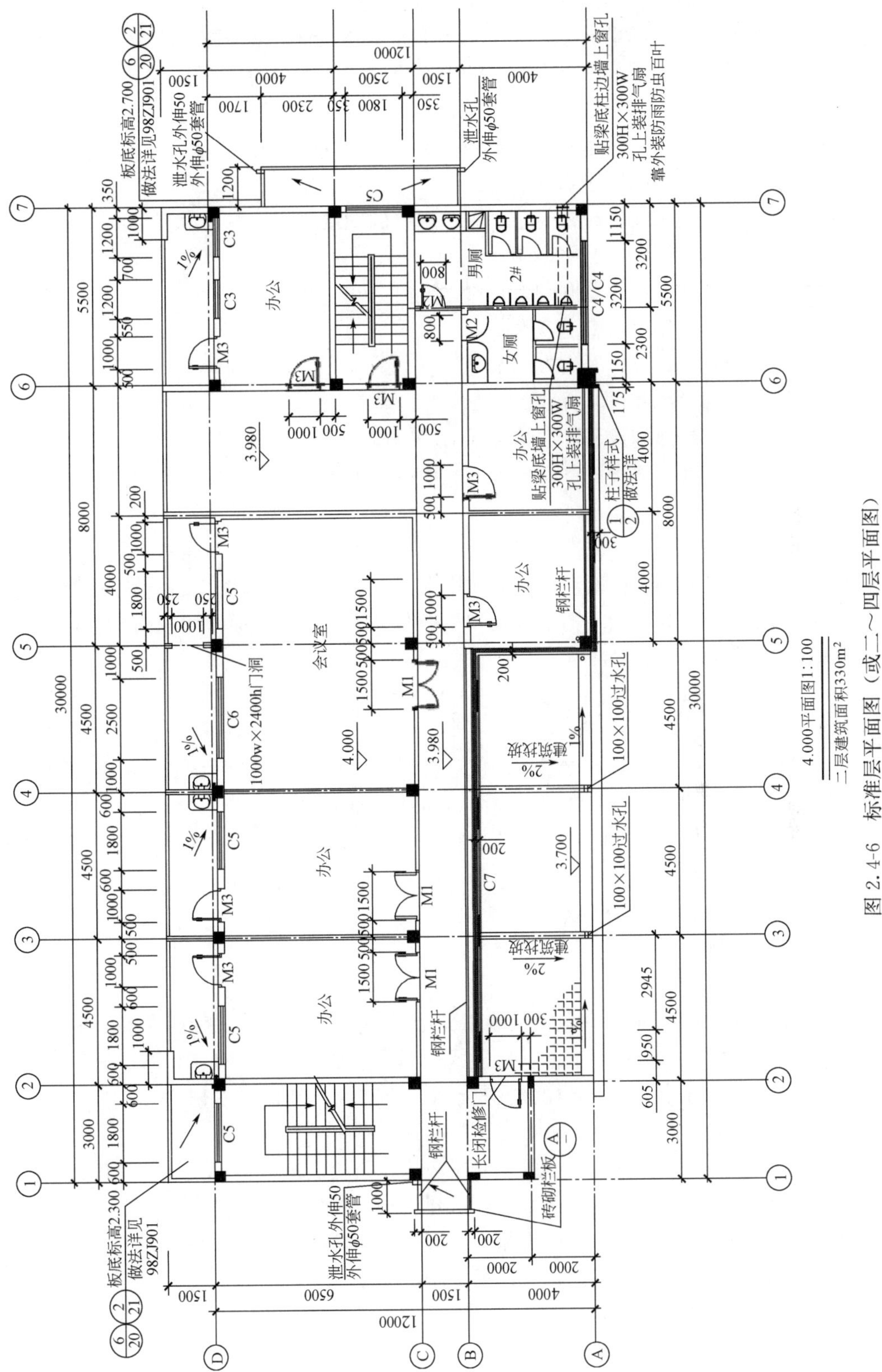

图 2.4-6　标准层平面图（或二～四层平面图）

其相对应的楼层数命名，例如“三～十五层平面图”等。

（3）屋顶平面图和局部平面图。除了上述平面图外，建筑平面图还应包括屋顶平面图和局部平面图。其中屋顶平面图是将房屋的顶部单独向下所做的俯视图（由于本楼层是上人屋面，所以在屋顶平面图中还表达了楼梯间的情况），主要用来描述屋顶的平面布置及排水情况。而对于平面布置基本相同的中间楼层，其局部的差异，无法用标准层平面图来描述，此时则可用局部平面图表示。

首层（一层）平面图是房屋建筑施工图中重要的图纸之一，主要内容有：

（1）图名、比例、图例及文字说明。

（2）纵横定位轴线、编号及开间、进深。

（3）房间的布置、用途及交通联系。

（4）门窗的布置、数量、开启方向及型号。

（5）房屋的平面形状和尺寸标注。

（6）房屋的细部构造和设备配备情况。

（7）房屋的朝向及剖面图的剖切位置、索引符号等。

（8）墙厚（柱的断面）。

其他各层平面图和屋顶平面图大部分与首层平面图相似。

屋顶平面图主要表明屋顶的形状、屋面排水方向及坡度、檐沟、女儿墙、屋脊线、落水口、上人孔、水箱及其他构筑物的位置和索引符号等。屋顶平面图比较简单，可用较小的比例绘制，如图 2.4-7 所示。

2.4.4 建筑立面图

从房屋的前、后、左、右等方向直接作正投影，只画出其上的可见部分（不可见的虚线轮廓不画）所得的图形，称为建筑立面图，简称立面图。

立面图的数量是根据建筑物各立面的形状和墙面装修的要求而决定的。当建筑物各立面造型不一样、墙面装修各异时，就需要画出所有立面图。

建筑立面图的主要内容如下：

（1）图名、比例。

（2）定位轴线。

（3）表明建筑物外形轮廓，包括门窗的形状位置及开启方向、室外台阶、花池、勒脚、窗台、雨篷、阳台、檐口、墙面、屋顶、烟囱、雨水管等的形状和位置。

（4）用标高表示出各主要部位的相对标高，如室内外地面、各层楼面、檐口、女儿墙、压顶、雨篷及总高度。

（5）立面图中的尺寸。立面图中的尺寸是表示建筑物高度方向的尺寸，一般用三道尺寸线表示。最外面一道为建筑物的总高，即从建筑物室外地面到女儿墙压顶（或檐口）的距离。中间一道尺寸线为层高，即上下相邻两层楼地面之间的距离。最里面一道为细部尺寸，表示室内外地面高差、防潮层位置、窗下墙的高度、门窗洞口高度、洞口顶面到上一层楼面高度、女儿墙或挑檐板高度。

（6）外墙面的分格。如图 2.4-8 和图 2.4-9 所示，该建筑外墙面的分格线以横线条为主、竖线条为辅；利用凹凸墙面进行竖向分格，利用窗沿、窗台、阳台棱线进行横向分格。

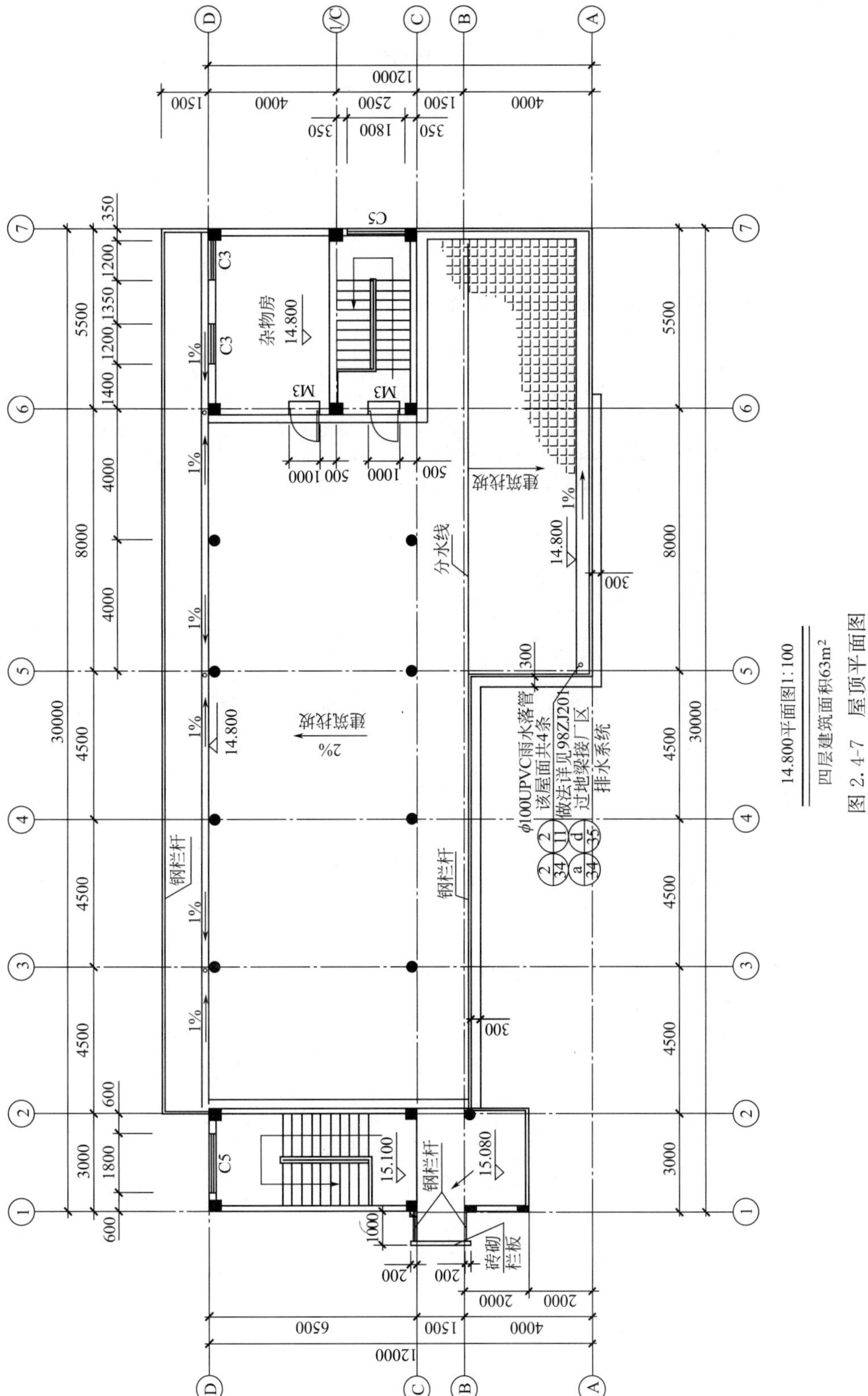

14.800平面图1:100

四层建筑面积63m²

图 2.4-7 屋顶平面图

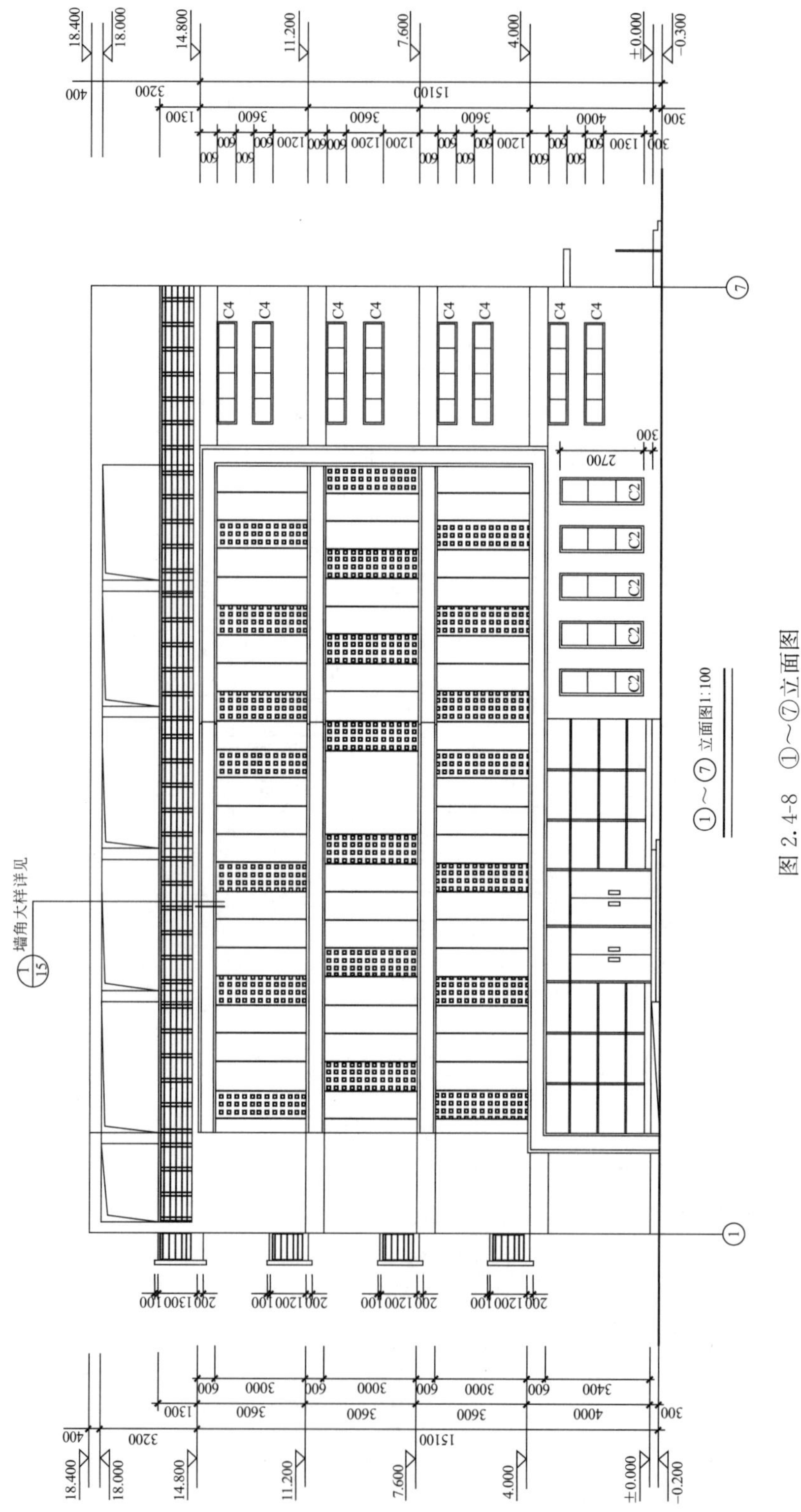
①~⑦立面图1:100
墙角大样详见
C4
C2
18.400
18.000
14.800
11.200
7.600
4.000
±0.000
-0.300
-0.200
15100

图 2.4-8 ①~⑦立面图

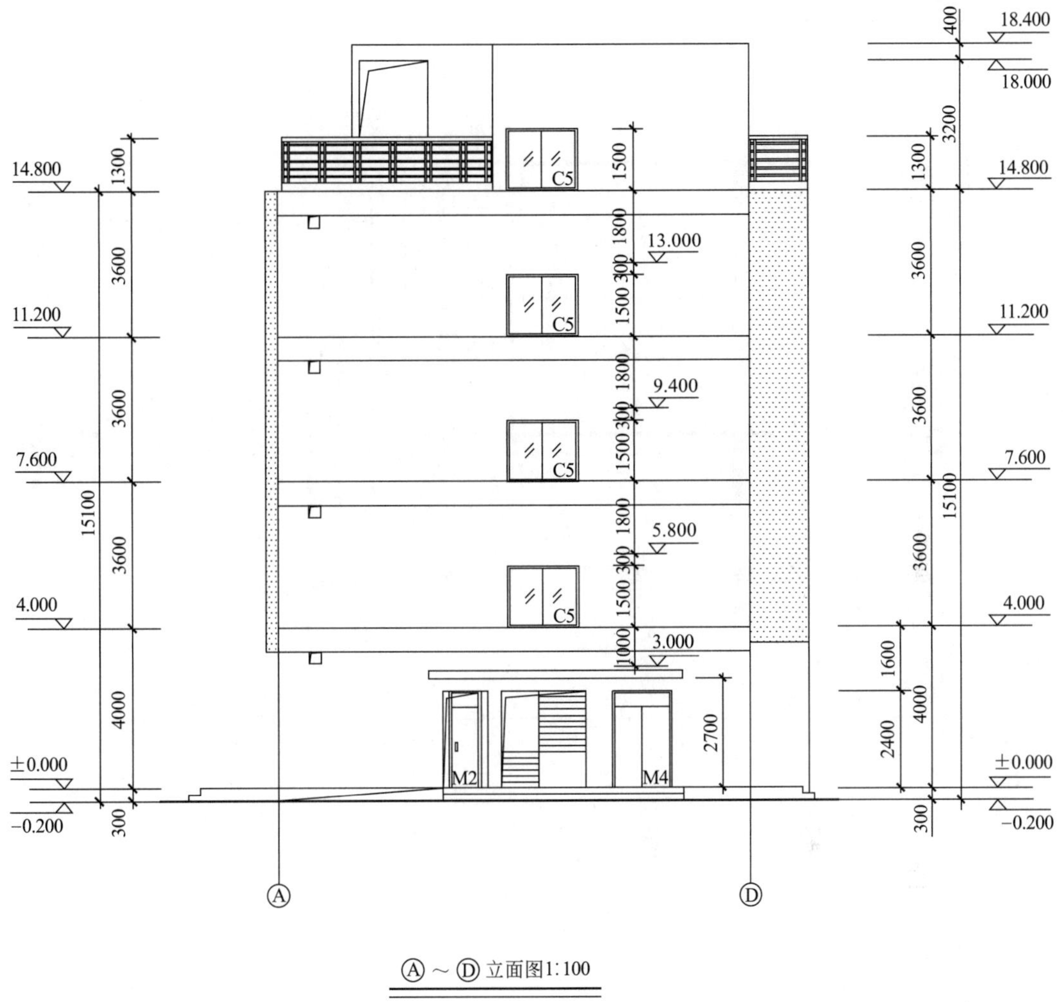

图 2.4-9　Ⓐ～Ⓓ立面图

（7）外墙面的装修。外墙面装修一般用索引符号表示具体做法（具体做法需查找相应的标准图集）或在图上直接引出标注。

2.4.5　建筑剖面图

建筑剖面图的剖切部位，应根据图纸的用途或设计深度，在平面图上选择能反映全貌、构造特征以及有代表性的部位剖切，一般应通过门窗洞口、楼梯间及主要入口等位置。本工程选取主要入口（1-1）的位置。

剖面图同平面图、立面图一样，是建筑施工图中重要的图纸之一，表示建筑物的整体情况。剖面图用来表达建筑物内部的竖向结构和特征（如结构形式、分层情况、层高及各部位的相互关系），如图 2.4-10 所示。

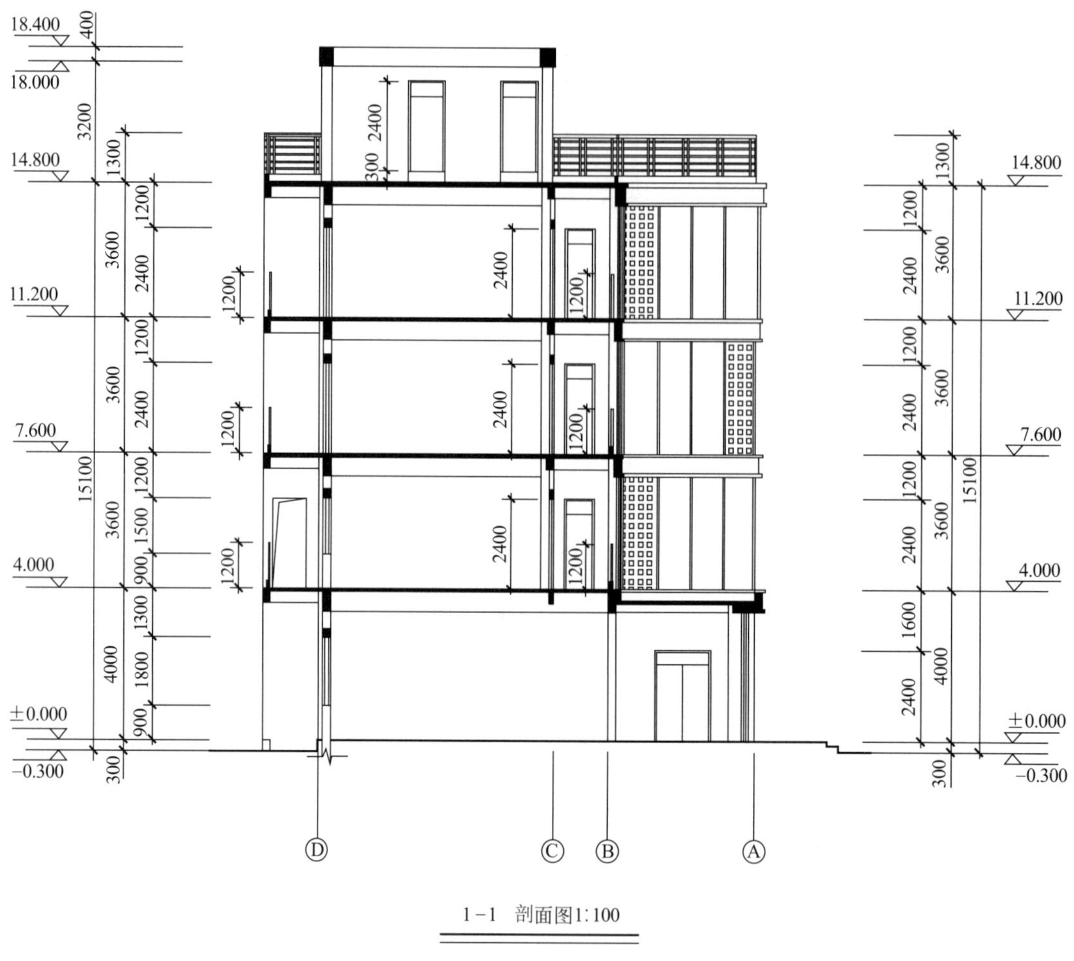

图 2.4-10　1-1 剖面图

2.4.6　建筑详图

房屋施工图通常需绘制以下几种建筑详图：外墙剖面详图、楼梯详图、门窗详图、厨卫详图及室内外一些构配件的详图，如室外的台阶、花池、散水、明沟和阳台等，室内的卫生间等。下面以楼梯详图和门窗详图为例介绍建筑详图的识读方法。

楼梯详图的主要内容有楼梯的类型，平、剖面尺寸，结构形式及踏步、拉杆等装修做法，一般包括 3 部分，即楼梯平面图、楼梯剖面图和踏步、栏杆、扶手详图等，如图 2.4-11～图 2.4-13 所示。

门窗详图由门窗的立面图、门窗节点剖面图、门窗五金表及文字说明等组成。门窗立面图表明门窗的组合形式、开启方式、主要尺寸及节点索引标志。门窗的开启方式由开启线决定，开启线有实线和虚线之分，如图 2.4-14 所示。

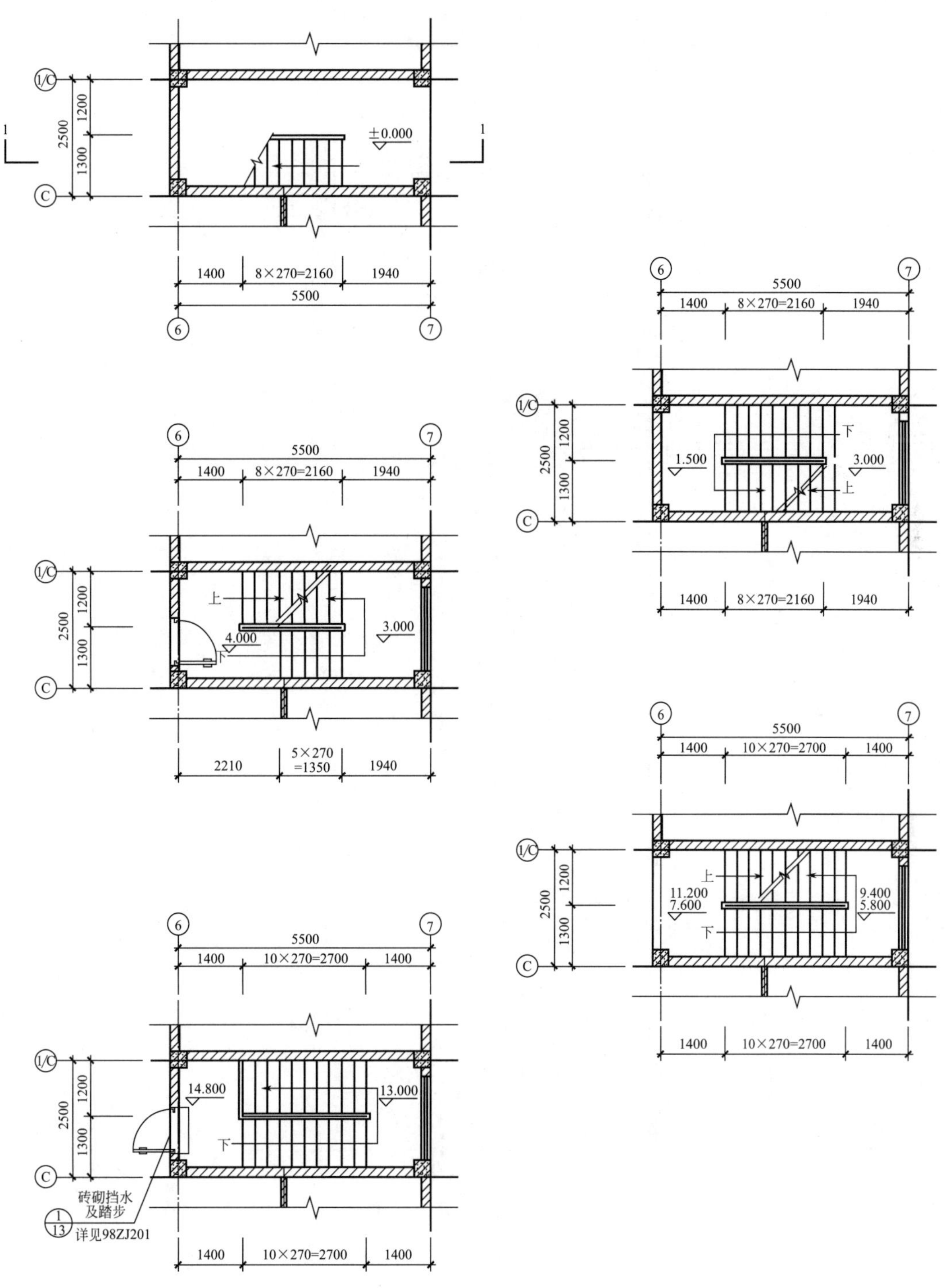

图 2.4-11　楼梯平面图

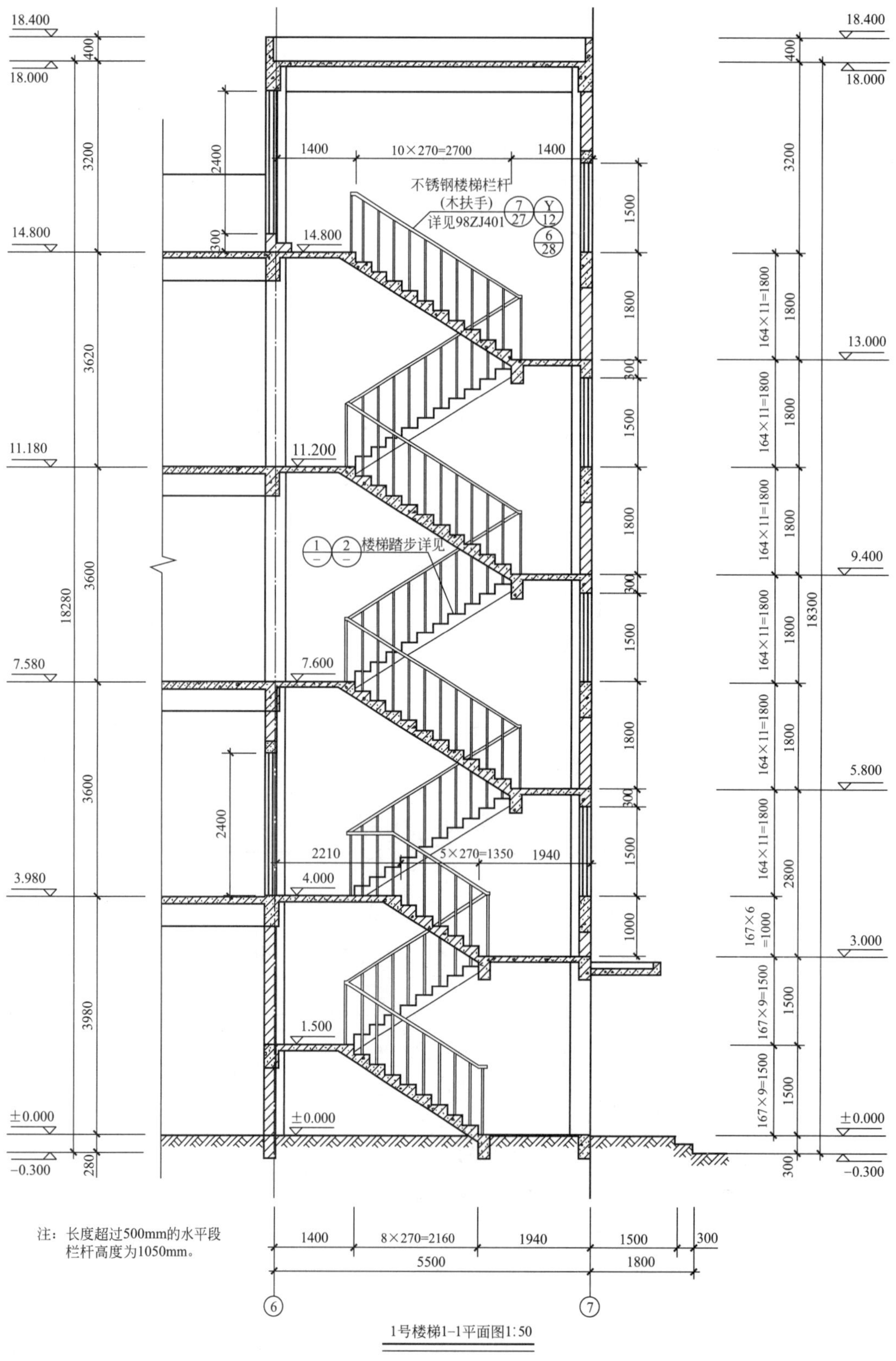
不锈钢楼梯栏杆
(木扶手)
详见98ZJ401
楼梯踏步详见
注：长度超过500mm的水平段栏杆高度为1050mm。
1号楼梯1-1平面图1:50

图 2.4-12　楼梯剖面图

8mm厚陶瓷防滑梯级砖
1:2.5干性水泥砂浆，面撒素水泥
素水泥浆结合层一遍
现浇钢筋混凝土楼梯
成品陶瓷条
65
① 步级大样图1:25
踏步宽度
EQ
1000
EQ
上
在踏步边缘居中贴成品
耐磨防滑条1100mm宽
② 步级大样图1:25

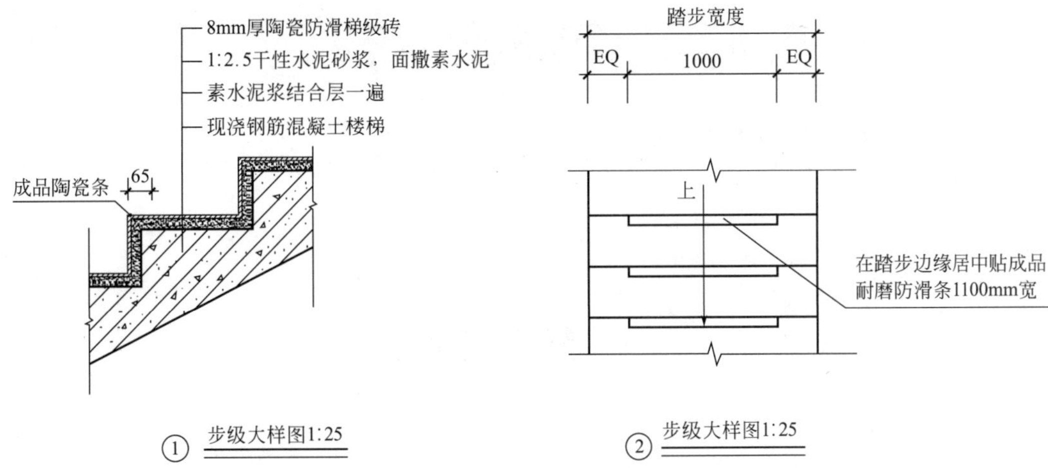

图 2.4-13　楼梯详图

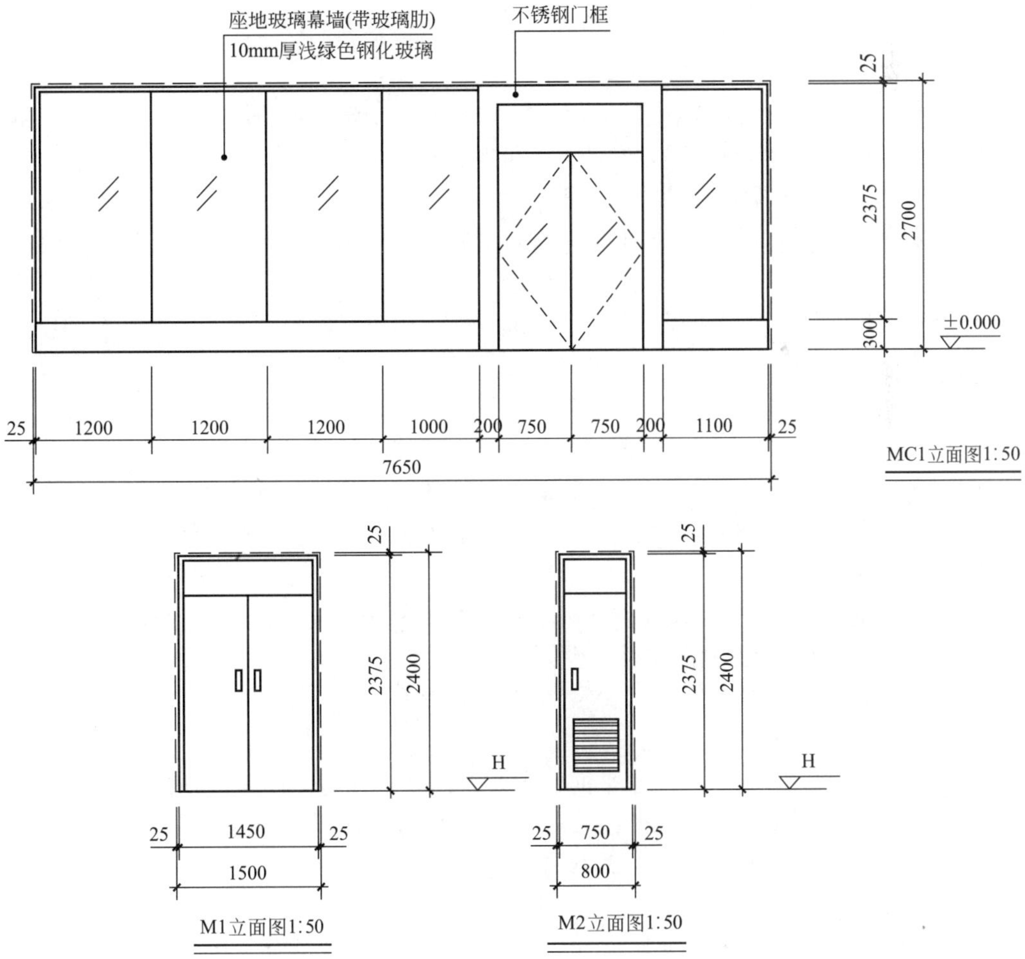

座地玻璃幕墙(带玻璃肋)
10mm厚浅绿色钢化玻璃
不锈钢门框
25
2375
2700
300
±0.000
25
1200
1200
1200
1000
200
750
750
200
1100
25
7650
MC1立面图1:50
25
2375
2400
H
25
1450
25
1500
M1立面图1:50
25
2375
2400
H
25
750
25
800
M2立面图1:50

图 2.4-14　门窗详图

第3章

房屋建造施工技术与技能

3.1 架子工实操

3.1.1 安全生产基本知识

1. 正确使用劳动安全防护用品

架子工作业过程中，安全帽和安全带是最常见、最基本的安全防护用品，使用时应注意如下事项：

（1）安全帽质量必须符合要求，不完整或破损的安全帽不可使用。

（2）安全帽须正确佩戴并扣好帽带，不可抛、扔、坐、垫。

（3）安全带质量必须符合要求。

（4）安全带必须以两年为限抽验一次，对抽验不合格的，必须更换安全绳后才能使用。

（5）安全带不使用时，应存放于干燥、通风处，远离高温、明火、强酸碱及尖锐、锋利、坚硬物体。

（6）安全带使用时应高挂，不可打结使用，使用超过 3m 长绳应加缓冲器（自锁钩用吊绳除外）。

（7）安全带上的各种部件不得任意拆除，更换新绳时要注意加绳套。

（8）凡高空作业和其他规定使用安全带的作业人员都必须使用安全带。

2. 安全网的挂设

安全网的质量必须符合《安全网》GB 5725—2009 中的规定，即外形尺寸为 1.8m×6m 和 4m×6m 两种；每张网的质量应少于 15kg/张、大于 8kg/张；安全网分为平网和立网两种；立网的目数应在 2000 目（10cm×10cm）以上。

（1）安全网的分类

1）平网：安装平面不垂直于水平面，主要是用来接住坠落的人和物的安全网称为平网。平网要能承受重 100kg、底面积为 2800cm^2 的模拟人形砂包冲击后，网绳、边绳、系绳都不断裂（允许筋骨断裂），冲击高度 10m，最大延伸率不超过 1.5m；旧网重新使用前，应全面进行检查，并签发允许使用证明。

2）立网：安装平面垂直于水平面（相对来说），主要是用来防止人和物坠落的安全网称为立网。根据《安全网》GB 5725—2009 的规定，立网边绳、系绳断裂强力不低于 30kgf，网绳的断裂强力为 150～200kgf，网目的边长不大于 10cm；挂设立网必须拉直、拉紧；网平面与支撑作业人员的面的边缘处最大的间隙不得超过15cm。

（2）安全网的外观检查

1）网目边长不得大于10cm，边绳、系绳、筋绳的直径不少于网绳直径的2倍，且应大于7mm。

2）筋绳必须纵横向设置，相邻筋绳的间距在30～100cm，网上的所有绳结成的节点必须牢固。筋绳应伸出边绳1.2m，以方便网与网或网与模杆之间的拼接绑扎（或另外加系绳绑扎）。

3）网应无破损或其他影响使用质量的毛病。

（3）安全网的选择

1）根据使用目的，选择网的类型，根据负载高度选择网的宽度。立网不能代替平网使用，而平网可代替立网使用。

2）当网宽为3m时，张挂后伸出宽度约为2.5m；当网宽4m时，张挂后伸出宽度约为3m。

（4）安全网的安装

1）安装前必须对网及支杆、横杆、锚固点进行检查，确认无误后方可开始安装。

2）安全网的内外侧应各绑一根大横杆，内侧的横杆绑在事先预埋好的钢筋环上或在墙（楼板）的内侧再绑一根大横杆与外侧安全网上大横杆绑在一起，大横杆离墙（楼板）间隙≤15cm。网外侧大横杆应每隔3m设一支杆，支杆与地面保持45°，支杆落点要牢靠固定，如所在楼层无法固定时可设扫地杆，把几根支杆底脚连在一起与柱绑牢。

3）安全网以系结方便、连接牢固又易解开，受力后不会散脱为原则。多张安全网连接使用时，相邻部分应紧靠或重叠。

4）在输电线路附近安装安全网时，必须先征得有关部门同意，并采取适当的防触电措施，否则不得安装。

5）第一道安全网一般张挂在二层楼板面（3～4m高度），然后每隔68m再挂一道活动安全网。多层或高层建筑除在二层设一道固定安全网外，每隔三层应再设一道固定安全网。

6）网与其下方（或地面）物体表面的距离不得小于3m。

（5）安全网的使用、维修、保养

1）安全网在使用中必须每周进行一次外观检查，杂物应及时清理。

2）当受到较大荷载冲击后，应更换新网或及时进行检查，看有无严重变形、磨损断裂、连接部位脱落。等确认完好后，方可继续使用。

3）按《安全网》GB 5725—2009中的规定，使用中每三个月应进行绳的强度试验（或根据说明书进行试验）。

（6）安全网的清理

1）建筑材料、垃圾落入安全网，清理前必须先检查安全网的质量、支杆是否牢靠，确认安全后，方可进入安全网内清理。

2）清理时应一手抓住网筋，一手清理杂物，禁止人站在安全网上，双手清理杂物或往下抛掷。

3）清理杂物时，地面应设监护人，禁止他人入内，或是加设围栏。

3.1.2 力学基础知识

1. 力的概念

（1）力的概念

力是物体间相互的机械作用，这种作用有两种：一种是使物体的机械运动状态发生变化，称为力的外效应；另一种是使物体产生变形，称为力的内效应。物体间相互的机械作用有两种：一种是直接接触作用，如地球表面上的物体间的作用；另一种是间接作用，即所谓的“场力”作用，如电磁铁的动、静铁芯间的磁力作用。

（2）力的单位

在国际单位制中，力的单位是牛顿，符号是“N”。我国法定单位采用国际单位制单位，但有些地方仍沿用工程单位制单位，以“千克力”或“吨力”作为力的单位，同时在我国也用“牛”作为牛顿的中文符号。它们之间的换算关系是：1 千克力（kgf）＝9.8 牛（N）。

（3）力的三要素

力的大小、方向和作用点称为力的三要素。改变三要素中的任何一个时，力对物体的作用效果也随之改变。

（4）静力学的基本定理

1）二力平衡定律

物体在两个力的作用下保持平衡的条件是：这两个力的大小相等，方向相反，且作用在同一条直线上。

2）加减平衡力系定律

在任意一个已知力系上加上或者减去任意平衡力系，不会改变原力系对刚体的作用效应。

3）力的平行四边形法则

作用在物体上某一点的两个力，可以合成一个合力，其合力的大小与方向由这两个已知力为邻边所构成的平行四边形的对角线来表示，这个法则称为平行四边形法则。

4）力的作用与反作用定律

两物体的作用力与反作用力大小相等，方向相反且沿用一条作用线，分别作用在两个物体上。

2. 力的合成与分解

（1）力的合成

当一个物体同时受到几个力的作用时，如果找到这样的一个力，其产生的效果与原来几个力共同作用的效果相同，则这个力叫作原来那几个力的合力。求几个已知力的合力的方法叫作力的合成，如图 3.1-1 所示。

1）作用在同一直线上力的合成

作用在同一直线上各力的合力，其大小等于各力的代数和，其方向与计算结果的符号方向一致。

2）两个共点力的合成

作用于同一点并相互成角度的力称为共点力，求两个互成角度的共点力的合力，可用表示这两个力的有向线段的邻边作平行四边形，其对角线就表示合力的大小和方向，如图3.1-2所示。

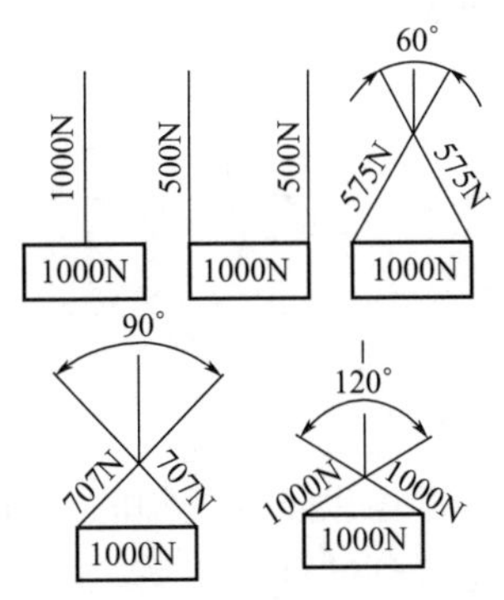

图3.1-1　力的合成

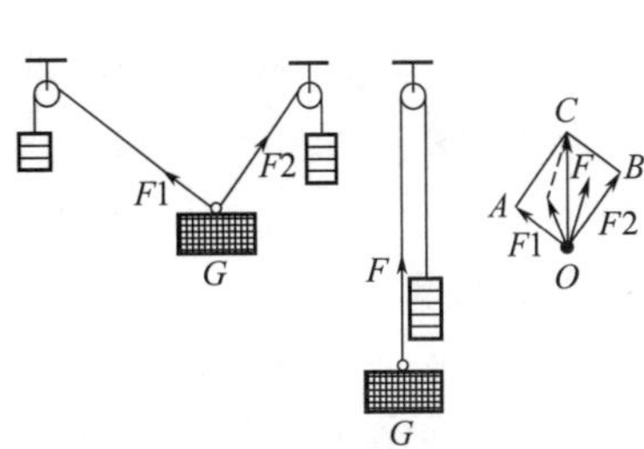

图3.1-2　滑轮中的力

(2) 力的分解

一个已知力（合力）作用在物体上产生的效果可以用两个或两个以上同时作用的力（分力）来代替。由合力求分力的方法称作力的分解。

力的分解是力的合成的逆运算，同样可用平行四边形法则。把已知力作为平行四边形的对角线，平行四边形的两个邻边就是这个已知力的两个分力。

在分析吊索受力时经常会用到力的分解方法。下面以使用两根吊索（吊重 $G=1\text{kN}$），当吊索与吊垂线夹角为0°、30°、45°、60°时为例，对每根吊索受力进行分析。（采用三角函数法）

吊索承受力 $F=G\cdot\cos\alpha/n$

如果以 $K=1/\cos\alpha$ 代入上式，则 $F=K\cdot G/n$　　(3.1-1)

式中　α——吊索与铅垂线间夹角，°；

G——吊物的重力，kN；

N——吊索的根数；

K——随吊索与吊垂线夹角 α 变化的系数，见表3.1-1、表3.1-2。

角度变化的 *K* 值　　**表3.1-1**

α	0°	15°	20°	25°	30°	35°	40°	45°	50°	55°	60°
K	1	1.035	1.06	1.1	1.15	1.22	1.31	1.414	1.56	1.75	2

吊索受力计算（kN）　　**表3.1-2**

α	0°	30°	45°	60°
K	1	1.15	1.41	2
G/n	0.5	0.5	0.5	0.5
$F=K\cdot G/n$	0.5	0.575	0.707	1

(3) 力的平衡条件

在两个或两个以上力系的作用下，物体保持静止或做匀速直线运动状态叫作力的平衡。几个力达到平衡的条件是它们的合力等于零。

（4）力矩

力的作用可以改变物体的运动状态，或者使物体发生变形，力还可以使物体发生转动。力使物体转动的效果，不仅跟力的大小有关，还跟转动轴心到力的作用线的距离（即力臂）有关。物体转动的效应与力、力臂大小成正比。

力与力臂的乘积称为力矩，若力为 F，力臂为 L，则力矩 $M=FL$，力矩的法定单位为牛顿·米，符号为 N·m。如图 3.1-3 所示。

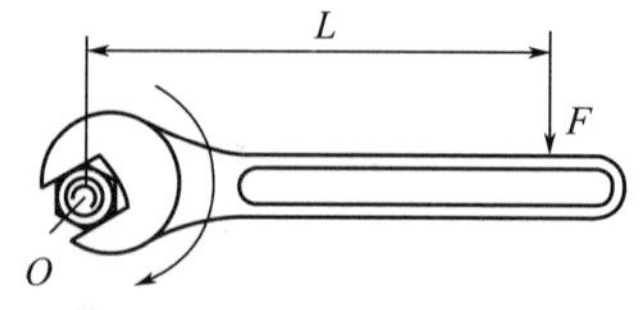

图 3.1-3　力矩示意图

3. 物体重量的计算方法

在起吊搬运各种设备或重物时，首先应该知道被吊、搬运设备或重物的重量，根据设备或重物的重量和外形等情况选择合适的起重机具，确定合理的施工方案。这样，就要求每个架子工都应掌握有关面积、体积、密度、质量、重量及单位等基本概念和简单的计算方法。

（1）面积的计算

常用规则几何图形面积计算公式见表 3.1-3。

常用规则几何图形面积的计算公式（m）　　**表 3.1-3**

名称	几何图形	计算公式
正方形		$S=a^2$
长方形		$S=ab$
圆形		$S=\pi r^2=\pi d^2/4$
圆环		$S=\pi(D^2-d^2)/4$

在实际工作中，遇到的设备或物体不一定是上面所介绍的规则几何形状，此时，可以把它们分割成几种规则或近似规则的图形，分别计算出结果，然后相加，就得到总面积。

（2）体积的计算

要计算物体的质量，就需要知道物体的体积。常见规则几何形状体积计算公式见表 3.1-4。

常见规则几何形状体积的计算公式（m^3）　　　　**表3.1-4**

名称	几何图形	计算公式
正方体	a　a　a	$V=a^3$
长方体	h　b　a	$V=abh$
圆柱体	d　h	$V=\pi d^2 h/4$
空心圆柱体	D　d　h	$V=\pi(D^2-d^2)h/4$

遇到组合形体时，可以分块计算再求和。

(3) 物体重量的计算

1）密度

计算物体质量时，必须知道物体材料的密度。密度就是指某种物质单位体积内所具有的质量，其单位是 kg/m^3。

2）物体质量的计算

物体的质量等于构成该物体的材料密度与体积的乘积，其表达式为：

$$m=\rho V \tag{3.1-2}$$

式中　m——物体的质量，kg；

ρ——物体的材料密度，kg/m^3；

V——物体的体积，m^3。

计算时应注意各参数单位的相互对应。

3）物体重量的计算

物体的重量就是物体所受重力的大小。物体所受的重力是由于地球的吸引而产生的，重力的方向总是竖直向下，物体所受重力大小 G 和物体的质量 m 成正比，用关系式 $G=mg$ 表示。在地球表面附近 g 取值为 9.8N/kg。

例题：

例1　请计算 1m×1m×1m 的正方体钢块（$\rho=7850kg/m^3$）重量。

解：正方体钢块质量：$m=\rho V=7850kg/m^3\times1m\times1m\times1m=7850kg$

正方体钢块重量：$G=mg=7850kg\times9.8N/kg=76930N$

例 2　请计算 2m×1m×0.5m 的长方体钢块（ρ=7850kg/m³）重量。

解：长方体钢块质量：$m=\rho V=7850\text{kg/m}^3\times 2\text{m}\times 1\text{m}\times 0.5\text{m}=7850\text{kg}$

长方体钢块重量：$G=mg=7850\text{kg}\times 9.8\text{N/kg}=76930\text{N}$

例 3　请计算直径为 0.2m（半径 R=0.1m）高 1m 的圆柱体钢柱（ρ=7850kg/m³）重量。

解：圆柱体钢柱质量：$m=\rho V=\rho\times\pi\times R^2\times h=7850\times 3.14\times 0.1^2\times 1=246.5\text{kg}$

圆柱体钢柱重量：$G=mg=246.5\text{kg}\times 9.8\text{N/kg}=2415.7\text{N}$

3.1.3　脚手架的基本要求

1. 脚手架的作用

脚手架是建筑施工中一项不可缺少的高处作业工具，结构施工、装修施工及设备安装等都需要根据操作要求搭设脚手架。

脚手架的主要作用如下：

（1）可以使施工作业人员在不同部位进行作业。

（2）能堆放及运输一定数量的建筑材料。

（3）能保证施工作业人员在高处操作时的安全。

2. 搭设脚手架的要求

（1）设计要求

外架采用 ϕ48×3.5 钢管搭设，排距不小于 800mm，纵距不大于 1500mm（根据方案确定），步距为 1800mm。根据使用模板材料的不同，立杆与建筑物之间的距离为：

一般模板：剪力墙处内立杆距墙 200mm 以内，有阳台处内立杆距阳台板 250mm；外立杆距墙 1100mm；

大模板、钢模：内立杆距墙 400mm 以内。

（2）搭设要求

1）满足施工要求。脚手架要有足够的作业面（比如适当的宽度、步架高度、离墙距离等），以满足施工人员操作、材料堆放和运输的需要。

2）构架稳定、承载可靠、使用安全。脚手架要有足够的承载力、刚度和稳定性，施工期间在规定的天气条件下和允许荷载作用下，脚手架应稳定不倾斜、不摇晃、不倒塌，确保安全。

3）尽量使用自备和可租赁的脚手架材料，减少使用自制加工件。

4）根据工程结构的实际情况解决脚手架设置中的穿墙、支撑和拉结问题。

5）脚手架的构造要简单，便于搭设和拆除且可以多次周转使用。

（3）一般规定

1）钢管、扣件、安全网必须有产品质量合格证并在使用前按照相关规定抽样送检，检测合格后方可投入使用。

2）外脚手架搭设必须编制专项施工方案，符合现场施工实际，经相关部门审批后方可实施。

3）外脚手架钢管必须进行防锈处理，除锈后刷一道防锈漆和两道面漆，面漆颜色为桔黄色（Y100）。剪刀撑采用黄黑双色油漆，间距为 300～400mm。

4）外脚手架每一步架体外立杆内侧挂180mm高的踢脚板，黑黄双色油漆分段斜刷，其间距为200mm一段，斜向倾角为45°。

5）钢管进场应做好验收工作，着重对外观、外径、壁厚等进行检查，钢管表面应平直光滑，钢管应无严重锈蚀、裂缝、孔洞、结疤、弯曲、压痕。

6）脚手板应采用钢筋网片和竹串板。

7）工程中应采用阻燃密目安全网。安全网目密度不应低于2000目/100mm^2，安全网必须保持干净整洁。

8）连墙件及其预埋件应使用与架体同种规格钢管制作，采用直角扣件连接。

3. 架设材料与用具

（1）架设材料

1）钢管。钢管采用直缝电焊钢管或低压流体输送用焊接钢管，有外径48mm、壁厚3.5mm和外径51mm、壁厚3.0mm两种规格。不允许两种规格混合用。

钢管脚手架的各种杆件应优先采用外径48mm、壁厚3.5mm的电焊钢管。用于立柱、大横杆和各支撑杆（斜撑、剪刀撑、抛撑等）的钢管的最大长度不得超过6.5m，一般为4～6.5m；

小横杆所用钢管的最大长度不得超过2.2m，一般为1.8～2.2m。每根钢管的质量应控制在25kg之内。钢管两端面应平整，严禁打孔、开口。

2）扣件。扣件有三种形式。

① 直角扣件。用于连接两根垂直相交钢管的扣件，如立杆与大横杆、大横杆与小横杆的连接。其靠扣件和钢管之间的摩擦力传递施工荷载，如图3.1-4所示。

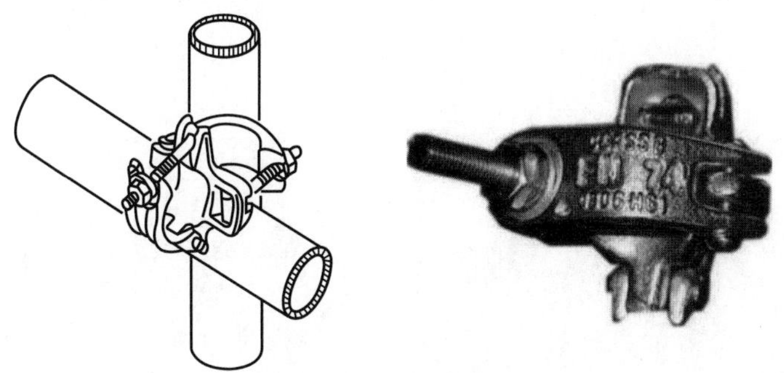

图3.1-4　直角扣件

② 旋转扣件。用于连接两根平行或任意角度相交钢管的扣件，如斜撑和剪刀撑与立柱、大横杆和小横杆之间的连接，如图3.1-5所示。

③ 对接扣件。钢管对接接长用的扣件，如立杆、大横杆的接长，如图3.1-6所示。

3）底座。用于立杆底部的垫座，如图3.1-7所示。

4）脚手板

脚手板铺设在小横杆上，形成工作平台，以便施工人员作业和临时堆放零星工作材料。它必须满足强度和刚度的要求，保护施工人员的安全，并将施工荷载传递给纵、横水平杆。

常用的脚手板有冲压钢板脚手板和木脚手板等，施工时可根据各地区的材源就地取材

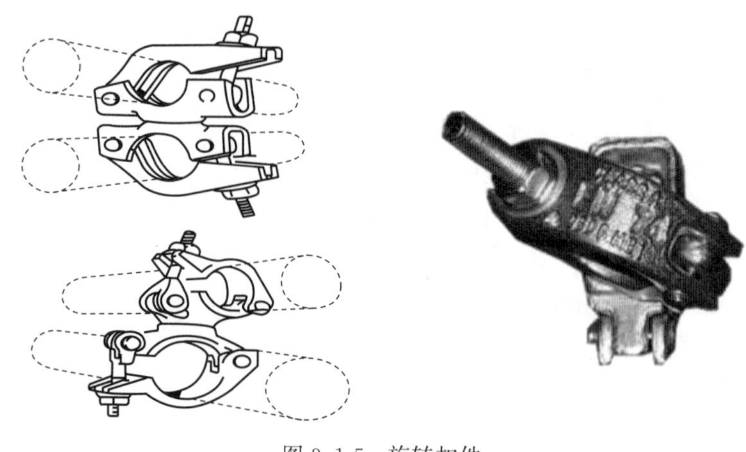

图 3.1-5　旋转扣件

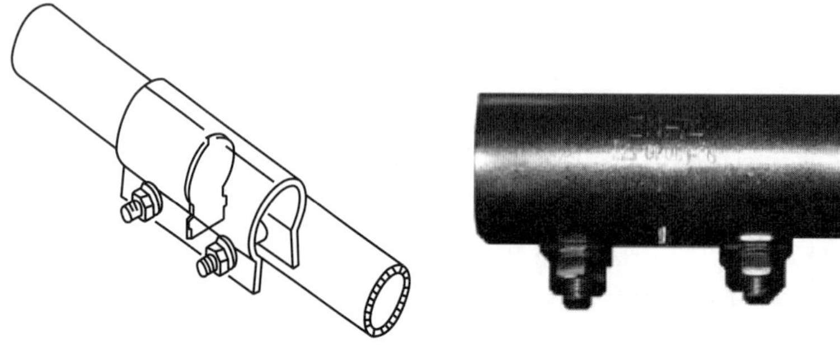

图 3.1-6　对接扣件

(a)

(b)

图 3.1-7　底座

(a) 固定底座；(b) 旋转底座

选用。每块脚手板的质量不宜大于 30kg。

① 冲压钢板脚手板。冲压钢板脚手板用厚度为 1.5～2mm 的钢板经冷加工制成，其形式与构造如图 3.1-8 所示，板面上冲有梅花形翻边防滑圆孔。

冲压钢板脚手板的连接方式有挂钩式、插孔式和 U 形卡式，如图 3.1-9 所示。

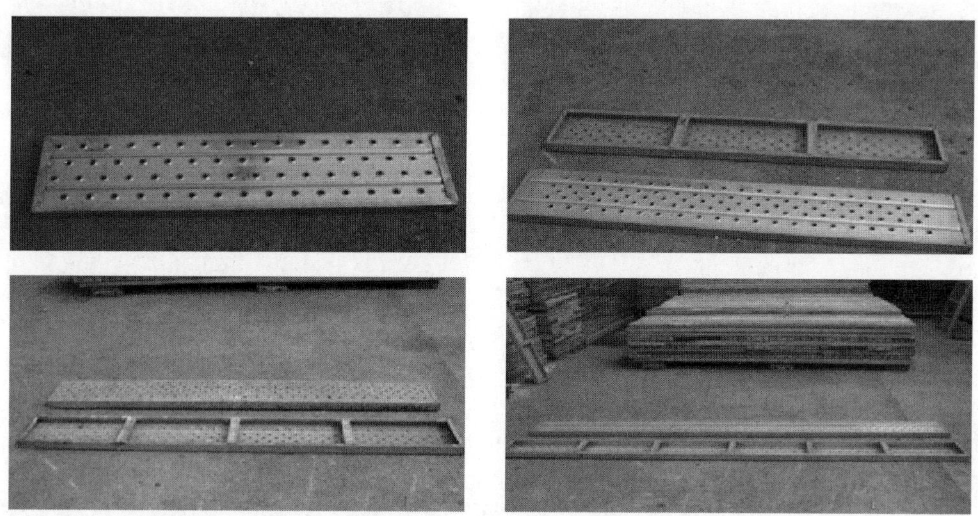

图 3.1-8　冲压钢板脚手板

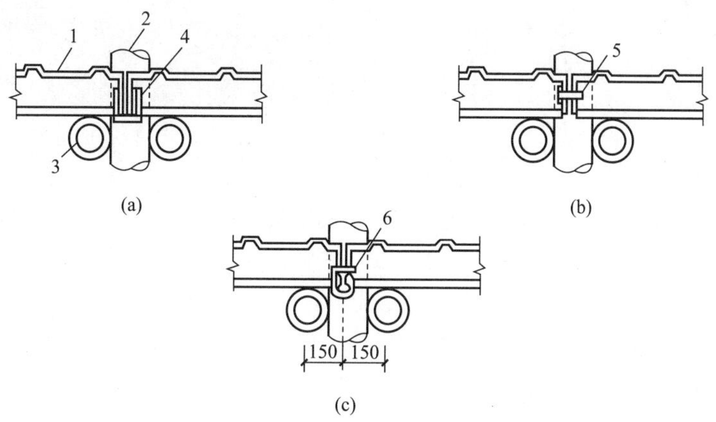

图 3.1-9　冲压钢板脚手板的连接方式

(a) 挂钩式；(b) 插孔式；(c) U 形卡式

1—钢脚手板；2—立杆；3—小横杆；4—挂钩；5—插销；6—U 形卡

② 木脚手板。木脚手板的厚度不应小于 50mm，板宽为 200～300mm，板长为 3～6m。在板两端往内 80mm 处，用 10 号镀锌钢丝加两道紧箍，防止板端劈裂。

(2) 搭设工具

1) 扳手。包括棘轮扳手、活动扳手和固定扳手，如图 3.1-10 所示，主要用于搭设扣件式钢管脚手架时拧紧螺栓。

2) 卷尺。用来测量长度，如图 3.1-11 所示。

3) 切管刀。适用于切割钢管，主要用于修改脚手架钢管长度，如图 3.1-12 所示。

4. 脚手架安全设施

(1) 脚手板

脚手板是脚手架搭设中的基本辅件，因为脚手架本身是杆件结构，不能构成操作台，

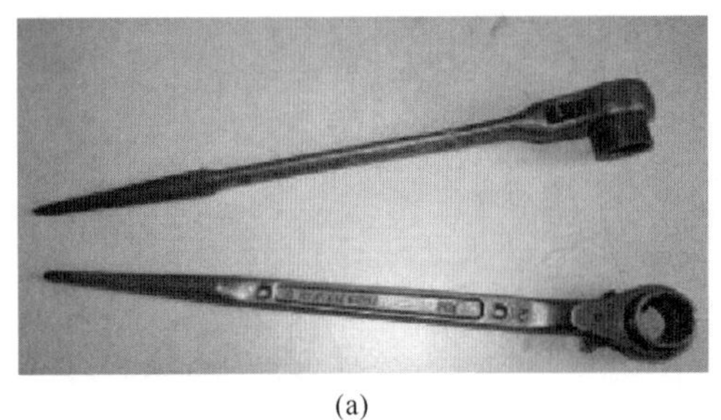

(a)

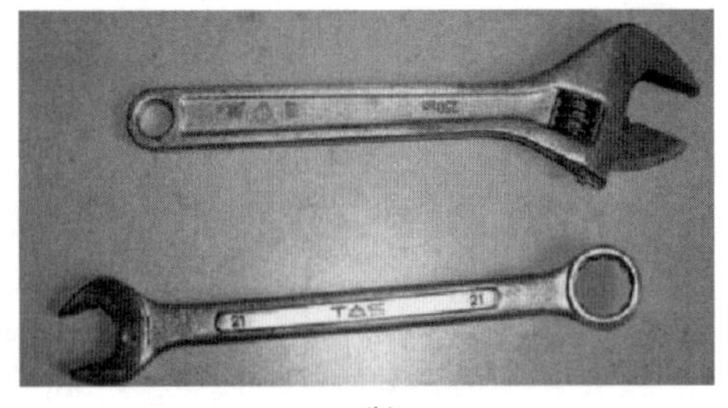

(b)

图 3.1-10 扳手

（a）棘轮扳手；（b）活动扳手和固定扳手

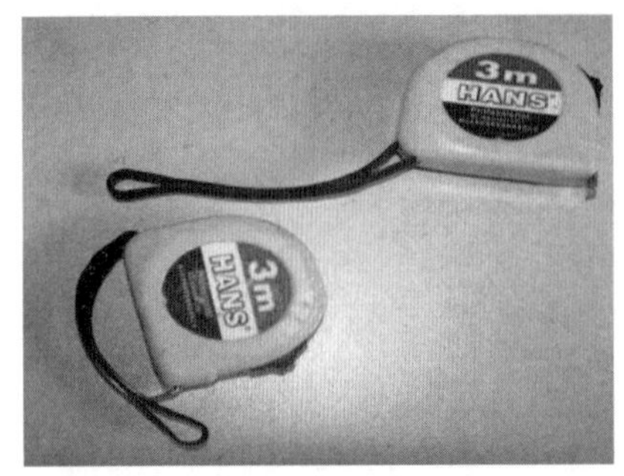

图 3.1-11 卷尺

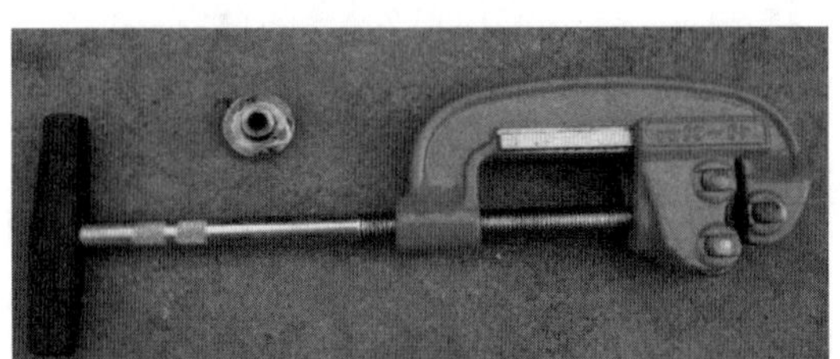

图 3.1-12 切管刀

一般是依靠脚手板的搭设而形成操作台。脚手板操作台是承受施工荷载的受弯构件，因而要满足承载力的要求。

应用最广泛的脚手板是木脚手板，厚度为 50mm，宽度为 230～250mm。脚手板除能承受 $3kN/m^2$ 的均布荷载外，还能承受双轮车的集中荷载。脚手板一般是搭设于排木之上，主要承受弯曲应力。其承载能力的确定除荷载之外，还有其跨度。支撑脚手板的排木间距以不大于 2m 为宜。脚手板的过大挠度不利于使用安全。

除了木脚手板之外，还有钢脚手板及专用脚手板，可根据施工的具体情况予以选用。

（2）安全网

安全网是保证脚手架上工作人员安全的主要措施。安全网的主要功能是高处作业人员坠落时的承接与保护，因而其要有足够的强度，并应柔软且有一定弹性，以确保坠落人员不受伤害。

防护网由支杆和安全网构成，支杆下端支撑在建筑物上并可以旋转，支杆上端扣接安全网一端，安全网的另一端固定在建筑物上。操作时将立杆立在建筑物旁，安全网固定好之后利用支杆自重放下呈倾斜状态并将安全网展开。为了保证支杆上端之间的距离，支杆两端都可采用钢管固定。当作为整体建筑安全网时，此端部纵向连杆可采用钢丝绳，但为了使钢丝绳保持绷紧状态，在建筑物四角要设置抱角架。

（3）承料平台

为配合高层现浇结构的施工，一般要装设承料平台，用于堆放钢模及支撑杆等。承料平台一般采用钢制，采用钢丝绳作为斜拉杆，支撑于楼板或立柱上，如图 3.1-13 所示。

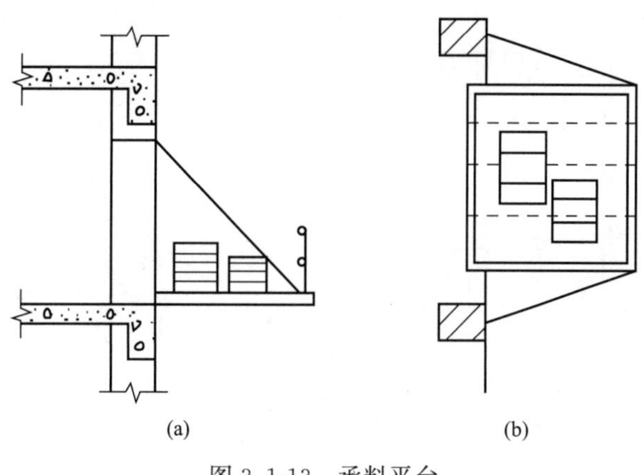

图 3.1-13　承料平台
（a）剖面图；（b）平面图

（4）连墙件

脚手架与建筑物相接的连墙杆是极为重要的安全保证构件，是保证单排及双排脚手架侧向稳定和确定立杆计算长度的构件。连墙件与建筑物连接的质量直接影响脚手架的承载力，因为脚手架中主要受力构件的立杆作为细长受压构件，其承载能力取决于细长比。如果连墙杆不够牢固，其细长比将会加大而降低承载力。

在建筑物上有预留口时，可采用直径 48mm 钢管与扣件连接形成连墙件。当建筑物上无预留口时，可在混凝土中放置预埋件，形成连墙件。

连墙件的预埋件应便于固定在模板上并与结构可靠连接；连墙杆与预埋件的连接既要足够牢固，又要有一定的活动余量，以便于与脚手架杆件的连接。

连墙杆的预埋件应按照脚手架搭设方案预埋，其位置应与脚手架的结构相协调。如图 3.1-14 所示。

5. 操作人员要求

（1）从事高处作业的人员要定期进行体检。凡患有高血压病、心脏病、贫血病、癫痫病及不适合高处作业的人员不得从事高处作业。酒后禁止作业。

（2）高处作业人员衣着要便利，禁止赤脚、赤膊及穿硬底、高跟、带钉、易滑的鞋或拖鞋从事高处作业。

（3）进入施工区域的所有工作人员、施工人员必须按要求戴安全帽。

（4）从事无可靠防护作业的高处作业人员必须使用安全带，安全带要挂在牢固的地方。

3.1.4　脚手架的基础知识

1. 扣件式钢管脚手架的特点

（1）承载力大

当脚手架的几何尺寸在常见范围内、构造符合要求时，落地式脚手架立杆的承载力在 15～20kN（设计值）之间，满堂脚手架立杆的承载力可达 30kN（设计值）。

（2）拆装方便，搭设灵活，使用广泛

由于钢管的长度易于调整，扣件连接简便，因而可适应各种建（构）筑物平面和立面

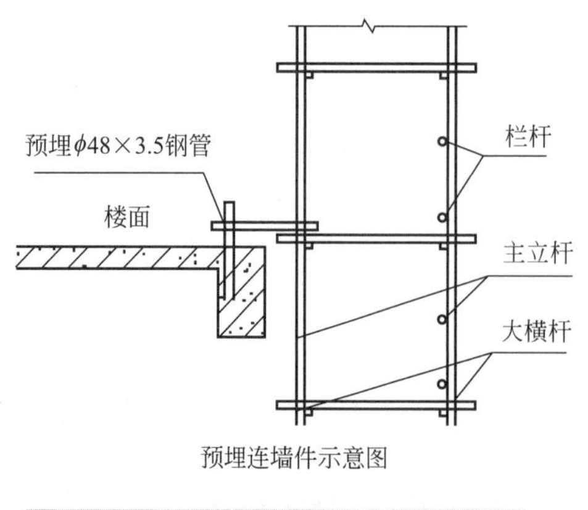

预埋连墙件示意图

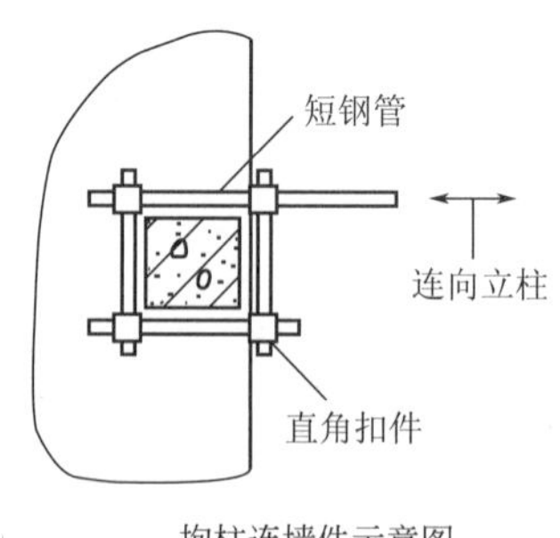

抱柱连墙件示意图

预埋连墙件示例

抱柱连墙件示例

图 3.1-14　连墙件示意图

的施工需要。

（3）比较经济

与其他脚手架相比，杆件加工简单，一次投资费用较低。如果精心设计脚手架的几何尺寸，注意提高钢管的周转使用率，则可取得较好的经济效果。

（4）脚手架中的扣件用量较大，如果管理不善，扣件易损坏丢失，应对扣件式钢管脚手架的构（配）件使用、存放和维护进行科学化管理。

2. 适用范围

（1）工业与民用建筑施工用落地式单排、双排脚手架以及底撑式分段悬挑脚手架。

（2）水平混凝土结构工程施工中的模板支撑架。

（3）上料平台、满堂脚手架。

（4）高耸构筑物，如烟囱、水塔等施工用脚手架。

（5）栈桥、码头、高架路、桥等工程用脚手架。

3. 基本要求

为使扣件式钢管脚手架在使用期间满足安全可靠和使用要求，即脚手架既要有足够的承载能力，又要有良好的刚度（使用期间，脚手架的整体或局部不产生影响正常施工的变形或晃动），其组成应满足以下要求：

（1）必须设置纵、横向水平杆和立杆，三杆交汇处用直角扣件相互连接，并应尽量紧靠，此三杆紧靠的扣接点称为扣件式钢管脚手架的主节点。

（2）扣件螺栓的拧紧扭矩应在40～65N·m之间，以保证脚手架的节点具有必要的刚度和足够的承载力。

（3）脚手架和建筑物之间，必须按设计计算要求设置足够数量、分布均匀的连墙件，此连墙件应能起到约束脚手架在横向（垂直于建筑物墙面方向）产生变形的作用，以防止脚手架横向失稳或倾覆，并可靠地传递风荷载。

（4）脚手架立杆必须坚实，并具有足够的承载力，以防止不均匀或过大的沉降。

（5）应设置纵向剪刀撑和横向斜撑，以使脚手架具有足够的纵向和横向整体刚度。

4. 主要组成

扣件式钢管脚手架的主要组成构件及作用见表3.1-5。

扣件式钢管脚手架的主要组成构件及作用　　表3.1-5

项次	名称	作用
1	立杆	平行于建筑物并垂直于地面的杆件，既是组成脚手架结构的主要杆件，又是传递脚手架结构自重、施工荷载与风荷载的主要受力杆件
2	纵向水平杆	平行于建筑物，在纵向连接各立杆的通长水平杆，既是组成脚手架结构的主要杆件，又是传递施工荷载给立杆的主要受力杆件
3	横向水平杆	垂直于建筑物，横向连接脚手架内、外排立杆或一端连接脚手架立杆，另一端支于建筑物的水平杆，既是组成脚手架结构的主要杆件，也是传递施工荷载给立杆的主要受力杆件
4	扣件	是组成脚手架结构的连接件
	直角扣件	连接两根直交钢管的扣件，是依靠扣件与钢管表面间的摩擦力传递施工荷载、风荷载的受力连接件
	对接扣件	钢管对接接长用的扣件，也是传递荷载的受力连接件
	旋转扣件	连接两根任意角度相交的钢管扣件，用于连接支撑斜杆与立杆或横向水平杆的连接件
5	脚手板	提供施工操作条件，承受、传递施工荷载给纵、横向水平杆的板件；当设于非操作层时起安全防护作用
6	剪刀撑	设在脚手架外侧、与墙面平行的十字交叉斜杆，可增强脚手架的横向刚度，提高脚手架的承载能力
7	横向斜撑	连接脚手架内、外排立杆的呈“之”字形的斜杆，可增强脚手架的横向刚度，提高脚手架的承载能力
8	连墙件	连接脚手架与建筑物的部件，是脚手架中既要承受、传递风荷载，又要防止脚手架在横向失稳或倾覆的重要受力部件
9	纵向扫地杆	连接立杆下端，距底座下皮200mm处的纵向水平杆，可约束立杆底端在纵向发生位移
10	横向扫地杆	连接立杆下端，位于纵向扫地杆下方的横向水平杆，可约束立杆底端在横向发生位移
11	底座	设在立杆下端，承受并传递立杆荷载给地基的配件

3.1.5　落地式外脚手架的搭设

1. 施工准备

（1）工程技术人员向施工人员、使用人员进行技术交底，明确脚手架的质量标准、要求、搭设形式及安全技术措施。

（2）将建筑物周围的障碍物和杂物清理干净，平整好搭设场地，松土处要进行夯实，要有可靠的排水措施。

（3）把钢管、扣件、底座、脚手板及安全网等运到搭设现场，并按脚手架材料的质量要求进行检查验收，不符合要求的不得使用。

2. 搭设顺序

按建筑物的平面形式放线→铺垫板→按立杆间距排放底座→摆放纵向扫地杆→逐根竖立杆→与纵向扫地杆扣紧→安放横向扫地杆→与立杆或纵向扫地杆扣紧→绑扎第一步纵向水平杆和横向水平杆→绑扎第二步纵向水平杆和横向水平杆→加设临时抛撑（设置两道连墙件后可拆除）→绑扎第三步、第四步纵向水平杆和横向水平杆→设置连墙件→绑扎横向斜撑→接立杆→绑扎剪刀撑→铺脚手板→安装护身栏和挡脚板→绑扎封顶杆→立挂安全网。

3. 搭设要点

（1）立杆

1）搭设前按方案进行预排，做到立杆间距均匀。各杆件纵、横向间距应满足方案要求。立杆选用 3.0m、4.5m、6.0m 钢管纵向排列布置，总跨数为 4 或 6 的倍数，转角部位的立杆为 4 根，水平杆在外脚手架转角处必须交圈（形成井字形结构）。其中转角部位第二根立杆设置在纵向水平杆里面，形成“隐形立杆”，该立杆与架体防护栏杆不连接。立杆接长采用对接扣件，大于 500mm 的建筑物凹档处须加设立杆，如图 3.1-15～图 3.1-16 所示。

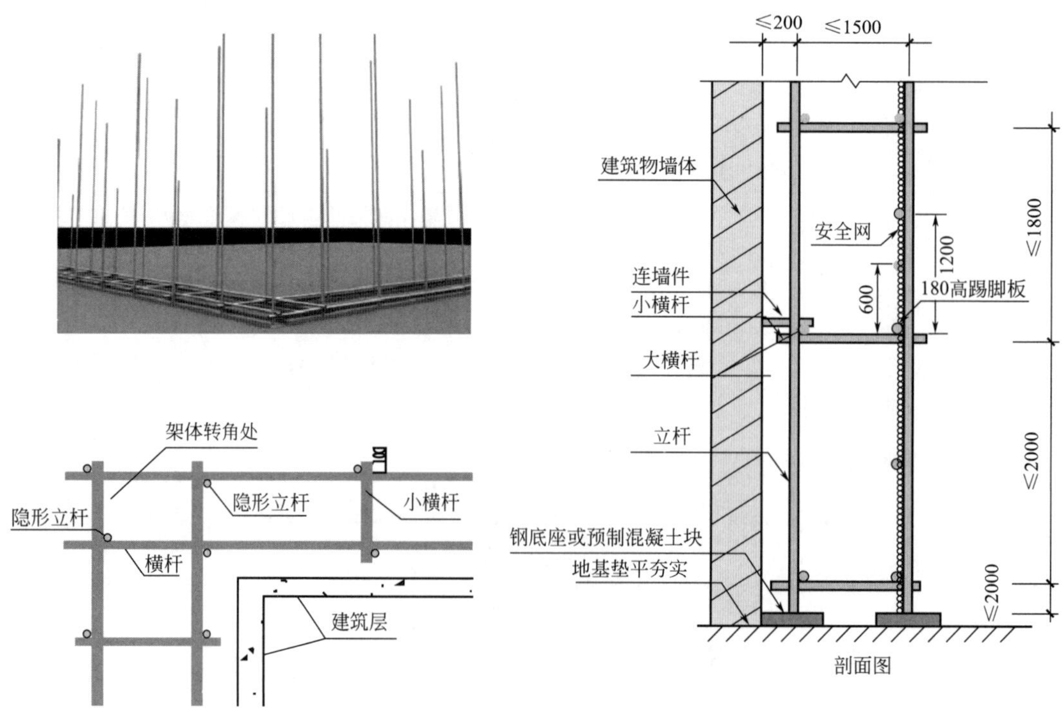

图 3.1-15　架体搭设示意图

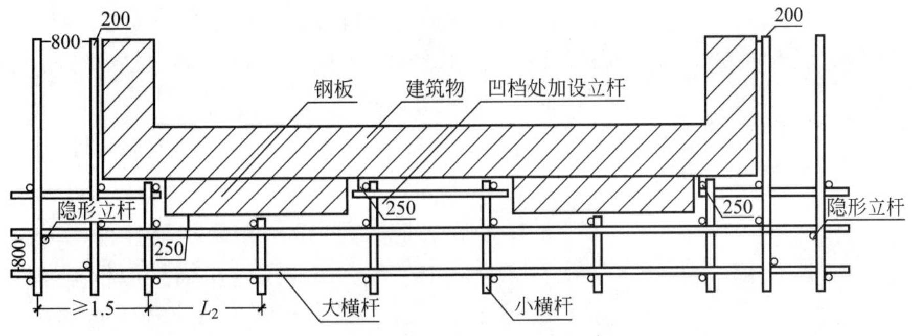

图 3.1-16　排架示意图

说明：为了使立杆间距均匀，排架时先计算整个建筑物整体长度加上脚手架两边的离墙间距 L_1，用 L_1 除方案要求的立杆间距 L_2，得到间距内跨数（如不能整除去除小数取整值），然后以总长 L_1 除取整后跨数，得实际立杆间距 L_2，然后按照立杆的根数和间距进行布置。

2）立杆上的对接扣件应交错布置：两根相邻立杆的接头不应设置在同步内，同步内隔一根立杆的两个相隔接头在高度方向错开的距离不宜小于500mm；各接头中心至主节点的距离不大于步距的1/3；主立杆要求垂直度偏差不大于全高的1/400。如图3.1-17所示。

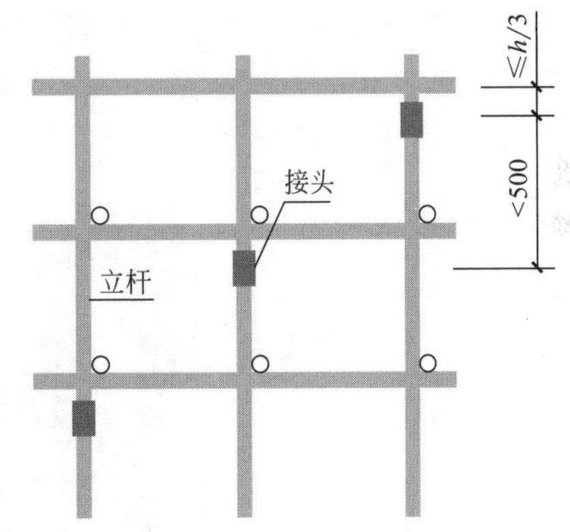

图 3.1-17　立杆对接示意图

3）落地式脚手架必须设置纵、横向扫地杆。纵向扫地杆宜采用直角扣件固定在距底座上皮不大于20mm的立杆上，横向扫地杆也采用直角扣件固定在紧靠纵向扫地杆下方的立杆上。当脚手架基础不在同一高度时，必须将高处的纵向扫地杆向低处延长两跨与立杆固定，高低差不应大于1m，靠边坡上方的立杆轴线到边坡的距离应不小于500mm，如图3.1-18所示。

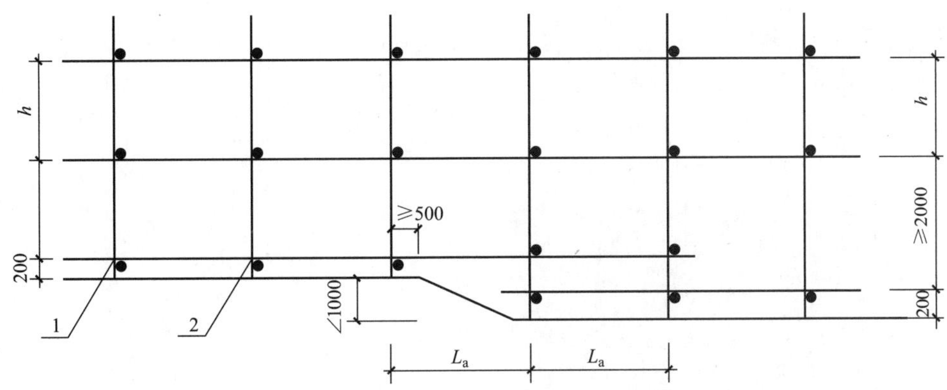

图 3.1-18　不同水平扫地杆设置示意图

1—横向扫地杆；2—纵向扫地杆

(2) 大小横杆

1）纵向水平杆设置在立杆的内侧，其长度不宜小于3跨；纵向水平杆（大横杆）必

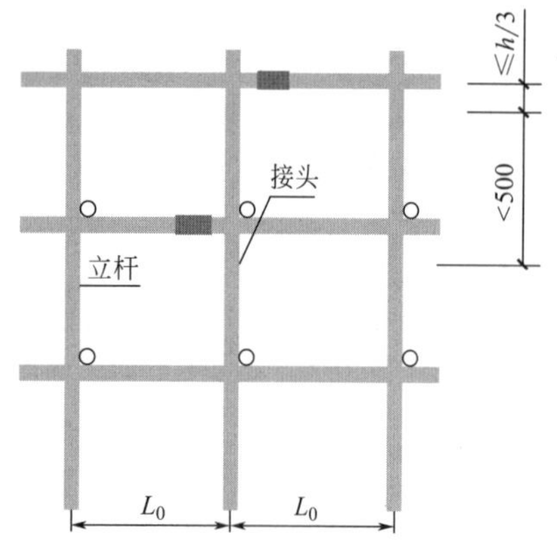

图 3.1-19　纵向水平杆设置

须选用两种不同长度的钢管交错布置，并与相邻两接头的水平距离大于 500mm，且不应在同步同跨内，如图 3.1-19 所示。

2）主节点处必须设置一根横向水平杆，用直角扣件连接固定且严禁拆除。主节点处两个直角扣件的中心距不应大于 150mm，小横杆伸出外立杆控制在 100mm 左右。作业层的小横杆应根据脚手板的需要等间距设置，最大间距不应大于纵距的 1/2。

（3）剪刀撑

剪刀撑应在外侧立面上由底至顶连续设置，交叉点必须设置在主节点上（立杆），并随立杆、纵横水平杆等同步搭设，每组跨越立杆根数宜在 5～7 根之间，宽度不小于 4 跨，与地面的倾角应在 45°～60°之间。杆件接长采用搭接，搭接长度不小于 1000mm，用不少于三个转角扣件连接，杆件端头伸出扣件盖板边缘长度不应小于 100mm，与相邻的立杆用活动扣件连接，如图 3.1-20 所示。

图 3.1-20　剪刀撑实物图

剪刀撑最上一根杆件无法与立杆用扣件连接，应在每步与剪刀撑相交的大横杆上设置小横杆，以小横杆端头与剪刀撑进行连接，发挥剪刀撑抵抗变形及增加脚手架刚度的作用，如图 3.1-21 所示。

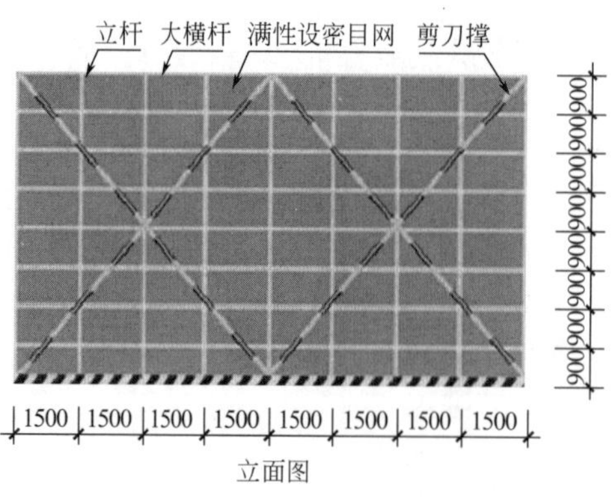

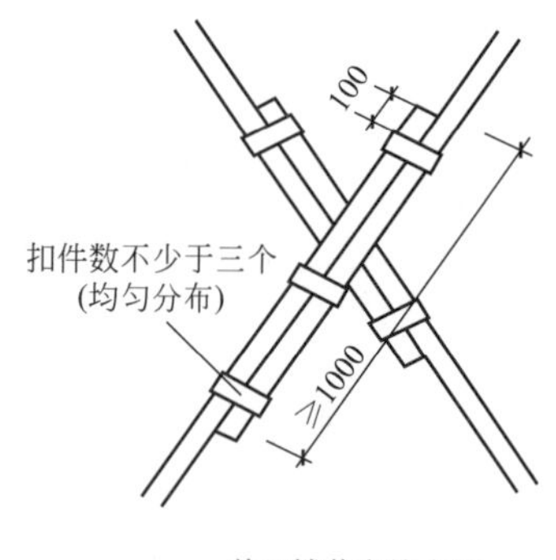

图 3.1-21　剪刀撑示意图

(4) 连墙件

连墙件均应采用刚性连墙件与建筑物可靠连接，连墙件设置数量、间距以及构造应满足规范和方案要求，并保证可承受拉力和压力。

1) 连墙杆按二步三跨设置。在建筑物边梁上预埋 ϕ48×3.5 的钢管，钢管用转角扣件与连墙杆扣接。脚手架的连墙件设在靠近主节点处，偏离主节点的距离不应大于 300mm，如图 3.1-22 所示。

2) 在门窗洞口处加设两道横杆通过扣件与连墙杆连接，如图 3.1-23 所示。

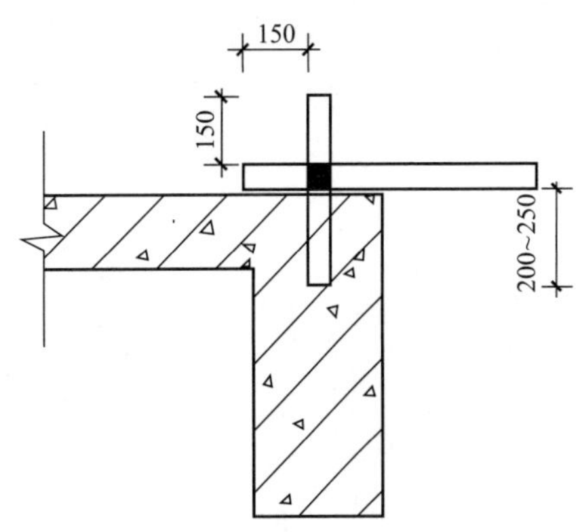

图 3.1-22　预埋钢管拉结示意图

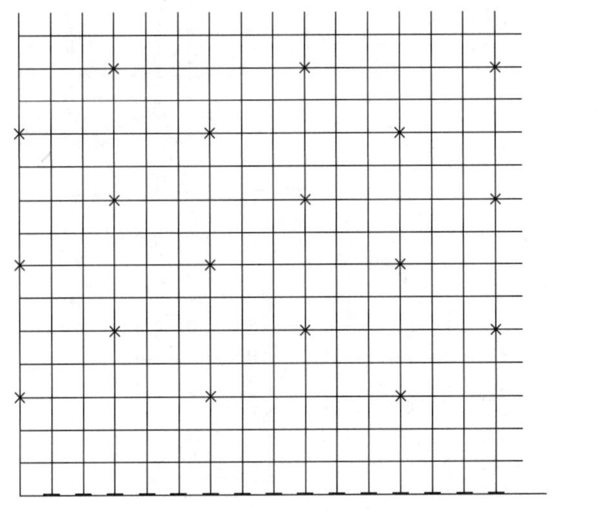

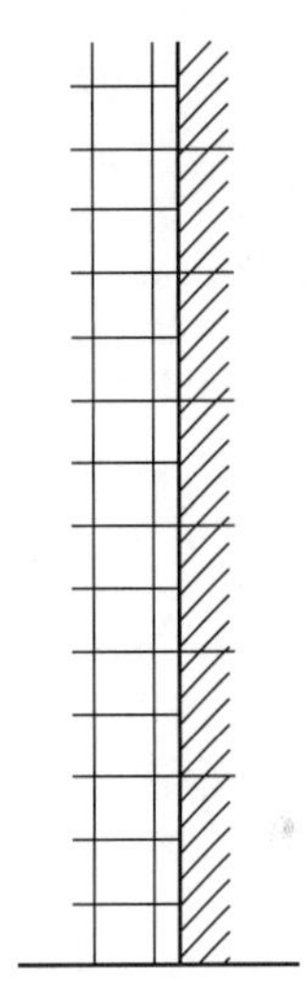

图 3.1-23　拉节点的排列形式（梅花形）

3) 连墙件应从底层第一步纵向水平杆处、转角部位第一根立杆开始设置，连墙件采用菱形、方形、矩形布置，如图 3.1-24 所示。

4) “一”字形和开口形脚手架两端必须设连墙件，如图 3.1-25 所示。

5) 连墙件必须与脚手架内、外立杆连接，严禁向上翘起，如图 3.1-26 所示。

6) 连墙件在剪力墙部位必须按要求进行设置，在剪力墙部位预埋 ϕ75 的 PVC 管，用胶布封口，模板拆除以后钢管内外用两个直角扣件顶在剪力墙上，与外架连接设置成连墙件，如图 3.1-27～图 3.1-28 所示。

(5) 基础要求

1) 脚手架基础应进行计算并根据地耐力（以楼面作为脚手架搭设基础的则应对楼面承载力进行验算）确定基础做法，在脚手架搭设基础时立杆下应纵向仰铺 12～16 号槽钢铺垫（长度不小于 2 跨），当脚手架基础下有设备基础、管沟时，必须采取加固措施；在脚手架使用过程中不应开挖管沟，否则必须采取加固措施。

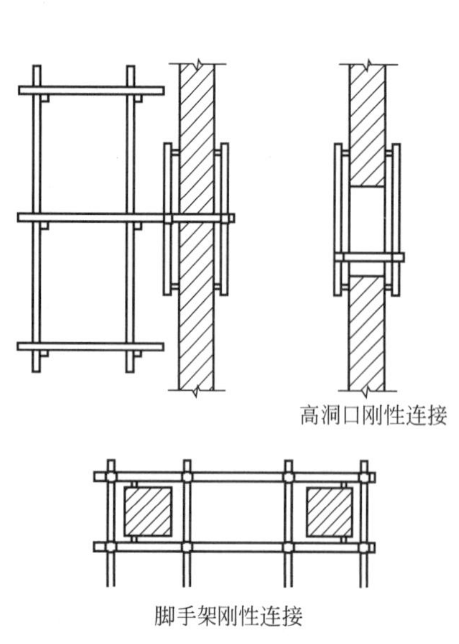

图 3.1-24　钢管直接拉结示意图

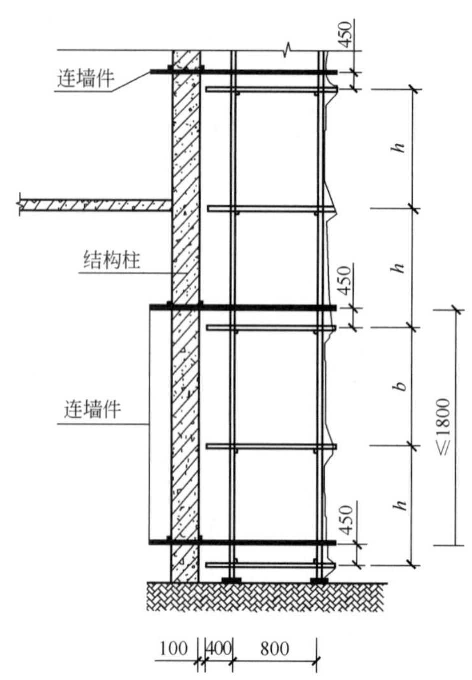

图 3.1-25　连墙件示意图

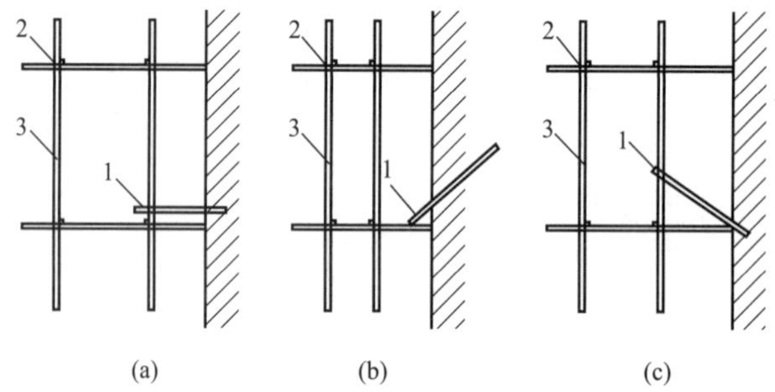

图 3.1-26　拉结杆的水平度示意图

(a) 连墙杆水平设置（正确）；(b) 连墙杆稍向下斜（容许）；(c) 连墙杆上翘（不容许）

1—拉结杆；2—小横杆；3—立柱

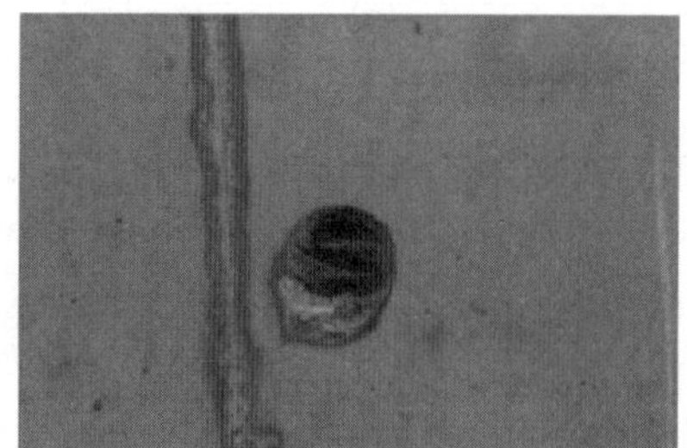

图 3.1-27　连墙件孔

图 3.1-28　连墙件实物图

2）脚手架基础应考虑在周边设排水措施，脚手架底座底面标高应高于室外自然地坪50mm，立杆基础外侧应设置截面不小于200mm×200mm的排水沟，保证脚手架基础不积水，如图3.1-29所示。

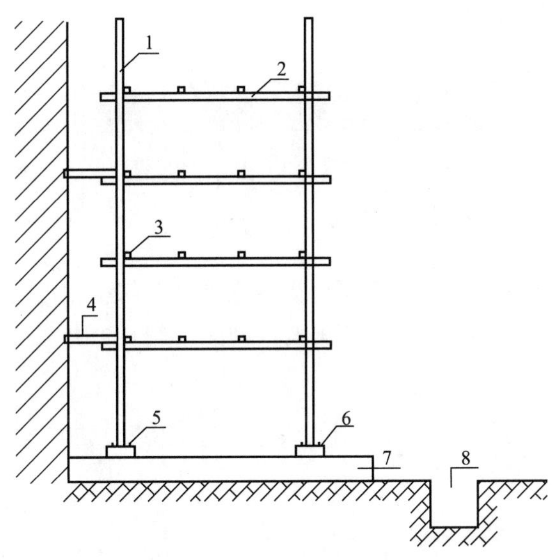

图3.1-29　外脚手架基础示意图

1—立杆；2—横向水平杆；3—纵向水平杆；4—连墙件；5、6—槽钢；7—脚手架基础；8—排水沟

(6) 脚手板

1）作业层脚手板必须层层满铺、铺稳，离开墙面120～150mm；脚手板连接可采用对接平铺和搭接两种方式，脚手板端部的固定方式如图3.1-30所示。

2）使用钢筋网片、冲压钢脚手板时，脚手架在中间加设一根纵向水平杆，采用对接平铺，四角用不细于18号铁丝双股并联绑扎牢固，如图3.1-31所示。

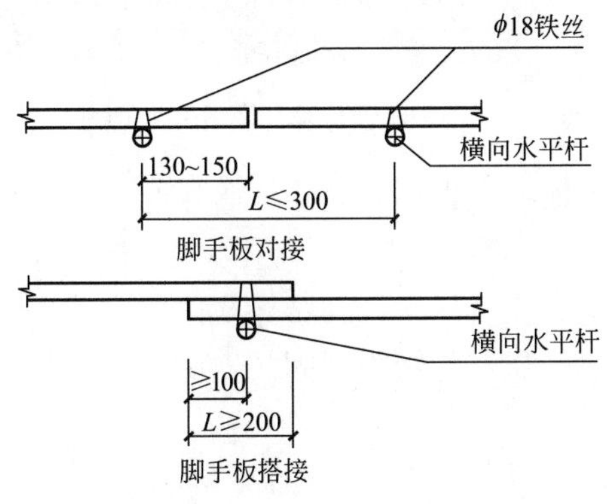

图3.1-30　脚手板端部的固定方式

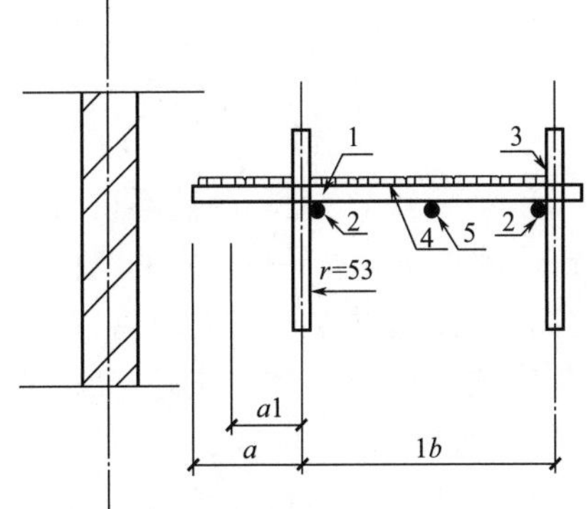

图3.1-31　铺钢筋网片时纵向水平杆的构造

1—小横杆；2—大横杆；3—立杆；4—钢丝网片；5—纵向水平杆

(7) 脚手架围蔽

1）脚手架外侧应采取护身栏和踢脚板结合的防护措施。作业层外侧设1800mm的护

身栏杆，并在护身栏杆与脚手板高度 600mm 处各加设一道栏杆（两道护身栏杆），以加强作业层外侧的防护，下端设一道 180mm 高的踢脚板。踢脚板用 20mm 厚的竹胶板或多层板制作，落地脚手架从第二步开始挂设，悬挑脚手架从第一步架开始挂设，如图 3.1-32 所示。

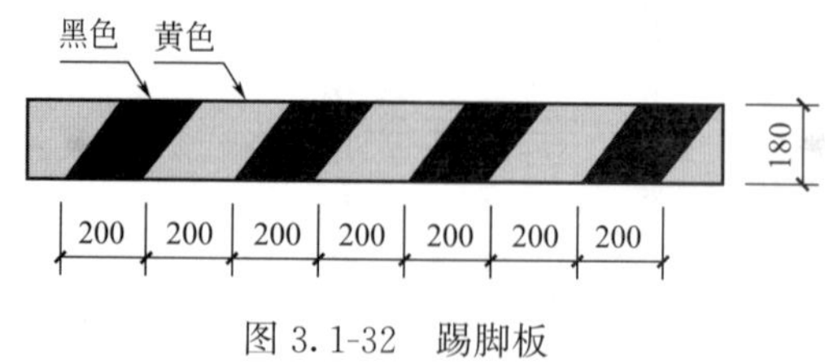

图 3.1-32　踢脚板

2）外侧用密目网做全封闭。安全网应固定在外立杆的里侧，使用不细于 18 号铁丝洞洞满扎。在外架转角处增加立杆，可以使密目网张拉得更加顺直、严密，如图 3.1-33～图 3.1-34 所示。

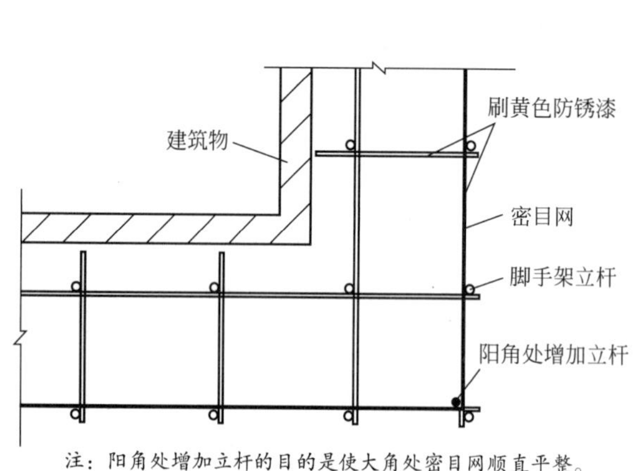

图 3.1-33　脚手架外排阳角处做法

图 3.1-34　密目网实物图

3）脚手架的内立杆距墙不得大于 200mm（大模板、钢模、玻璃幕墙除外），如大于 200mm 的必须设置平整牢固的隔板。作业层脚手板与建筑物之间的空隙大于 150mm 时做全封闭，以防止人员和物料坠落。脚手架第一步架和作业层立杆与结构之间的空隙应采取硬隔离措施，从此处向上应进行三步一隔离，对应的立杆与结构之间的空隙也应进行相应地隔离，如图 3.1-35 所示。

4）脚手架与建筑物之间的隔离板宜采用加长小横杆并在外缘设置纵向水平杆的方式，隔离材料优先选用脚手板或兜底网，如图 3.1-36 所示。

5）当脚手架搭设出现操作面断面时（如人货电梯通道旁），脚手板端头处必须设两道防护栏杆（高度分别为 0.6m 和 1.2m），立挂密目网和安全警示牌，如图 3.1-37 所示。

6）遇到楼层层高较大、操作层标高高出地面或楼面 2m 时，应在外架内侧增加防护栏杆，如图 3.1-38 所示。

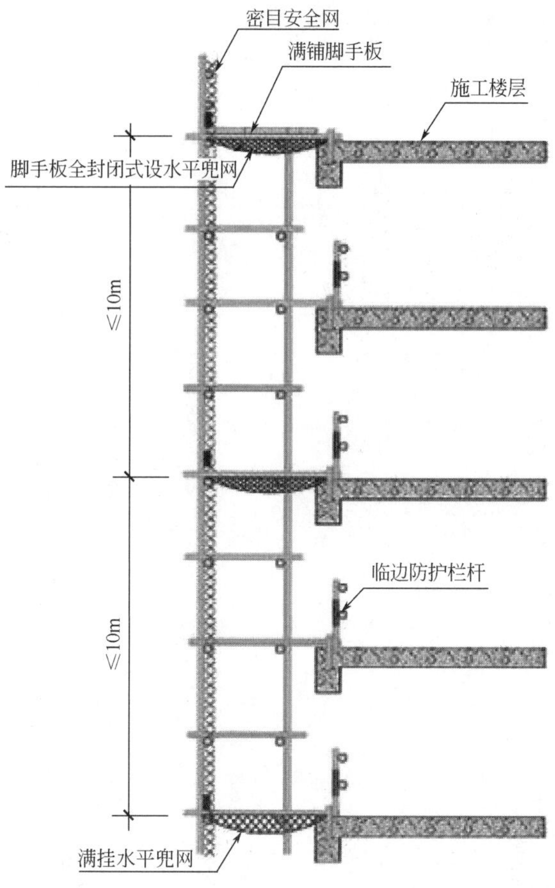

图 3.1-35　脚手架内立杆与墙位置示意

图 3.1-36　隔离材料选用

（8）门洞做法

门洞处的构造做法见图 3.1-39。

（9）脚手架卸荷

1）脚手架搭设超过一定高度的时候必须采取加强措施，如采用双管立杆、分段卸荷、分段搭设等，但必须有专门设计（根据施工方案实施）。

2）分段卸荷常采用下撑或上拉式。下撑式可采用钢管或钢管搭设桁架，上拉式则宜采用钢丝绳吊拉。

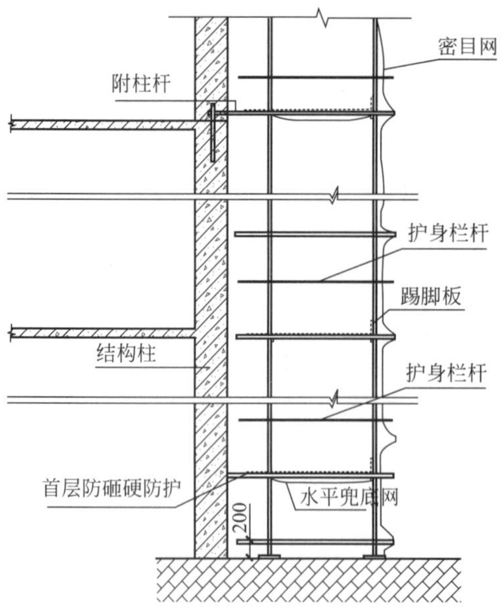

图 3.1-37　落地式外脚手架断面端头封闭示意图

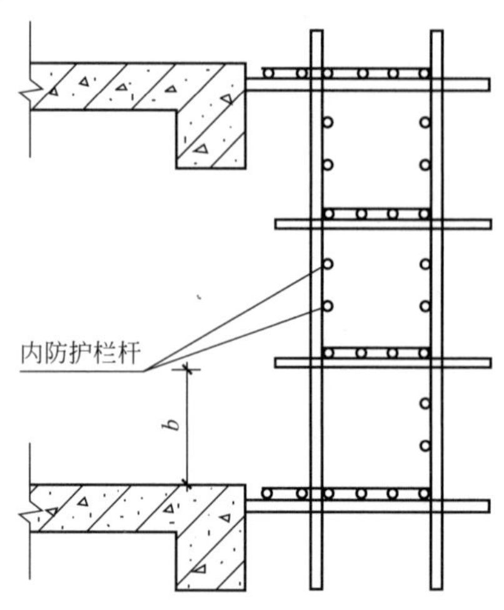

图 3.1-38　内防护栏杆

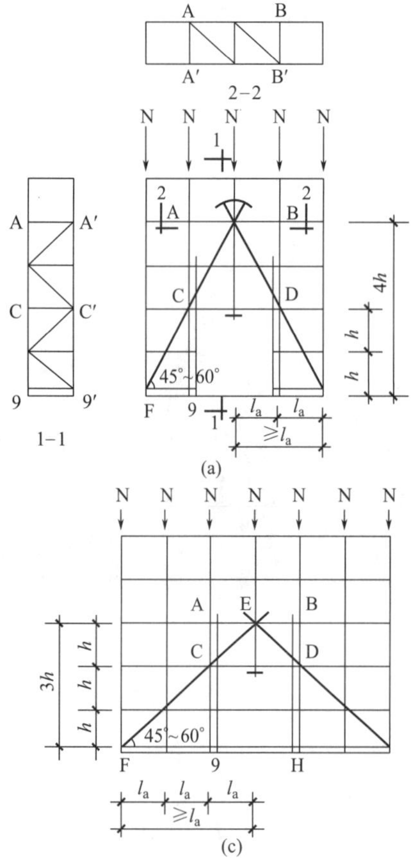

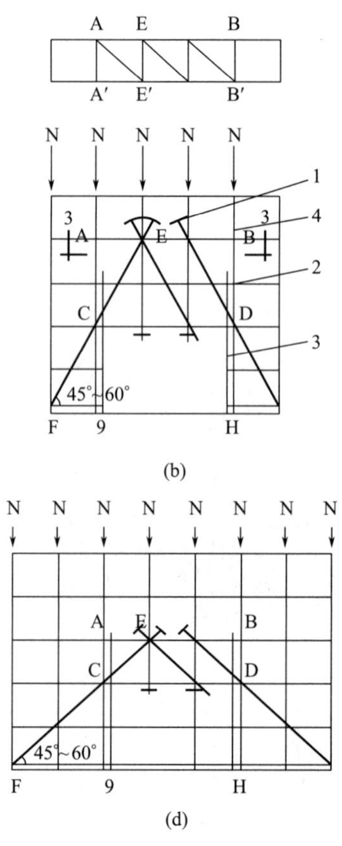

图 3.1-39　门洞处构造

(a) 挑空一根立杆（A 型）；(b) 挑空二根立杆（A 型）；(c) 挑空一根立杆（B 型）；(d) 挑空二根立杆（B 型）

1—防滑扣件；2—增设的横向水平杆；3—副立杆；4—主立杆

3）分段卸荷荷载的大小取决于卸荷绳的几何性能及其装配的预紧力，可以通过选择截面尺寸、吊点位置以及调整索具螺旋扣等来调整卸荷的大小。一般在选择钢丝绳及索具螺旋扣时，按能承受卸荷层以上全部荷载来设计，在确定脚手架卸荷层及其位置时，按能承受卸荷层以上全部荷载的 1/3 来计算。

（10）脚手架的搭设高度

建筑物顶部脚手架要高于斜屋面的挑檐板不小于 1.8m，要高于平屋面女儿墙不小于 1.5m，高出部分要设置不少于两道防护栏杆，并挂设安全网。

（11）斜道（图 3.1-40）

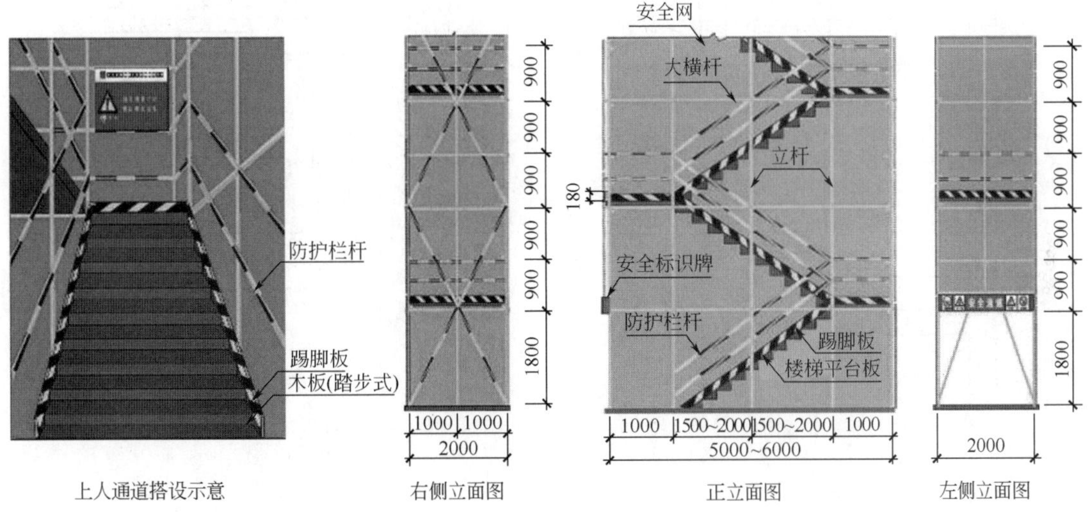

图 3.1-40　斜道各部位示意图

1）人行兼做材料运输的斜道高度不大于 6m 时采用“一”字形，高度大于 6m 时采用“之”字形。

2）运输斜道宽度不得小于 1.5m，坡度为 1∶6，人行斜道宽度不得小于 1m，坡度为 1∶3。

3）拐弯处设置平台，宽度不小于 1.5m，斜道两侧及平台外围设置 1.2m 和 0.6m 高的两道防护栏杆及 180mm 高的踢脚板，防护栏杆和踢脚板表面刷黄黑警示漆。

4）斜道附着在外脚手架或建筑物上进行设置，外立面按要求设置剪刀撑，斜道外侧满挂密目安全网封闭。

5）斜道的基础与外脚手架基础一致，斜道的连墙件按开口型脚手架要求设置。

6）运输斜道铺设厚度不小于 40mm 的木板。人行斜道铺设厚度为 18mm 的木板。人行斜道可采用踏步式和斜道式搭设。当采用斜道式时，须设置防滑条且固定牢固，防滑条厚度为 20～30mm，间距不大于 300mm。

（12）电梯井内的脚手架搭设（图 3.1-41～图 3.1-42）

1）电梯井内脚手架按脚手架的搭设要求进行搭设。

2）电梯井内脚手架搭设高度超过 24m 时，应采用型钢分段卸荷。

3）电梯井内脚手架每层用木板封闭并隔离严密，跟随施工进度实施。

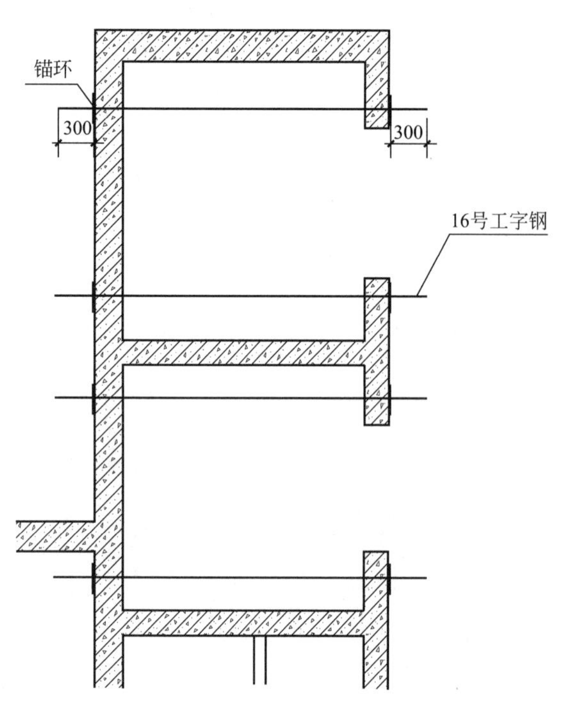

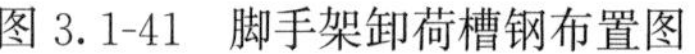
图 3.1-41　脚手架卸荷槽钢布置图

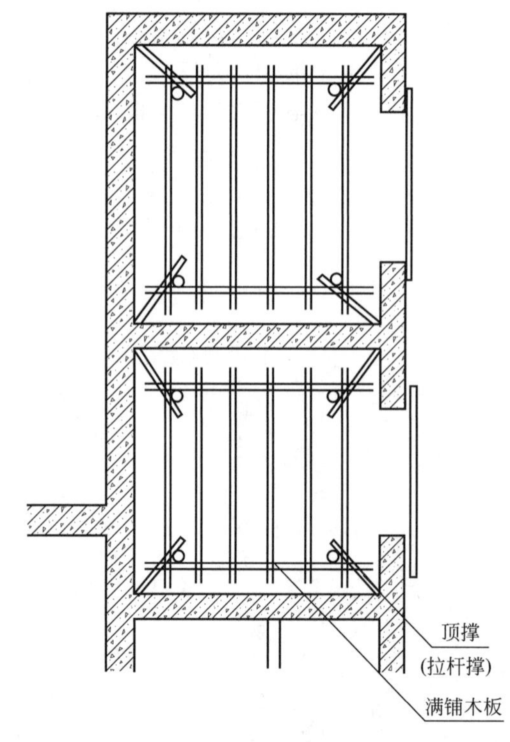

图 3.1-42　电梯井内脚手架平面布置图

（13）脚手架检查

1）基础完工后及脚手架搭设前。

2）作业层上施加荷载前。

3）每搭设完 6～8m 高度后。

4）达到设计高度后。

5）遇有六级及以上大风或大雨后；冻结地区解冻后。

6）停用超过一个月。

7）脚手架使用中，应定期检查项目：

① 杆件的设置和连接，连墙件、支撑、门洞桁架等的构造应符合规范和专项施工方案要求。

② 地基应无积水，底座应无松动，立杆应无悬空。

③ 扣件螺栓应无松动。

④ 立杆的沉降与垂直度的偏差应符合相关规范的要求。

⑤ 安全防护措施应符合相关规范要求。

⑥ 无超载使用。

（14）脚手架验收

1）脚手架按三步一验收的原则进行。

2）验收人员包括项目经理、技术负责人、安全员、搭设班组长及总监或总监代表。

3）验收合格，在架体显眼处挂设验收合格牌后方可投入使用。

3.1.6 悬挑式外脚手架的搭设

悬挑式外脚手架是指通过在建筑物外边缘布设悬挑梁，并通过悬挑梁将脚手架荷载全部或部分传递给建筑结构，架体通过拉结件与建筑物牢固拉结，用以满足施工需要的脚手架。它相比落地架具有节省材料、搭拆方便、适应性强等特点，多用于小高层、高层建筑施工。

工程中应采用型钢作为悬挑梁，型钢宜采用工字钢，如采用槽钢，则应有相应的加强措施。

1. 材料要求

（1）工程中应采用型钢作为悬挑梁，型钢原则上采用 16 号以上的工字钢，悬挑梁锚固采用直径为 16mm 以上的圆钢筋，严禁使用螺纹钢。

（2）钢管、扣件等其他材料要求同落地式脚手架。

（3）一次悬挑脚手架的悬挑高度不宜超过 20m。

2. 悬挑梁和锚环的制作

（1）悬挑梁应采用 16 号工字钢，在距离悬挑梁前端 100mm 处焊直径大于等于 18mm 的钢筋头，用于固定立杆（防止立杆移位）；焊接时不允许点焊，必须满焊，以保证焊接质量，钢筋头应高出工字钢 150mm，如图 3.1-43 所示。

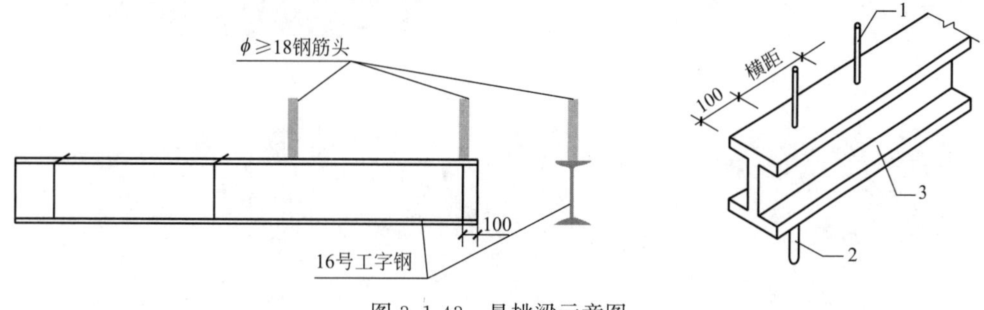

图 3.1-43 悬挑梁示意图

1—立杆固定钢筋；2—卸荷钢丝绳定位钢筋；3—工字钢

（2）锚环的制作

1）整体锚环制作

整体锚环必须采用一级圆钢，直径大于等于 16mm，且水平段锚固长度不小于 350mm，如图 3.1-44 所示。

2）压板式抱箍制作

型钢悬挑梁与建筑结构采用螺栓钢压板连接固定时，钢底板和压板尺寸均不应小于 100mm×10mm（宽×厚），圆钢直径不得小于 18mm，定型化锚环底板、压板及螺杆套丝要求找厂家按照尺寸加工好后，由焊工进行焊接，螺杆必须上下两面进行焊接牢固，如图 3.1-45 所示。

3）U 形锚环制作

采用 U 形锚环固定时，圆钢直径不得小于 18mm，压板及螺杆套丝要求找厂家按照尺寸加工好后由焊工进行焊接牢固，如图 3.1-46 所示。

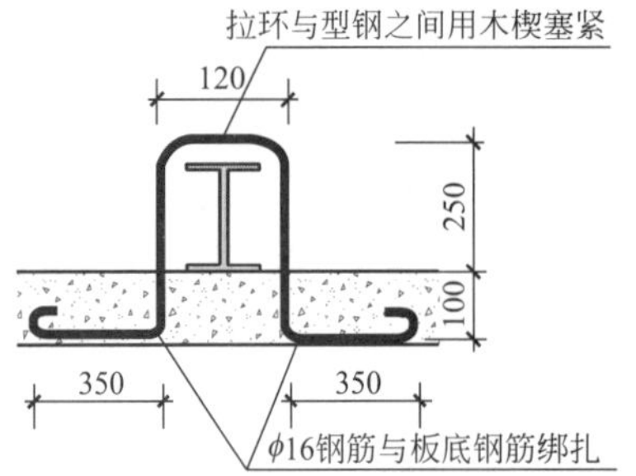

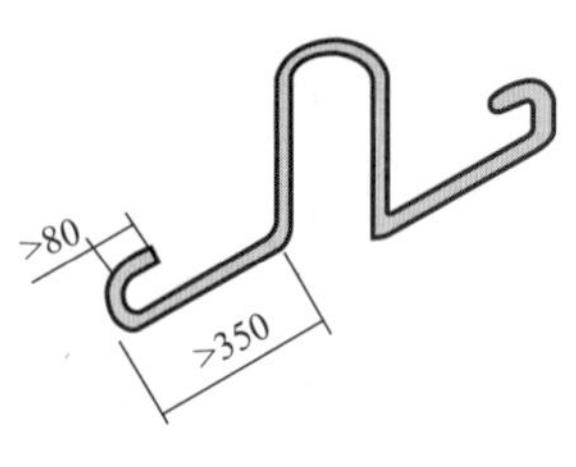

图 3.1-44　悬挑梁锚固示意图

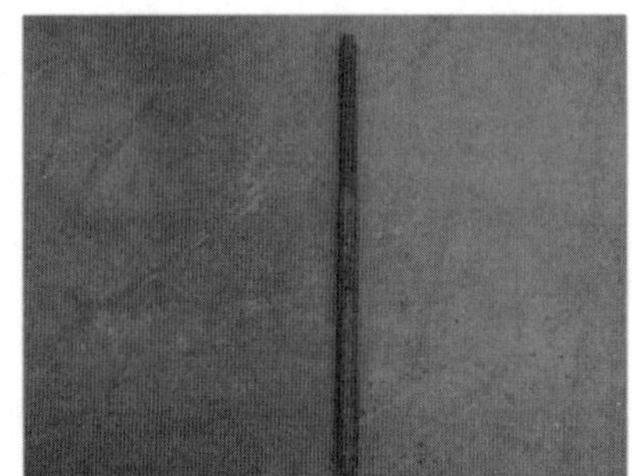

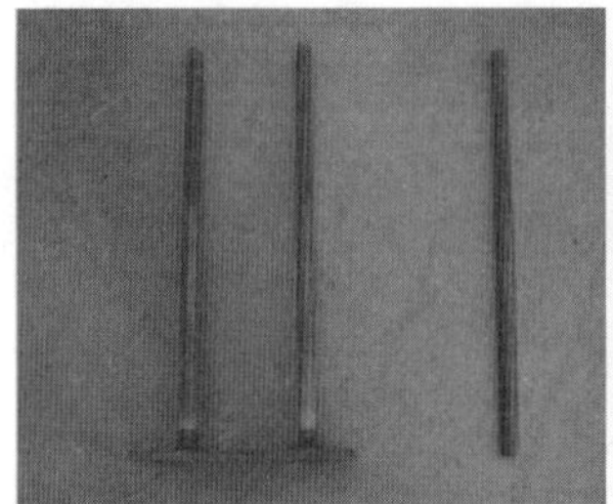
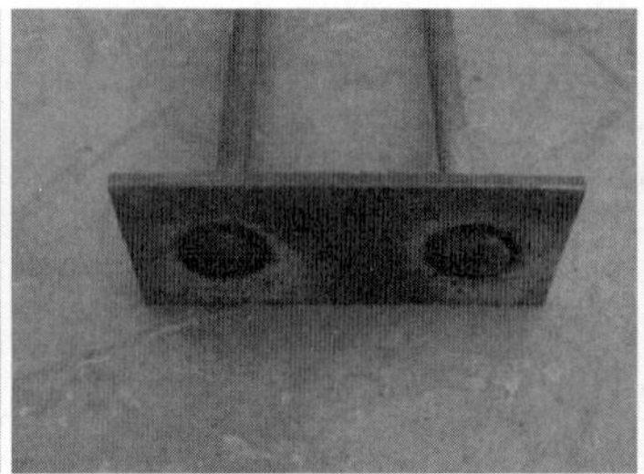

图 3.1-45　压板式抱箍制作示意图

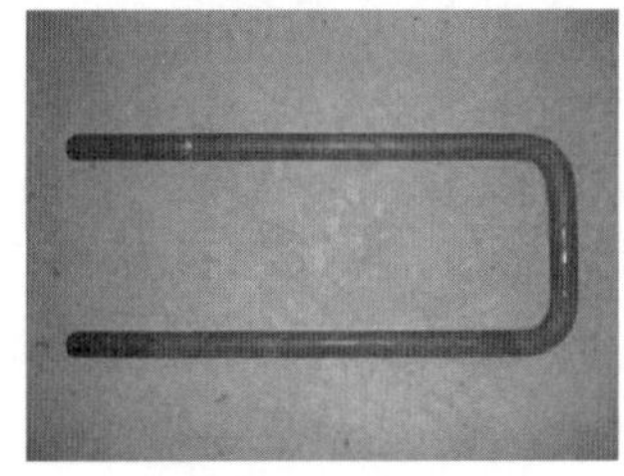
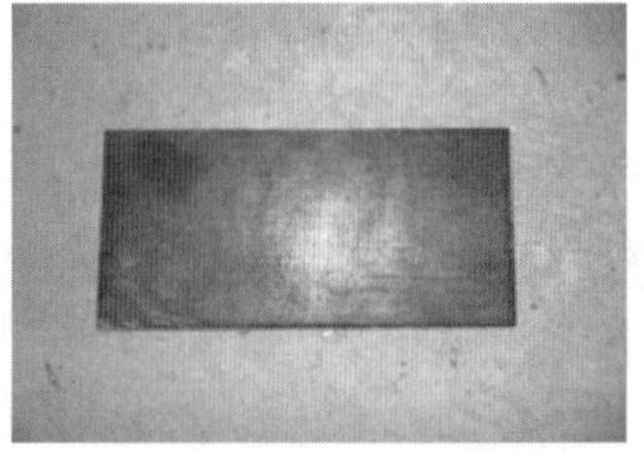
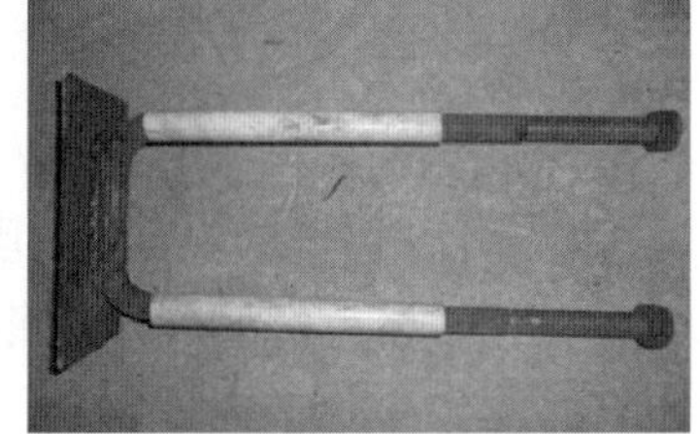

图 3.1-46　U 形锚环制作

3. 悬挑梁的安装

（1）悬挑梁的锚环严禁安装在悬挑结构（如阳台部位）和沉箱部位。

（2）整体式抱箍环或锚固螺栓应预埋至混凝土梁、板底层钢筋位置，锚环处的钢筋应加密，并应与混凝土梁、板底层钢筋焊接或绑扎牢固，然后浇筑梁、板混凝土。待混凝土强度达到10MPa后，再进行悬挑梁安装，在混凝土强度达到110MPa后才能逐步施加脚手架荷载。

（3）悬挑梁落于结构上的锚固段应大于悬挑段的1.25倍（1∶1.25），且两道锚固段必须用木楔楔紧，采用压板式预埋安装时，底板应刷油漆或隔离剂，螺杆用PVC管和透明胶布进行保护，压板用不少于两个螺栓进行固定，如图3.1-47所示。

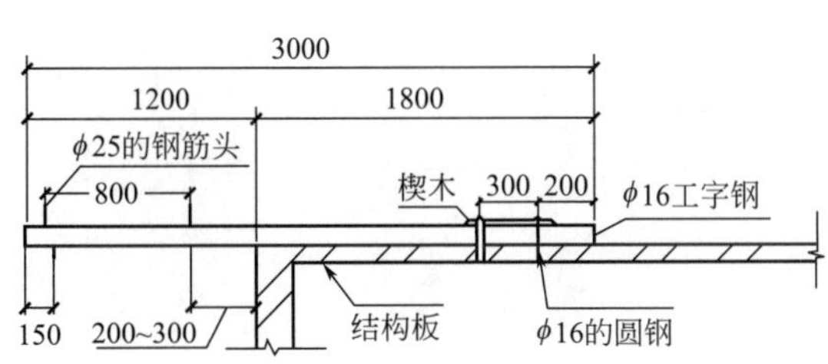

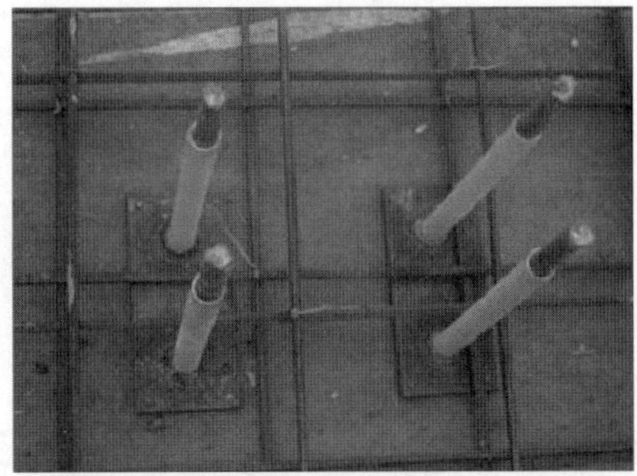

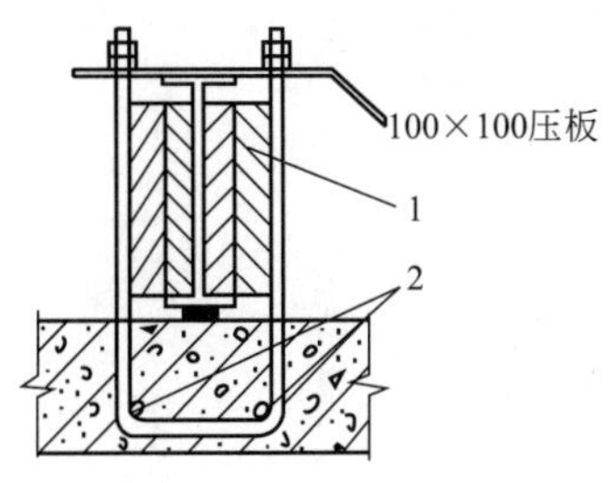

图3.1-47　悬挑梁U形螺栓固定构造

1—木楔侧向楔紧；2—锚环

（4）悬挑梁穿墙及阳台部位的放置要求

1）悬挑梁在穿越剪力墙部位时，应设置两道锚环，悬挑梁与剪力墙之间的空隙用木楔塞紧，如图3.1-48所示。

2）悬挑梁设置在阳台、山墙的其他楼面部位时，须设置三道锚环，其中距离悬挑梁锚固末端200mm和400mm处各设置一道，支点部位设置一道，分别用木楔楔紧，如图3.1-49所示。

3）放置悬挑梁时，在悬挑梁的支点底部放置一块木板，防止因悬挑梁受力而发生下沉，如图3.1-50所示。

（5）每道悬挑梁均应加设斜拉钢丝绳（不做受力计算）。悬挑梁的锚环与钢丝绳吊环不得预埋在悬挑结构板上。锚环与吊环必须用圆钢制作，其直径不宜小于20mm，不得用螺纹钢代替。钢丝绳的绳卡不得少于3个，开口方向与主绳方向一致。如图3.1-51所示。

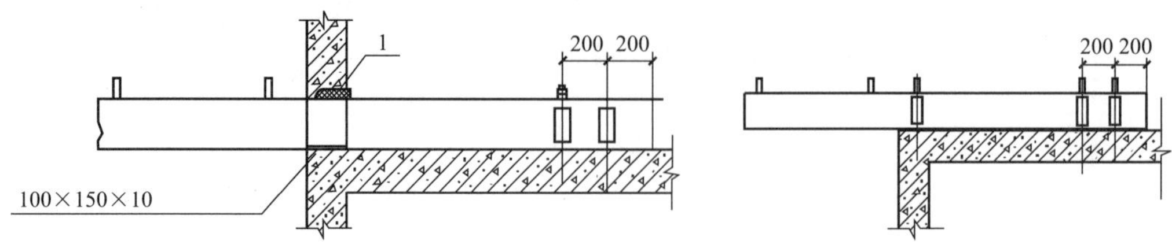

图 3.1-48 悬挑梁穿墙构造

图 3.1-49 悬挑梁楼面构造

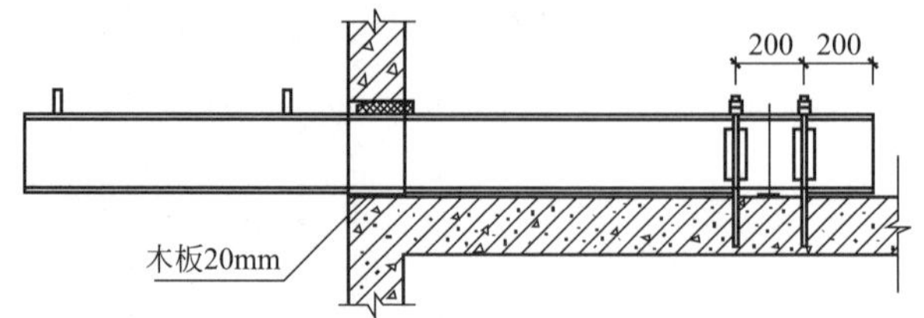

图 3.1-50 支点底部放置木板

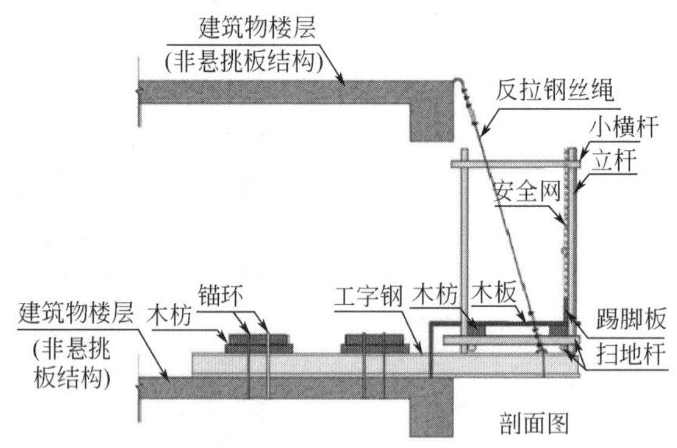

图 3.1-51 悬挑梁剖面图

（6）悬挑脚手架最底层（第一步架）的正面和侧面必须采用木板进行硬性隔离防护，立杆内侧应设置 180mm 高踢脚板，如图 3.1-52 所示。

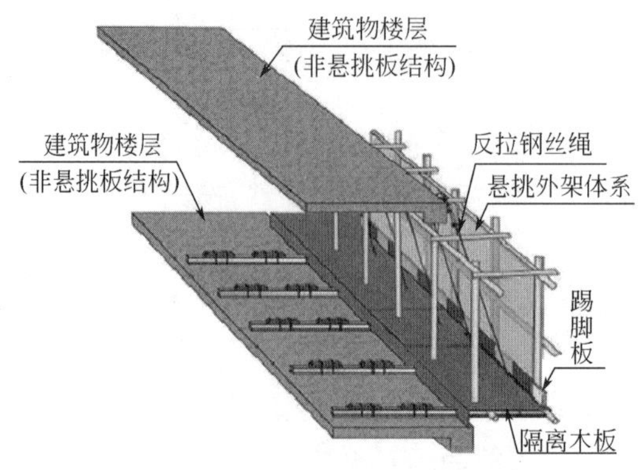

图 3.1-52 悬挑脚手架封闭隔离示意图

(7) 放置悬挑梁时，先放置建筑物两端转角部位的两根悬挑梁，固定好以后在悬挑梁的末端拉一条通线，再放置中间其余的工字钢，保证所有的悬挑工字钢在同一直线上，做到一条线、一头齐。悬挑梁锚环做法同上。

4. 外架大角处的工字钢布置方法及制作

(1) 转角部位工字钢的做法

1) 采用两根 14 号工字钢叠放在转角部位的悬挑梁上，如图 3.1-53 所示。

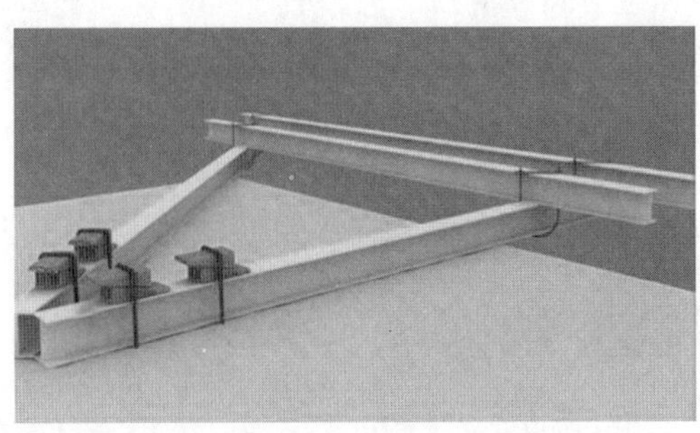

图 3.1-53　转角部位的悬挑梁

2) 工字钢交接部位用 18 号圆钢制作 U 形卡环或焊接固定，如图 3.1-54 所示。

图 3.1-54　工字钢交接部位固定示意图

3) U 形卡的制作见图 3.1-55。

① 用 ϕ18 的圆钢制作高度为 38mm、宽度为 12mm 的 U 形卡环。

② 用 5mm 厚的板制作 U 形卡压板。

(2) 转角部位工字钢的做法如图 3.1-56 所示。

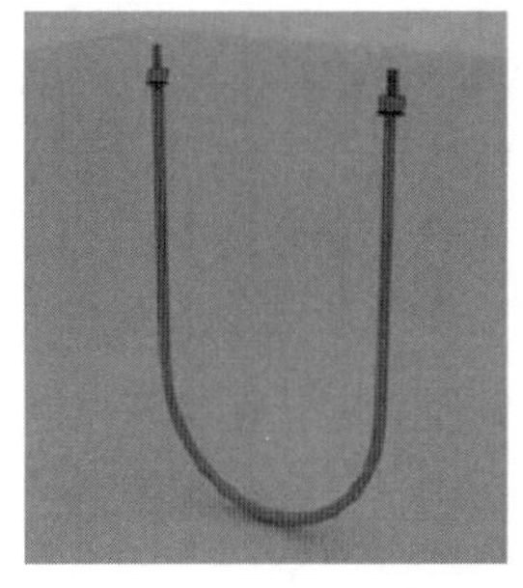
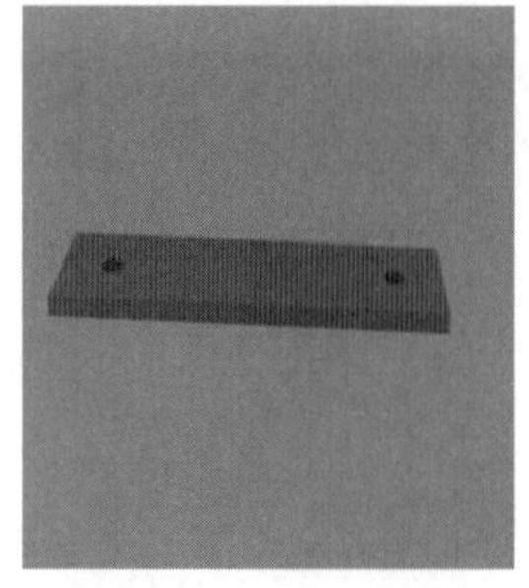
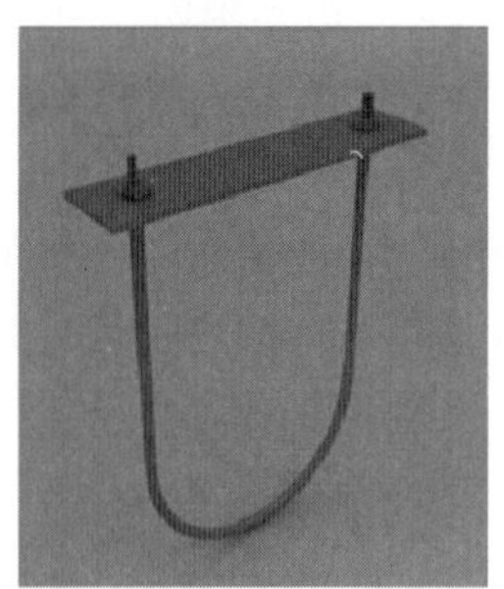

图 3.1-55　U 形卡的制作

图 3.1-56　转角部位工字钢的做法示意图

5. 架体搭设要点

搭设要求同落地式脚手架。搭设剖面图参考图 3.1-57、图 3.1-58。

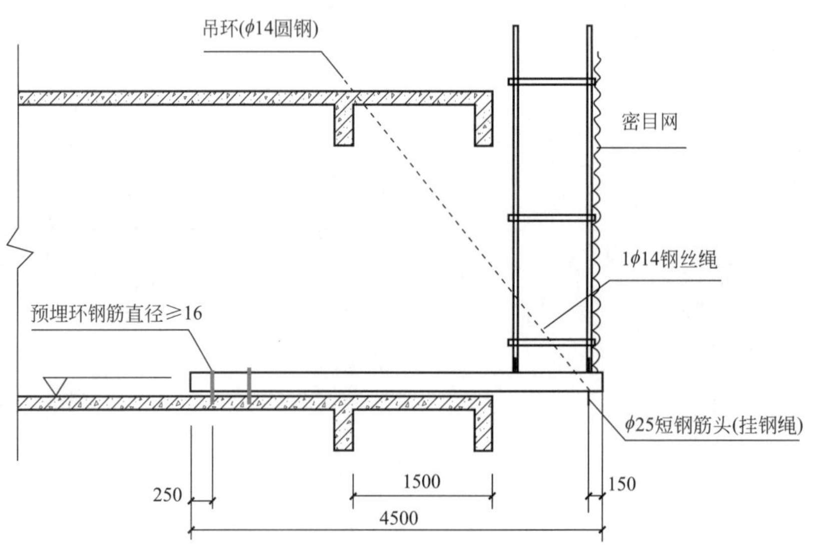

图 3.1-57　阳台部位搭设剖面图

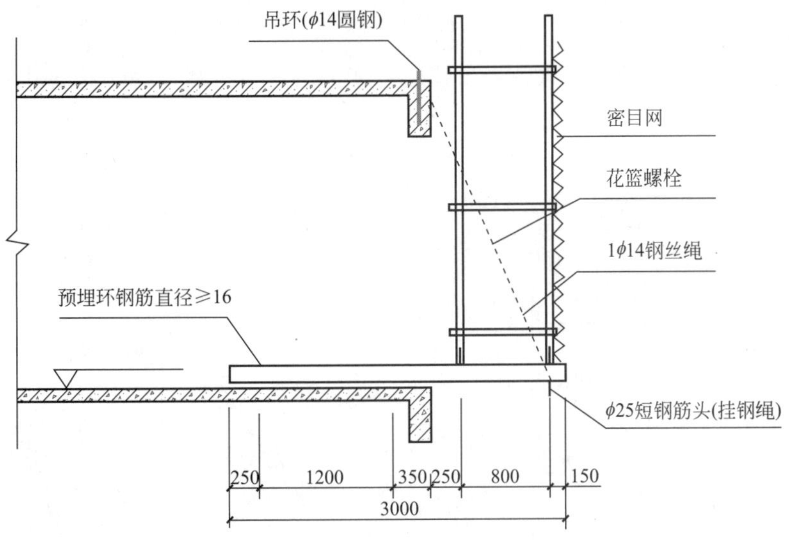

图 3.1-58　山墙部位搭设剖面图

3.1.7　水塔脚手架的搭设

1. 水塔外脚手架的搭设

水塔外脚手架的搭设如图 3.1-59 所示。

图 3.1-59　水塔外脚手架的搭设

（1）放立杆位置线。根据水塔的直径和脚手架搭设的平面形式来确定立杆的位置，常用正方形脚手架放线法和六角形脚手架放线法。

1）正方形脚手架放线法。已知水塔底的外径为 3m，里排立杆距水塔壁的最近距离为 0.5m，由此求出搭设长度为（3＋2×0.5）m＝4m；挑 4 根长度超过 4m 的立杆，在杆上量出 4m 长的边线，并在钢管的中线处画上十字线；将 4 根画好线的立杆在水塔外围摆成正方形，注意杆件的中线应与水塔中线对齐，杆件垂直相交的四角即为脚手架里排四角立杆的位置。据此按脚手架的搭设方案确定其他中间立杆和外排立杆的位置，如图 3.1-60 所示。

2）六角形脚手架放线法。六角形里排脚手架的边长按下式计算：里排边长＝（1.5＋0.5）×1.15m＝2.3m；找 6 根 3m 左右的杆件，在两端留出余量，用尺子量出 2.3m 并画上十字线；按上述方法在水塔外围摆成正六边形，就可以确定里排脚手架 6 个角点的位置。在此基础上再按要求画出中间立杆和外排脚手架立杆的位置线，如图 3.1-61 所示。

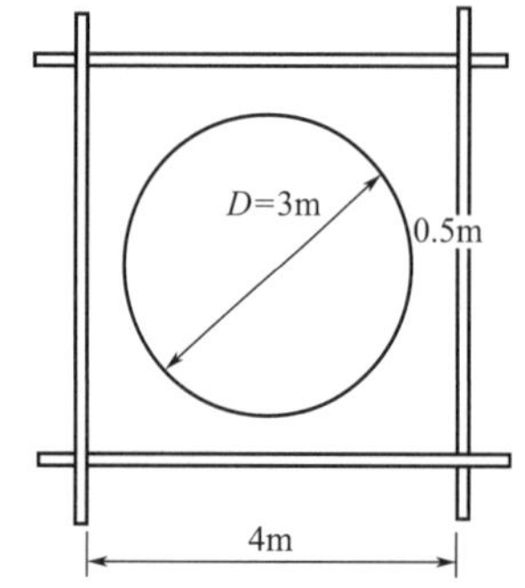

图 3.1-60　正方形脚手架放线法

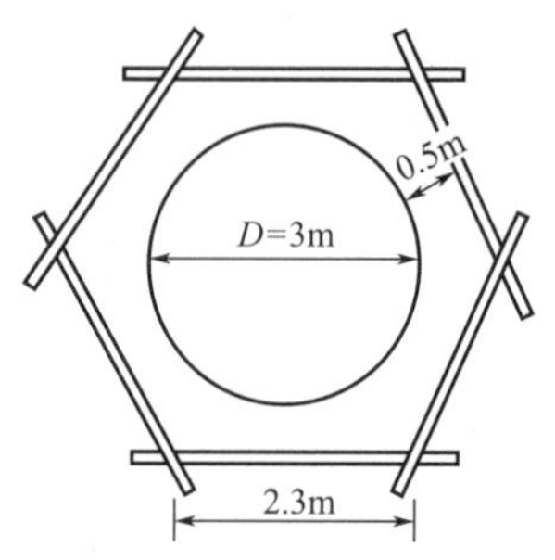

图 3.1-61　六角形脚手架放线法

（2）挖立杆坑。立杆的位置线放出后，就可以依次挖立杆坑。坑深不小于 50cm，坑的直径应比立杆直径大 10cm 左右，挖好后宜在坑底垫砖块或石块，如图 3.1-62 所示。

图 3.1-62　挖立杆坑

（3）竖立杆。竖立杆时最好三人配合操作，依次先竖里排立杆，后竖外排立杆。由一人将立杆对准坑口，第二人用铁锹挡住立杆根部，同时用脚蹬立杆根部，第三人抬起立杆向上举起竖立。注意推杆别过猛，以防倒杆伤人。

竖立杆时先竖转角处的立杆，由一人核实垂直度后将立杆坑回填夯实，同排中间立杆要互相看齐、对正。

相邻立杆的接长位置要上下错开 50cm 以上，钢管立杆应用对接接长，杉篙立杆的搭接长度不应小于1.5m并绑三道钢丝，所有接头不能在同一步架内。

（4）绑大横杆和小横杆。绑大横杆和小横杆的方法与钢、木脚手架的方法基本相同。大横杆应绑在立柱的内侧，用杉篙搭设时，同一步架内的大头朝向应相同，搭接处小头压在大头上，搭接位置应错开。相邻两步大横杆的大头朝向应相反。小横杆应按规定与大横杆绑牢，端头距水塔壁10～15cm。

（5）绑剪刀撑和斜撑。剪刀撑和斜撑应随脚手架的搭设及时绑扎，最下一道要落地。

（6）拉缆风绳。架子搭至10～15m高时，应及时拉缆风绳，每组4～6根，上端与架子应拉结牢固；下端与地锚固定并配花篮螺栓调节松紧。要特别注意，严禁将缆风绳随意捆绑在树木、电线杆等不安全的地方。

（7）绑护身栏杆、立挂安全网。在操作面上应设高1.2m以上的护身栏杆两道，加绑挡脚板，并立挂安全网。

操作面上满铺脚手板的要求同前所述。

（8）水塔的水箱部分可采用挑架子或增设里立杆的脚手架，如图3.1-63所示。

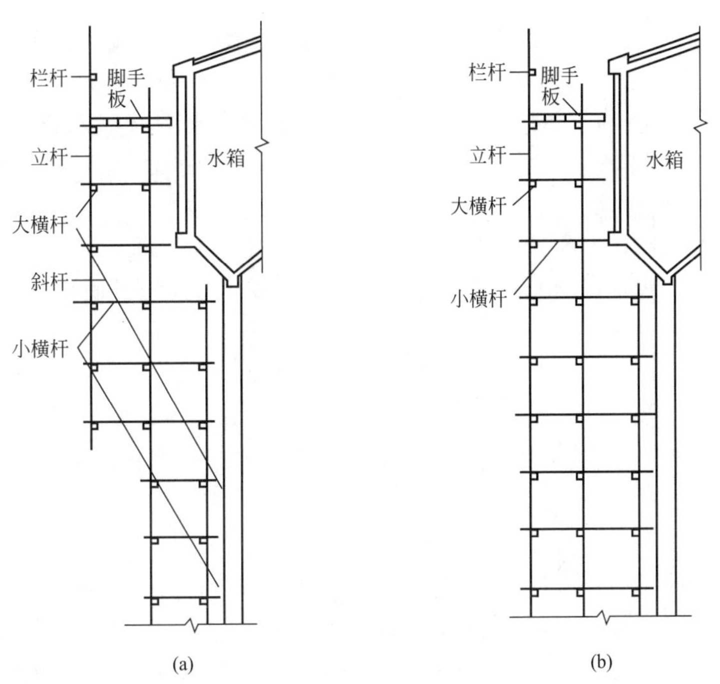

图3.1-63　水塔外脚手架

（a）双排架；（b）三排架

2. 水塔内脚手架的搭设

水塔内脚手架搭设时，首先应根据筒身内径的大小确定拐角处立杆的位置。当水塔的内径为3～4m时，一般设4根立杆；当水塔的内径为4～6m时，一般设6根立杆。一般要求立杆与水塔筒壁之间有20cm的空隙。立杆的位置确定以后就可以按照常规脚手架的要求进行搭设。

3.1.8 脚手架的拆除

1. 落地式外脚手架的拆除

1）应全面检查脚手架的扣件连接、连墙件、支撑体系等是否符合构造要求。

2）应根据检查结果补充完善施工脚手架专项方案中的拆除顺序和措施，经审批后方可实施。

3）拆除前应对施工人员进行交底。

4）应清除脚手架上杂物及地面障碍物。

5）脚手架拆除作业必须由上而下逐层进行，严禁上下同时作业。

6）连墙件必须随脚手架逐层拆除，严禁先将连墙件整层或数层拆除后再拆脚手架；分段拆除高差大于两步时，应增设连墙件加固。

7）当脚手架拆至下部最后一根长立杆的高度（约 6.5m）时，应先在适当位置搭设临时抛撑加固后，再拆除连墙件。

8）当脚手架采取分段、分立面拆除时，对不拆除的脚手架两端，应先设置连墙件和横向斜撑加固。

9）架体拆除作业应设专人指挥，当有多人同时操作时，应明确分工、统一行动，且应具有足够的操作面。

10）卸料时各构配件严禁抛掷至地面；运至地面的构配件应及时检查、整修与保养，并应按品种、规格分别存放。

2. 悬挑脚手架的拆除

（1）拆除前的准备

1）人员准备：要求拆除人员经过培训并取得主管部门颁发上岗操作证书且从事本行业一年以上。

2）拆除人员进场后应先集中进行安全教育，并进行安全技术交底，使操作人员了解现场情况，明确不同部位所需的安全防护措施和安全技术要求，掌握拆除顺序。

3）拆除前对脚手架的扣件连接、连墙杆、支撑体系做全面检查，确认无误后方可拆除。

4）清除脚手架上的材料、工具和杂物。

（2）脚手架拆除工艺流程

1）拆除顺序：安全网→挡脚板（或侧挡板）→脚手板→扶手（栏杆）→剪刀撑（随每步脚手架拆除）→大横杆→小横杆→立柱→连接杆，逐步向下，最后拆除拉结筋和悬挑梁。

2）拆除时应统一指挥，按后装先拆、先装后拆的顺序拆除。

3）拆除时应从一端走向另一端，自上而下，逐层进行。

4）同一层架体拆除应按先上后下、先外后里的顺序进行，最后拆除连墙杆。

5）连墙杆、通长水平杆和剪刀撑等，必须在脚手架拆卸到相关位置时方可拆除。

6）严禁在同一垂直方向同时拆除脚手架，做到一步一清。

3. 水塔外脚手架的拆除

（1）拆除顺序。立挂安全网→护身栏→挡脚板→脚手板→小横杆→顶端缆风绳→剪刀撑→大横杆→立杆→斜撑和抛撑。

拆除脚手架时，必须按上述顺序由上而下逐步拆除，严禁用拉倒或推倒的方法拆除。

（2）注意事项。水塔外脚手架拆除时至少三人配合操作，并佩戴安全带和安全帽。拆除前应确定拆除方案，对各种杆件的拆除顺序做到心中有数，特别是缆风绳的拆除要格外注意，应由上而下拆到缆风绳处才能对称拆除。为避免发生倒架事故，严禁随意乱拆缆风绳。

在拆除过程中要特别注意脚手架的缺口、崩扣及搭设不合格的地方。

4. 水塔内脚手架的拆除

水塔内脚手架的拆除要求基本与水塔外脚手架的拆除要求相同。因水塔内的空间较小，若出现安全事故，人员躲避困难，所以拆除时一定要落实各项安全措施，以确保安全。

3.2　砌筑工实操

砌筑工程又叫砌体工程，是指在建筑工程中使用普通黏土砖、承重黏土空心砖、蒸压灰砂砖、粉煤灰砖、各种中小型砌块和石材等材料进行砌筑的工程。砖石建筑在我国有悠久的历史，目前在土木工程中仍占有相当的比重。随着新型墙体材料的不断涌现，砌筑工程在整个建筑工程施工中所占的比重必将增加，砌筑工人才需求仍旧紧缺。

3.2.1　砌体材料及工具准备

1. 砂浆准备

（1）砂浆的种类及要求

常用的砌筑砂浆有石灰砂浆、水泥砂浆、混合砂浆。

（2）砂浆材料要求

1）原材料合格

水泥：不过期，不混用。

石灰：生石灰块熟化不小于7d，磨细生石灰粉熟化不小于2d，严禁用脱水硬化的石灰膏，不得有干燥、冻结和污染的情况。

砂：中砂、洁净、过筛，当所配砂浆强度≥M5时要求含泥量不大于5%；当所配砂浆强度<M5时要求含泥量不大于10%。

水：洁净，不含有害物。

外加剂：须检验、试配。

2）种类及标号、强度符合设计要求。配比严格（申请、试配、公布配比、调整、称量），按规定做试块（每层、每250m^3、每机、每班、每种不小于1组）。

3）稠度适中。

4）保水（和易）性好［可适当掺入有机、无机塑化剂，掺量一般为水泥用量的（0.5～1)/1000］。

5）配比准确，搅拌均匀（水泥、有机塑化剂、氯盐±2%，其他5%；搅拌2～3min、

3～5min)。

6）使用时间限制：水泥砂浆、水泥混合砂浆拌后 3～4h，气温高于 30℃时 2～3h。

2. 砌块准备

（1）砌块的种类

常用的砌块包括各种砖和混凝土砌块，见表 3.2-1。

常用砌块 **表 3.2-1**

<table>
<tr><th colspan="2">种类</th><th>制作方法</th><th>规格(mm×mm×mm)</th><th>强度等级</th></tr>
<tr><td colspan="2">烧结普通砖</td><td>以黏土、页岩等为主要原料，经焙烧而成</td><td>240×115×53</td><td rowspan="2">MU30、MU25、MU20、MU15、MU10</td></tr>
<tr><td colspan="2">烧结多孔砖</td><td>以黏土、页岩、煤矸石为主要原料，经焙烧而成</td><td>代号 M:190×190×90;
代号 P:240×115×90</td></tr>
<tr><td colspan="2">蒸压粉煤灰砖</td><td>以粉煤灰、石灰为原料，掺加适量石膏和骨料，经坯料制备、压制成型、蒸压养护而成</td><td>240×115× 53</td><td rowspan="2">MU25、MU20、MU15、MU10</td></tr>
<tr><td colspan="2">蒸压灰砂砖</td><td>以石灰和砂为主，经坯料制备、压制成型、蒸压养护而成</td><td>240×115× 53</td></tr>
<tr><td colspan="2">小型混凝土空心砌块</td><td>以水泥、砂、石和水制成，有竖向方孔</td><td>390×190×190</td><td>MU20、MU15、MU10、MU7.5、MU5</td></tr>
<tr><td rowspan="3">轻集料混凝土砌块</td><td>煤矸石混凝土空心砌块</td><td>以水泥为胶结材料，煤矸石为粗细骨料，搅拌振动成型，养护而成</td><td rowspan="2">390×190×190</td><td rowspan="2">MU20、MU15、MU10、MU7.5、MU5</td></tr>
<tr><td>水泥煤渣混凝土空心砌块</td><td>以水泥为胶结材料，煤渣为骨料，搅拌振动成型，养护而成</td></tr>
<tr><td>火山灰、浮石和陶粒混凝土空心砌块</td><td>以水泥为胶结材料，粉煤灰、浮石和黏土陶粒为粗细骨料，搅拌振动成型，养护而成</td><td>390×190×190</td><td>MU10、MU7.5、MU5</td></tr>
</table>

（2）砌块准备

1）砌块的品种、强度等级必须符合设计要求，并应规格一致。

2）灰砂砖、粉煤灰砖：提前 1～2d 浇水（含水率 8%～12%）。

3）普通黏土砖、烧结多孔砖：提前 1～2d 浇水（含水率 10%～15%）。

4）普通混凝土空心砌块：炎热干燥时，提前喷水湿润。

5）轻骨料混凝土空心砌块：提前 2d 浇水（含水率 5%～8%）。

3. 砌筑工具准备

（1）砌筑常用工具，如图 3.2-1 所示。

（2）砌筑常用质量检测工具，如图 3.2-2 所示。

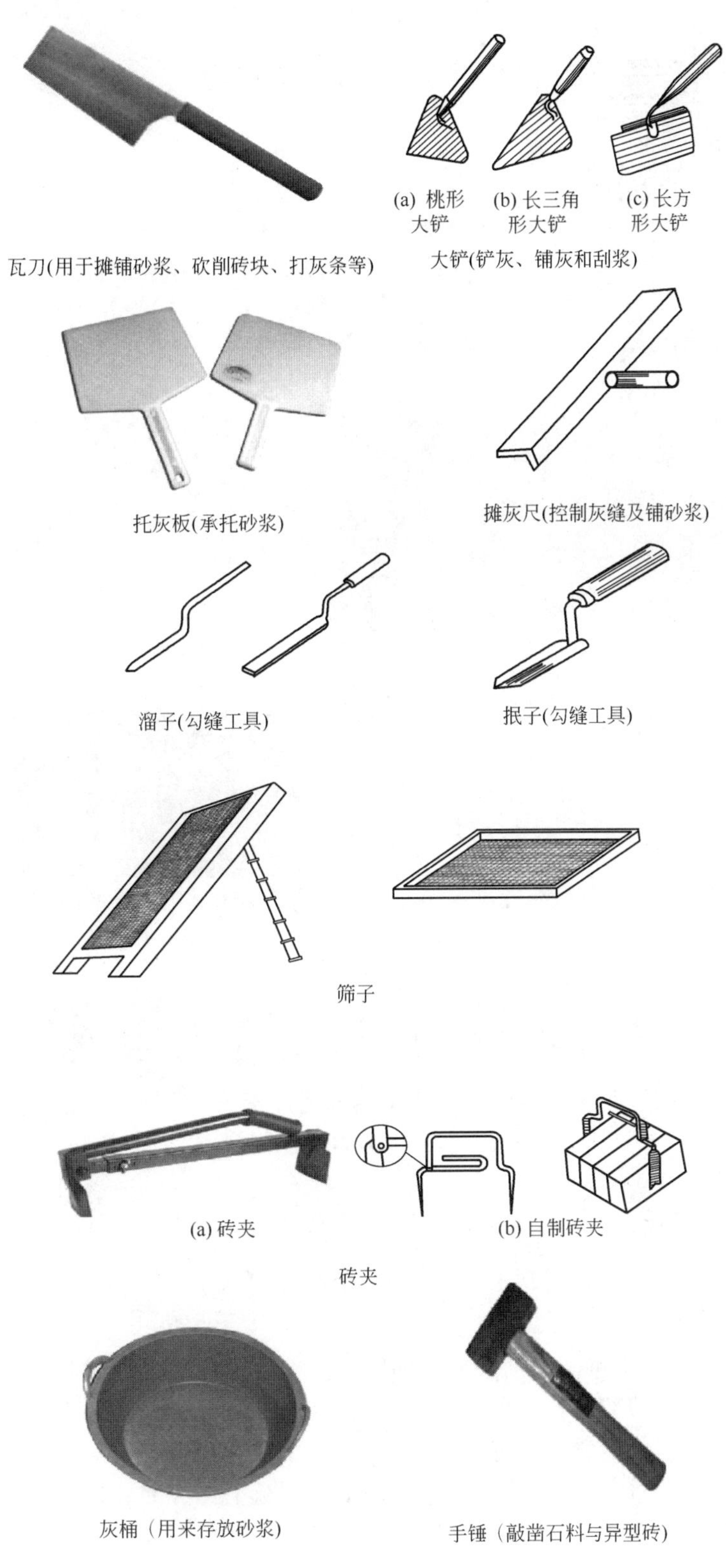
瓦刀(用于摊铺砂浆、砍削砖块、打灰条等)
(a) 桃形大铲
(b) 长三角形大铲
(c) 长方形大铲
大铲(铲灰、铺灰和刮浆)
托灰板(承托砂浆)
摊灰尺(控制灰缝及铺砂浆)
溜子(勾缝工具)
抿子(勾缝工具)
筛子
(a) 砖夹
(b) 自制砖夹
砖夹
灰桶（用来存放砂浆)
手锤（敲凿石料与异型砖)

图 3.2-1　砌筑常用工具

钢卷尺(量测尺寸)

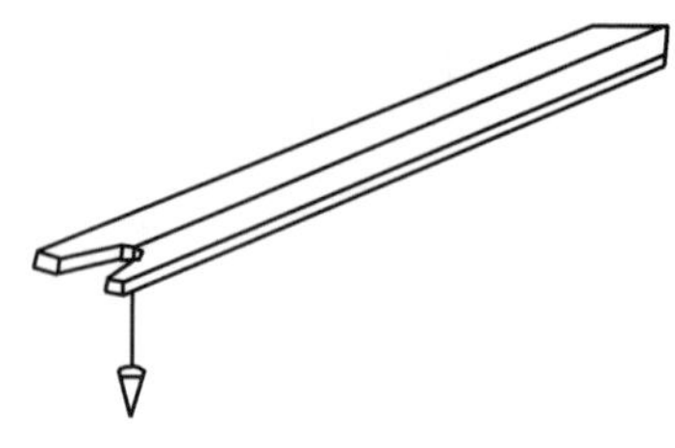

托线板与线锤(配合使用，检查墙面垂直度与平整度)

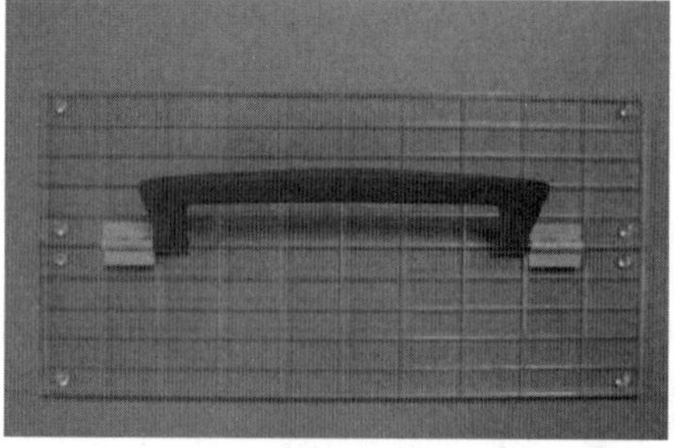

百格网(尺寸为标准砖大小，上有100个格子，检查砌体水平缝砂浆饱满度)

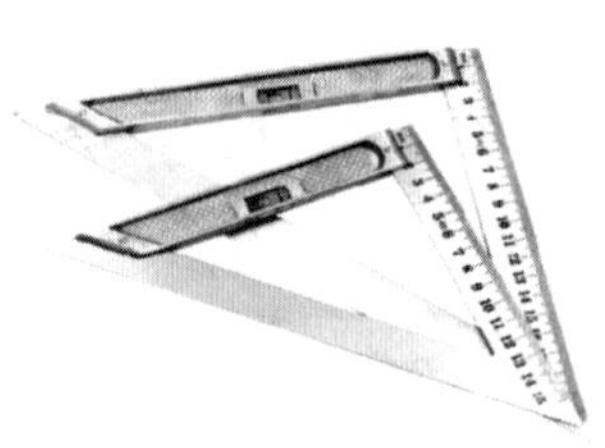

方尺(检查砌体转角的方整程度)

(a) 塞尺

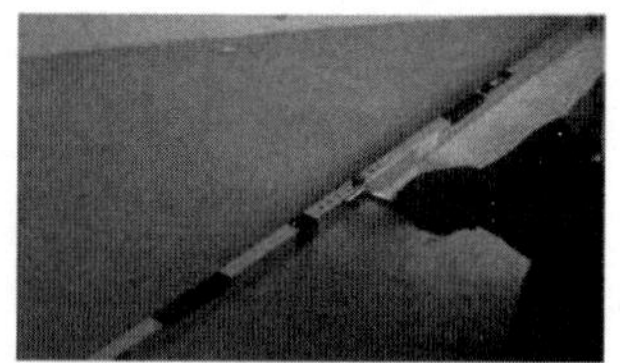

(b) 靠尺、塞尺配合使用示意图

塞尺与靠尺(配合使用，来测定墙、柱平整度的偏差)

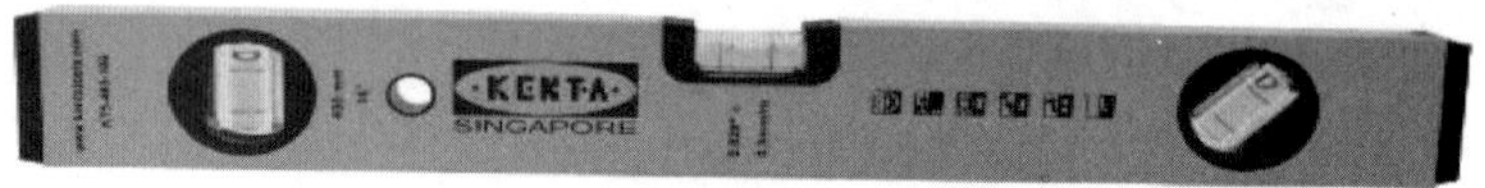

水平尺(通过中间镶嵌的玻璃水准管，检查砌体水平位置的偏差)

图 3.2-2 砌筑常用质量检测工具

3.2.2 砌筑施工

1. 砖砌体施工

(1) 砖砌体施工工艺

1) 抄平。砌砖前在基础防潮层或楼面上，按设计标高用水准仪对各外墙转角处和纵横交接处进行抄平，设置出标高的标识，然后用 M7.5 水泥砂浆或 C10 细石混凝土找平，以保证底层平整而且标高符合规定。

2) 放线。根据龙门板或引桩上给定的轴线及图纸上标注的墙体尺寸，在基础顶面上用墨线弹出墙的轴线、墙的宽度及门洞口位置线。

3) 摆样砖 (铺底)。在弹好线的基面上，按组砌形式先用砖块试摆，核对所弹出的门洞位置线、窗口、附墙垛等处的墨线是否符合条砖的模数，以便对灰缝进行调整，使砖块的排列和砌体灰缝均匀，组砌得当。组砌原则：砌体必须错缝；控制水平灰缝的厚度，一般规定为 10mm，最大不超过 12mm，最小不得小于 8mm；确保墙体之间的连接可靠。

砖砌体常见组砌方法如图 3.2-3 所示。

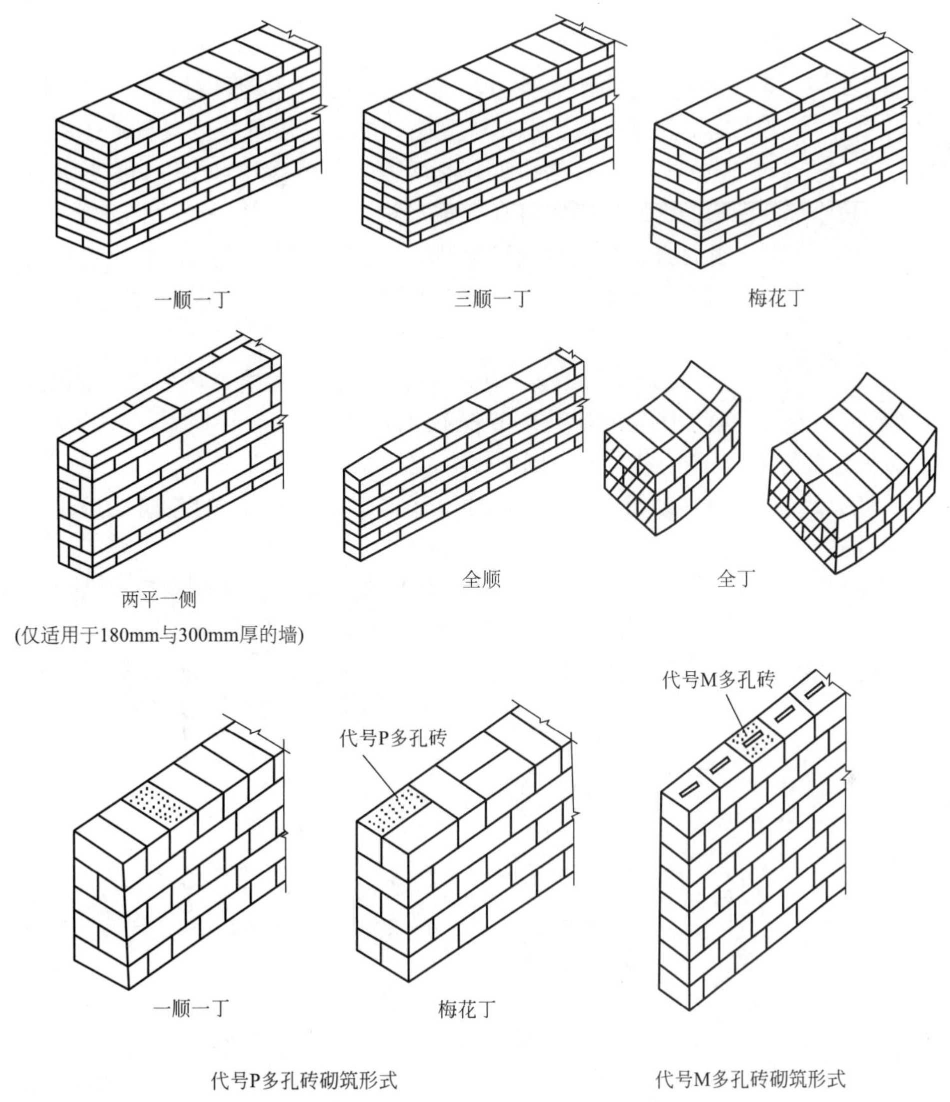

图 3.2-3　砖砌体常见组砌方法

4）立皮数杆

砖墙用的皮数杆以楼层高度进行制作。皮数杆上画有每皮砖和砖灰缝厚度及门窗洞口、过梁、楼板、梁底、预埋件等标高位置，它是砌筑时控制砌体竖向尺寸的标志，见图 3.2-4。皮数杆立于墙的转角处、内外墙交接处、楼梯间以及洞口多的地方，大约每隔 10～15m 立一根。

5）立头角、挂线。先用皮数杆砌起头角，然后在头角上挂起准线，再照线砌中间的墙身。

6）铺灰砌砖。砖砌体的砌筑方法有“三一砌筑法”“二三八一”砌筑法、挤浆法、刮

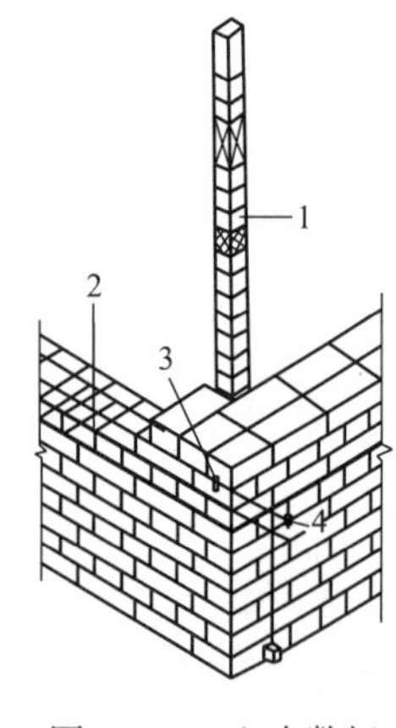

图 3.2-4　立皮数杆
1—皮数杆；2—准线；3—竹片；4—圆铁钉

浆法和满口灰法，本书重点推荐并介绍砌筑工程作业中最常使用的“三一”砌筑法。它是指一块砖、一铲灰、一挤揉（简称“三一”），并随手将挤出的砂浆刮去的砌筑办法。这种方法通常都是单人操作，操作过程中要取砖、铲灰、铺灰，转身、弯腰的动作较多，详见图 3.2-5。该砌法劳动强度较大，又耗费时间，影响砌筑效率。但由于这种方法是随砌随铺，随即挤揉，因此灰缝容易饱满，粘浆面好，粘结强度高，能保证质量，可提高砌体的整体性和强度。同时在挤砌时随手刮去挤出墙面的砂浆，可使墙面保持清洁。因此，砌砖时多数都采用这种基本手法，见图 3.2-6。对初学者而言，必须在有经验的工人指导下进行学习，并要通过实践不断练习，才能够熟练地掌握这种操作技术。掌握该方法需注意以下几个要点：

① 铲灰取砖。取砖时应做到眼疾手快，随拿时就随做挑选。这样铲灰取砖同时进行，减少了弯腰次数，节省了时间。

② 铺灰。铺好的灰不要用大铲来回拨动，或用铲子的角把灰烬割开，使头部接缝，这样容易导致接缝不饱满。砌砖后，灰缝应缩进墙内 10～12mm，即缩进的砂浆不应铺至边缘，并留缝深。

③ 挤揉。动作要连贯且快。揉砖的目的是使灰浆更饱满，更好地与砖结合，同时使砖凝聚。当灰浆薄时，应轻轻揉搓砖块；砂浆稠或铺得厚时则要用力揉，可前后或摆布揉，砖块应揉到砖的上对齐线和下边缘，并正确放置，做到“上跟线，下跟棱，摆布相跟要对平”。

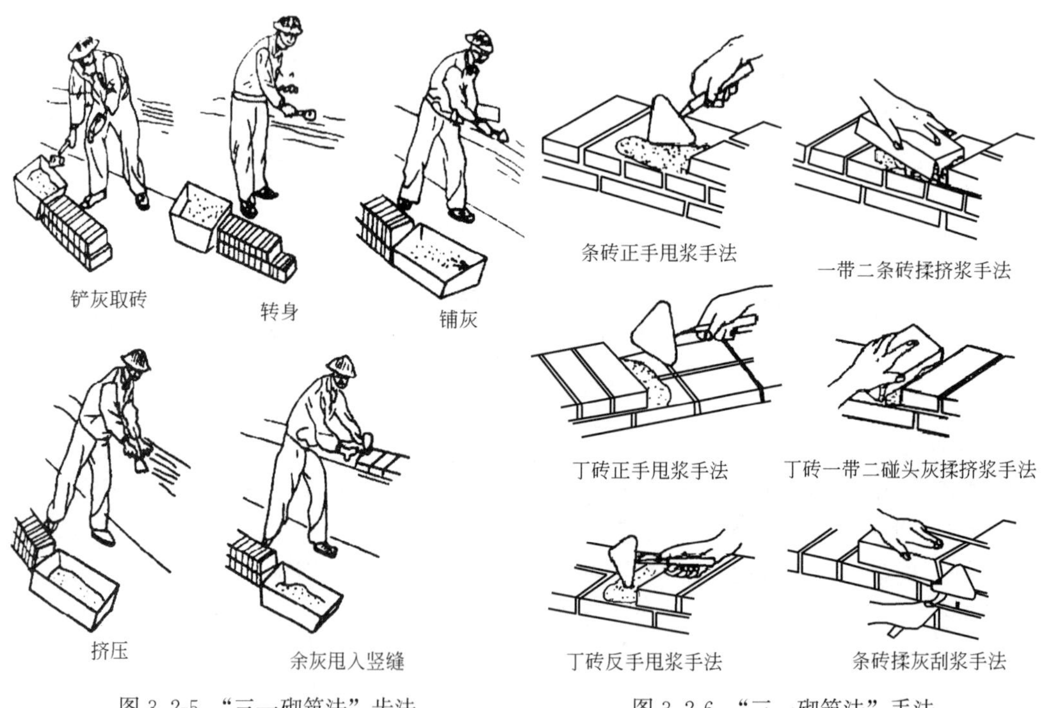

图 3.2-5　“三一砌筑法”步法　　图 3.2-6　“三一砌筑法”手法

7）各层标高的控制。各层除立皮数杆控制外，还应弹出室内水平线进行控制。

（2）砌砖的质量要求和保证措施

砖砌体总的质量要求是：横平竖直、砂浆饱满、上下错缝、内外搭接。

1）砌体的水平灰缝应满足平直度的要求，灰缝厚度一般为 8～12mm，竖向灰缝必须垂直对齐。

2）水平灰缝的砂浆饱满度要达到 80%以上。

3）砌砖时严禁干砖上墙。

4）砖砌体应错缝搭接，不准出现通缝，以保证砌体的整体性及稳定性。

5）接槎可靠，不能同时砌筑时应砌成斜槎，斜槎的长度不小于墙高 2/3，见图 3.2-7～图 3.2-8，如留斜槎困难则必须留成阳槎，并加设拉结钢筋。每 120mm 墙厚放置两根直径为 6mm 的钢筋，其间距沿墙高不应超过 500mm，见图 3.2-9，接槎处的表面应清理干净，浇水润湿。

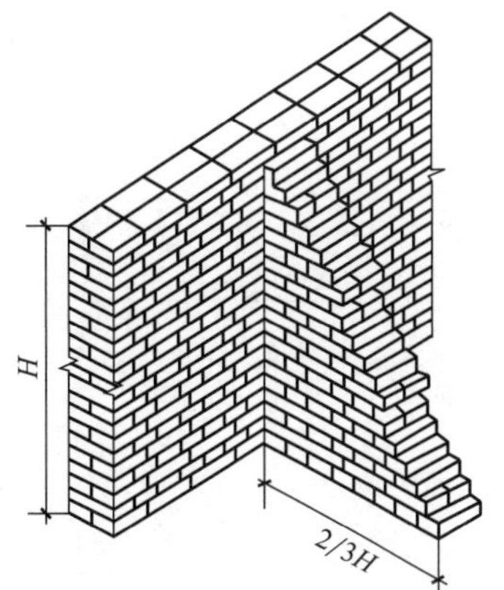

图 3.2-7　砖砌体留斜槎

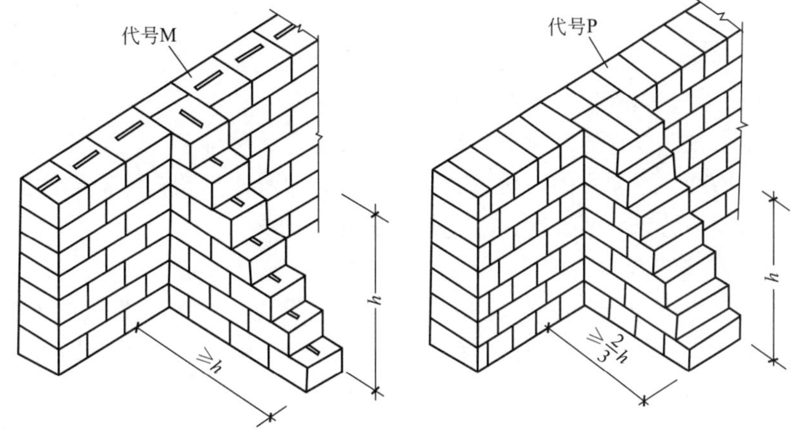

图 3.2-8　多孔砖砌体留斜槎

6）构造柱旁“五退五进”留马牙槎，必须做好钢筋砌体的布筋及墙柱间的拉结筋。

设水平拉结筋构造柱与墙连接处应砌成马牙槎，马牙槎从每层柱脚开始，先退后进，每一马牙槎沿高度方向的尺寸不宜超过 300mm。随墙的砌筑，沿高度方向每 500mm 设 2ϕ6 水平拉结筋，每边伸入墙内不应少于 1m，见图 3.2-10。构造柱施工时必须先砌墙留好马牙槎，后浇混凝土，使柱与墙体紧密结合，共同工作。

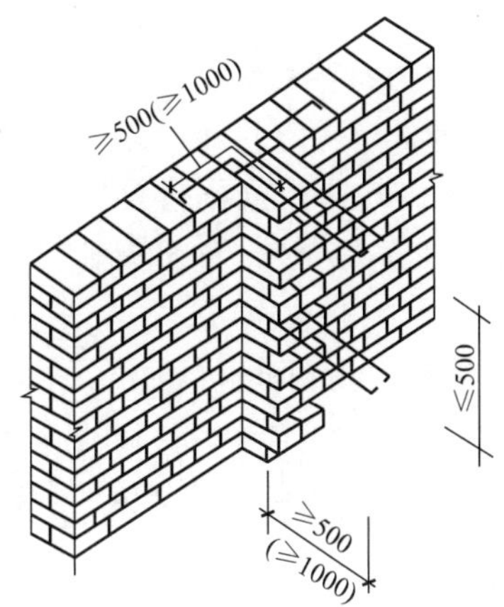

图 3.2-9　砖砌体留直槎

（3）砖砌体的安全要求

1）墙身高度超过 1.2m 时应搭设脚手架。

2）架上堆放的材料不能超过规定的荷载，堆砖的

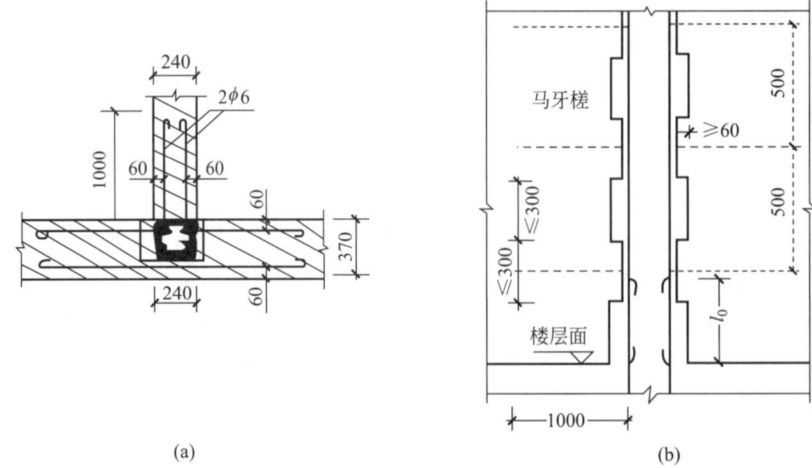

图 3.2-10　拉结钢筋的布置及马牙搓
(a) 平面图；(b) 立面图

高度不得超过三皮侧砖，同一块脚手板上的操作人员不得超过两人，并按规定搭设安全网。

3）不准站在墙顶做画线、刮缝及清扫墙面或检查大角垂直工作。

4）砍砖时应面向墙体砍打，注意不要掉砖伤人。

5）不准在超过胸部以上的墙体上进行砌筑，以免将墙体撞倒。

6）下雨前或每日下班前应做好防雨准备，以防雨水冲走砂浆，致使砌体倒塌伤人。

7）禁止在刚砌好的墙上面走动，以免发生倒塌。

2. 中小型砌块墙施工

在我国禁止使用实心黏土砖后，砌块得到了快速发展，逐渐成为优质低廉的墙体材料。近几年，中小型砌块在我国房屋工程中已得到广泛应用。砌块按材料分有粉煤灰硅酸盐砌块、普通混凝土空心砌块、煤矸石硅酸盐空心砌块等。中型砌块的规格不一，一般高度为 380～940mm，长度为高度的 1.5～2.5 倍，厚度为 180～300mm，每块砌体质量 50～200kg。

(1) 砌筑要求

1）砌前先绘制砌块排列图，以指导吊装砌筑施工，由于中小型砌块体积较大、较重，不如砖块一样可以随意挪动，且砌筑时必须使用整块，不像普通砖一样可以随意砍凿，因此，在施工前，须按照设计图纸的房屋轴线编绘各墙体砌块平、立面排列图。砌块排列图按每片纵横墙分别绘制：尽量用主规格砌块，如图 3.2-11 所示为砌块排列平面图。

2）错缝搭砌：搭接长度不小于 1/3 块高，且中型砌块不小于 150mm、小型不小于 90mm；不足者设钢筋或拉结筋网片，见图 3.2-12。

3）灰缝厚度：水平灰缝厚 8～20mm，加筋时 20～25mm。立缝宽 15～20mm（小砌块灰缝全同砖砌体）。

4）空心砌块应扣砌，对孔错缝，见图 3.2-13～图 3.2-15，壁肋劈裂者不得使用。

5）补缝要求：缝宽大于 30mm 时填 C20 细石混凝土；大于 150mm 时镶砖。

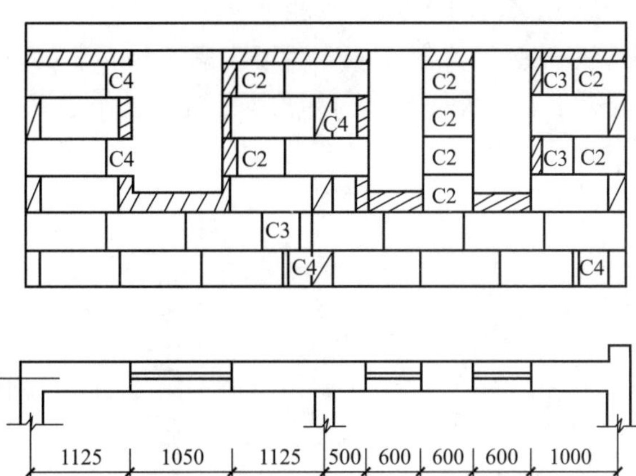

图 3.2-11　砌块排列平面图

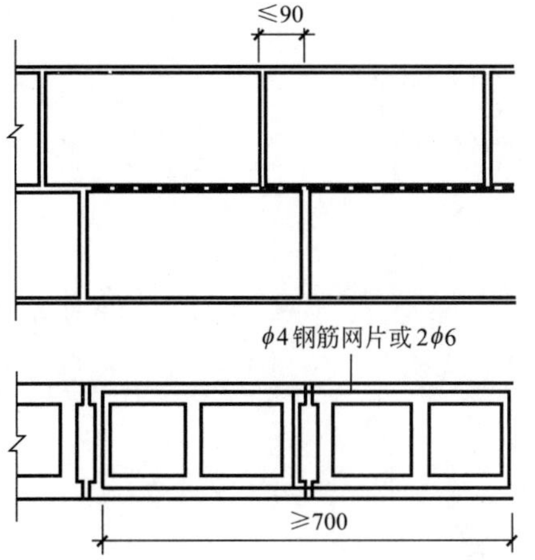

图 3.2-12　拉结钢筋或钢筋网片设置

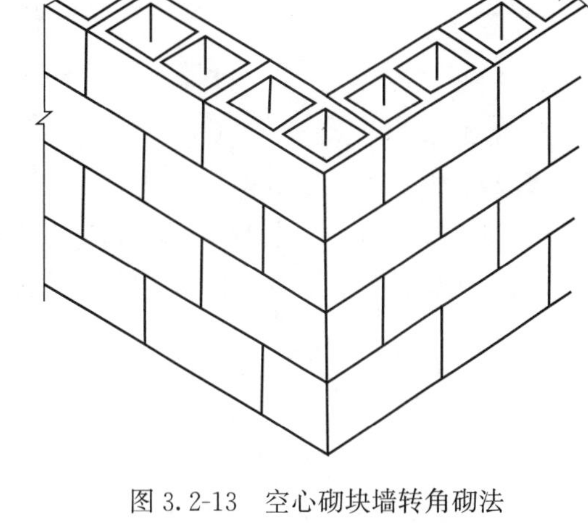

图 3.2-13　空心砌块墙转角砌法

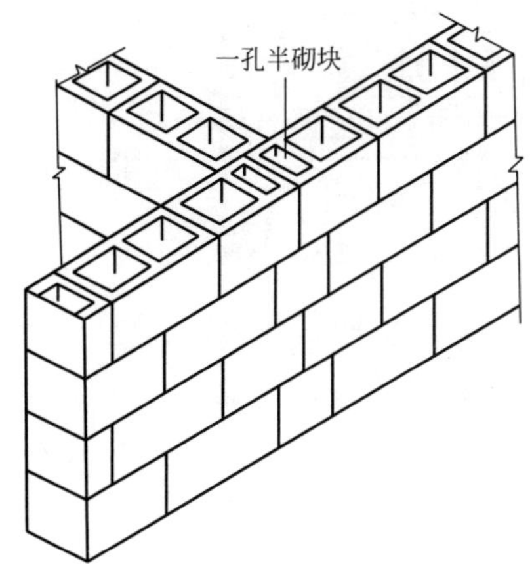

图 3.2-14　T 形接头处砌法（无芯柱）

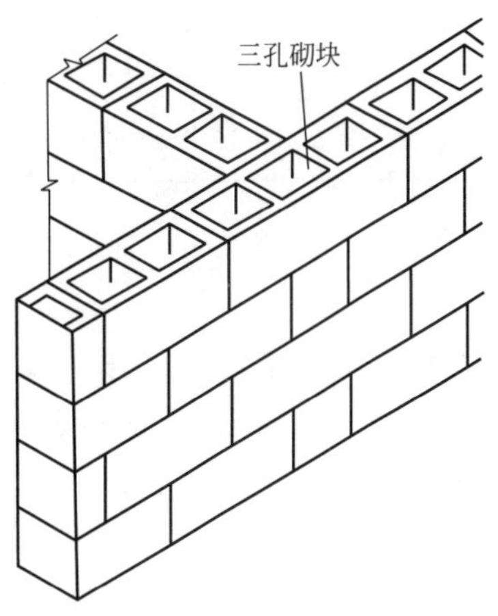

图 3.2-15　T 形接头处砌法（有芯柱）

6）砂浆饱满度：水平缝不小于90%；竖缝不小于80%。

7）浇灌芯柱：砌筑砂浆强度大于1MPa后可浇灌芯柱，芯柱是指在砌块内部空腔中插入竖向钢筋并浇灌混凝土后形成的砌体内部的钢筋混凝土小柱（不插入钢筋的称为素混凝土芯柱）。在周期反复水平荷载作用下，芯柱具有良好的延性和耗能能力，能够有效地改善钢筋混凝土柱在高轴压比情况下的抗震性能。芯柱的构造做法见图3.2-16。

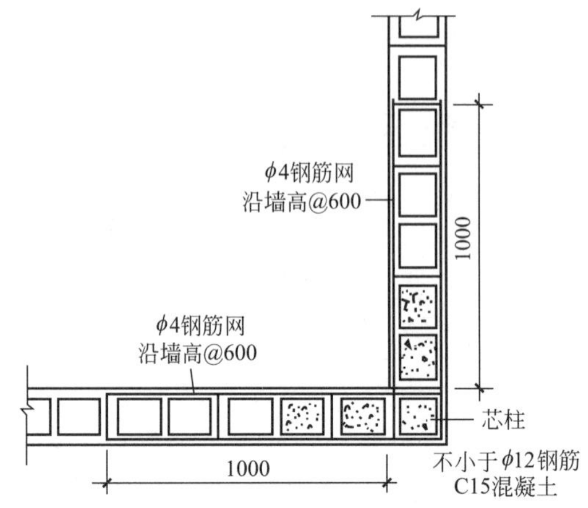

图3.2-16　空心砌块墙芯柱构造图

（2）砌筑施工工艺

中型砌块施工须机械吊装：常用台灵架吊装。

中型砌块采用铺灰砌法砌筑，具体施工工艺顺序为：铺灰（长不大于5m）→砌块吊装就位→校正→灌竖缝→镶砖。各施工阶段注意事项如下：

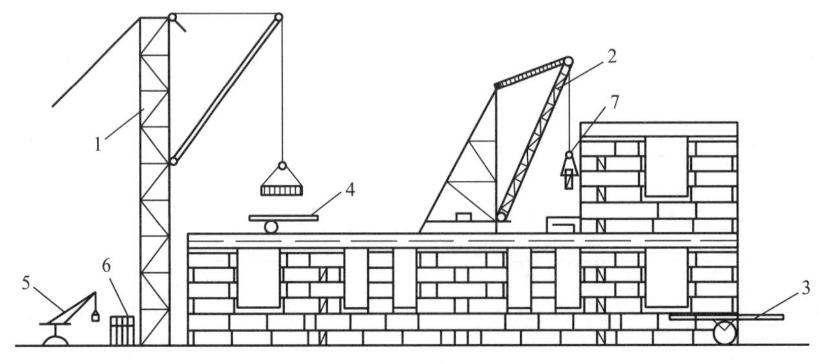

图3.2-17　中型砌块吊装示意图

1—井架；2—台灵架；3—杠杆车；4—砌块车；5—少先吊；6—砌块；7—砌块夹

1）铺灰。砌块墙体所采用的砂浆应该具有良好的和易性，其稠度以50～80mm为宜，铺灰应平整饱满，每次铺灰长度一般不超过5cm，炎热天气及严寒季节应适当缩短。

2）砌块吊装就位。砌块的吊装一般按施工段依次进行，其次序为先外后内，先远后近，先下后上，在相邻施工段之间留阶梯形斜槎。吊装时应从转角处或砌块定位处开始，采用摩擦式夹具，按砌块排列图将所需砌块吊装就位，见图3.2-17。

3）校正。砌块吊装就位后，用托线板检查砌块的垂直度，拉准线检查水平度，并用撬棍、楔块调整偏差。

4）灌竖缝。竖缝可用夹板在墙体内外夹住，然后灌砂浆，用竹片插或铁棒捣，使其密实。当砂浆吸水后用刮缝板把竖缝和水平缝刮齐。灌缝后，一般不应再撬动砌块，以防损坏砂浆粘结力。

5）镶砖。当砌块间出现较大竖缝或过梁找平时，应镶砖。镶砖砌体的竖直缝和水平缝应控制在15～30mm以内。镶砖工作应在砌块校正后即刻进行，镶砖时应注意使砖的竖缝灌密实。

（3）质量要求及保证措施

砌块砌筑总的质量要求同砖砌体，具体如下：

1）横平竖直

要求：砌体水平灰缝平直、表面平整和竖向垂直。

措施：立皮数杆、挂线砌筑，随时吊线、用直尺检查和校正。

2）砂浆饱满

要求：水平灰缝砂浆饱满度：≥90%（填充墙≥80%）。

竖向灰缝砂浆饱满度：≥80%。

措施：竖向灰缝宜采用加浆措施，加气混凝土砌体。

3）错缝搭接

要求：搭接长度大于等于150mm，加气混凝土砌块大于等于1/3砌块长。

措施：在水平灰缝中加钢筋或者钢筋网片。

4）接槎可靠

要求：在转角和内外墙交接处应同时砌筑；否则应留斜槎。

措施：日砌筑量1.5m或一步架高度内，接槎做法如图3.2-18所示。

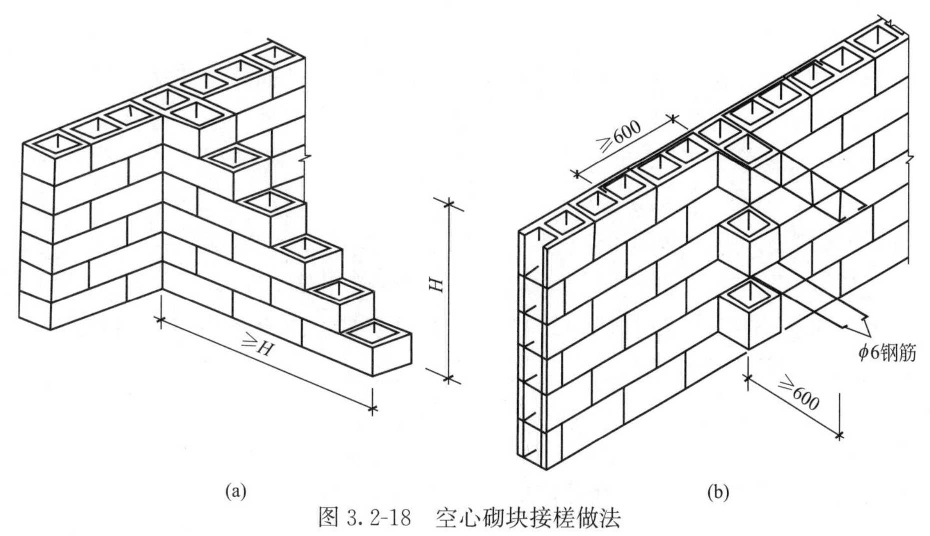

图3.2-18　空心砌块接槎做法

（a）空心砌块墙斜槎；（b）空心砌块墙直槎

3. 石砌体施工

石砌体为用石材和砂浆或用石材和混凝土砌筑成的整体材料。石材较易就地取材，在产石地区采用石砌体比较经济。在工程中，石砌体主要用作受压构件，可用作一般民用房屋的承重墙、柱和基础。

（1）石砌体分类

石砌体一般分为料石砌体、毛石砌体和毛石混凝土砌体，见图 3.2-19。料石砌体和毛石砌体用砂浆砌筑。毛石混凝土砌体是在横板内先浇筑一层混凝土，后铺砌一层毛石，交替浇灌和砌筑而成。料石砌体还可用来建造某些构筑物，如石拱桥、石坝和石涵洞等。精细加工的重质岩石，如花岗石和大理石，其砌体质量好且美观，常用于建造纪念性建筑物。毛石混凝土砌体的砌筑方法比较简便，在一般房屋和构筑物的基础工程中应用较多，也常用于建造挡土墙等构筑物。

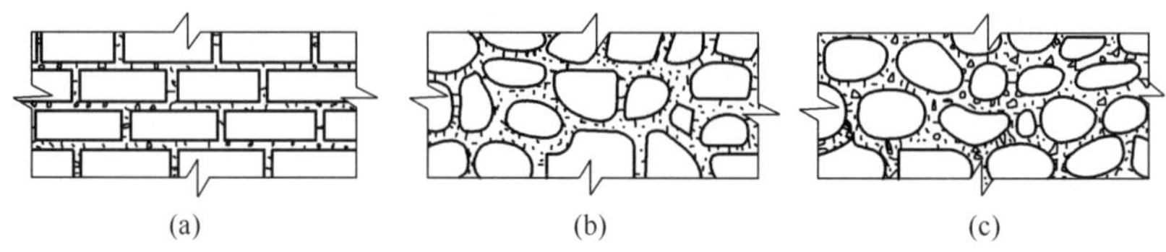

图 3.2-19　石砌体的分类

（a）料石砌体；（b）毛石砌体；（c）毛石混凝土砌体

（2）施工工艺及要求

1）毛石砌体施工工艺及要求

选石和修整（剔除风化的毛石，对过分大的石块要用大锤砸开，使毛石大小适宜），使之能与先砌的毛石基本吻合、搭砌紧密；毛石应上下错缝，内外搭砌，拉结石、丁砌石交错设置，毛石基础同皮内每 2m 设一块拉结石，毛石墙每 0.7m^2 墙面设一块拉结石；日砌筑高度 1.2m，不得采用外面侧立毛石中间填芯的砌筑方法。

2）料石砌体砌筑施工要点

① 砂浆铺设厚度应略高于规定灰缝厚度，其高出厚度：细料石宜为 3～5mm；粗料石、毛料石宜为 6～8mm。

② 料石砌体的灰缝厚度：细料石砌体不宜大于 5mm；粗料石和毛料石砌体不宜大于 20mm。

③ 料石砌体的水平灰缝和竖向灰缝的砂浆饱满度均应大于 80％。

④ 料石砌体上下皮料石的竖向灰缝应相互错开，错开长度应不小于料石宽度的 1/2。

⑤ 用料石和毛石或砖的组合墙中，料石砌体和毛石砌体或砖砌体应同时砌筑，并每隔 2～3 皮料石层用顶砌层拉结砌合。

3）毛石混凝土砌体施工要点

毛石混凝土砌体一般多用在基础工程中，如毛石混凝土带形基础、毛石混凝土垫层等，也有用在大体积混凝土浇筑中的情况。为了减少水泥用量，减少发热量对结构产生的危害，可在浇筑混凝土时加入一定量毛石。浇筑混凝土墙体较厚时，也应掺入一定量的毛石，如毛石混凝土挡土墙等。毛石混凝土施工中，掺入的毛石一般为体积的 25％左右，毛石的粒径控制在 200mm 以下；具体操作为先放浆再放入毛石、保证浆体将其充分包裹住，毛石在结构体空间中应保证其布置均匀。

① 毛石应选用坚实、未风化、无裂缝、洁净的石料，强度等级不低于MU20；毛石尺寸不应大于所浇部位最小宽度的1/3，且不得大于30mm；表面如有污泥、水锈，应用水冲洗干净。

② 浇灌前，须先将所用之毛石用水冲洗干净，碎砖要用水浇透。

③ 毛石混凝土墙或基础之厚度不得小于40cm，所用石块的长度不得大于砌体宽度的1/8，同时不得超过30cm。

④ 每层混凝土的厚度，应为15～20cm。

⑤ 填入混凝土中的石块，应在每层混凝土浇灌至一半厚度时即行填入；石块与石块之间，应留4～6cm的空隙，以便混凝土填入；已开始初凝的混凝土内不得再行填入石块。

⑥ 毛石混凝土施工中如想停工时，应将石块填入混凝土层中后方可停工；当继续施工时，应先将毛石混凝土面用水冲洗后再浇灌混凝土；在干燥或多风的气候中施工时，混凝土面应经常保持潮湿状态。

3.2.3　砌筑工程的季节性施工

砌筑工程大多露天作业，会直接受到气候变化的影响。当工程在正常气温中进行时，通常只要按照常规的施工方法进行施工即可，没有特殊的要求和技术措施。而在冬雨期施工时，必须采取一定的技术措施，方可确保正常施工和保障工程质量。

1. 冬期施工

当室外日平均气温连续5d稳定低于5℃时，或当日最低气温低于0℃，砌筑施工属于冬期施工阶段。

(1) 冬期施工要求

1) 普通砖、空心砖、灰砂砖、混凝土小型空心砌块、加气混凝土砌块和石材在砌筑前，应清除表面污物、冰雪等，不得使用遭水浸和受冻后的砖或砌块。

2) 砂浆宜优先采用普通硅酸盐水泥拌制，不得使用无水泥拌制的砂浆。

3) 石灰膏、黏土膏或电石膏等宜保温防冻，当遭冻结时，应经融化后方可使用。

4) 拌制砂浆所用的砂不得含有直径大于10mm的冻结块或冰块。

5) 拌合砂浆宜采用两步投料法。水的温度不得超过80℃；砂的温度不得超过40℃。

6) 普通砖、多孔砖和空心砖在气温高于0℃条件下砌筑时，应浇水湿润；在气温低于或等于0℃条件下砌筑时，可不浇水，但必须增大砂浆稠度。抗震设防烈度为9度的建筑物，普通砖、多孔砖和空心砖无法浇水湿润时，如无特殊措施，不得砌筑。

7) 砖砌体应采用“三一”砌砖法施工，灰缝厚度不应大于10mm。

8) 每日砌筑后，应及时在砌体表面进行保护性覆盖，砌体表面不得留有砂浆。在继续砌筑前，应扫净砌体表面。

9) 砂浆试块的留置，除应按常温规定要求外，尚应增留不少于1组与砌体同条件养护的试块，测试检验28d强度。

10) 基土无冻胀性时，基础可在冻结的地基上砌筑；基土有冻胀性时，应在未冻的地基上砌筑。在施工期间和回填土前，均应防止地基遭受冻结。

(2) 冬期施工方法

1）抗冻砂浆法

① 抗冻砂浆法的原理：在砌筑砂浆中掺入一定数量的抗冻剂来降低水溶液的冰点，保证砂浆中液态水的存在，使水化反应在一定负温下照常进行，使砂浆在负温下仍能继续缓慢地增长其强度。由于降低了砂浆中水的冰点，块材表面不会立即形成冰膜，因而砂浆与块材能较好粘结。

② 适用范围：抗冻砂浆法所用的抗冻化学剂，主要是氯化钠和氯化钙，另外还有亚硝酸钠、硝酸钙和碳酸钾等。由于氯盐砂浆吸湿性大，会降低结构的保湿性能。氯盐用量超过10％时会产生严重的析盐现象，并将导致砂浆后期强度的显著降低。氯盐对钢筋有一定腐蚀作用。因此，对下列工程严禁采用掺盐砂浆法施工：A. 对装饰有特殊要求的建筑物；B. 使用时房间的湿度大于60％的建筑物；C. 有高压线路的建筑物（如变电站等）；D. 热工要求高的建筑物；E. 配有钢筋未做防腐处理的砌体；F. 处于地下水位变化范围内以及在水下未设防水保护层的结构。

③ 砌筑施工要求：在正温条件下砌筑时，应采用随浇水随砌筑的办法；气温过低、浇水确有困难时，则必须适当增加砂浆稠度。掺盐砂浆法砌砖时，应采用“三一”砌砖法。不得大面积铺灰以减少砂浆温度失散；砌筑时要求灰缝饱满，灰缝厚薄均匀。水平缝厚度和竖缝宽度应控制在8～10mm，使砂浆与砖接触面充分结合，提高砌体抗压、抗剪强度。砌体转角处和交接处应同时砌筑，对于不能同时砌筑而必须留槎的临时间断处，应砌成斜槎。砌体表面应用保温材料覆盖，继续施工时，应先清扫砖表面，然后再砌筑。

2）冻结法

① 冻结法的原理：冻结法的砂浆内不掺任何抗冻化学剂，允许砂浆在铺砌完后就受冻。受冻的砂浆可以获得较大的冻结强度，而且冻结的强度随气温降低而增高。但当气温升高而砌体解冻时，砂浆强度仍然等于冻结前的强度。当气温转入正温后，水泥水化作用又重新进行，砂浆强度可继续增长。

② 冻结法的适用范围：冻结法施工的砂浆，经冻结、融化和硬化三个阶段后，砂浆强度、砂浆与砖石砌体间的粘结力都有不同程度的降低。砌体在融化阶段，由于砂浆强度接近于零，将会增加砌体的变形和沉降。所以对下列结构不宜选用：空斗墙；毛石墙；承受侧压力的砌体；在解冻期间可能受到振动或动荷载的砌体；在解冻期间不允许发生沉降的砌体。

③ 施工要求：采用冻结法施工时，应按照“三一”砌筑方法，对于房屋转角处和内外墙交接处的灰缝特别仔细砌合。砌筑时一般采用“一顺一丁”的砌筑方法。冻结法施工中宜采用水平分段施工，墙体一般应在一个施工段范围内，砌筑至一个施工层的高度，不得间断。每天砌筑高度和临时间断处均不宜大于1.2m。不设沉降缝的砌体，其分段处的高差不得大于4m。

为保证砖砌体在解冻期间能够均匀沉降不出现裂缝，应遵守下列要求：解冻前应清除房屋中剩余的建筑材料等临时荷载；在开冻前，宜暂停施工；留置在砌体中的洞口和沟槽等，宜在解冻前填砌完毕；跨度大于0.7m的过梁，宜采用预制构件；门窗框上部应留3～5mm的空隙，作为化冻后预留沉降量。在楼板水平面上，墙的拐角处、交接处和交叉处每半砖设置一根$\phi 6$的拉筋。

2. 雨期施工

雨期期间，对砌筑施工而言，增加了材料的水分。雨水不仅使砖的含水率增大，而且使砂浆的稠度值发生变化并易产生离析。因此，雨期施工须做好以下防范措施：

(1) 要用到的砖或砌块在雨期必须集中堆放于地势高的地方，并覆盖防雨布。砌墙时要求干湿砖块合理搭配。砖湿度较大时不可上墙。

(2) 雨期遇大雨必须停工。砌砖收工时应在砖端顶盖一层干砖，避免大雨冲刷灰浆。

(3) 稳定性较差的窗间墙、独立砖柱，应加设临时支撑或及时浇筑圈梁。

(4) 砌体施工时，内外墙要尽量同时砌筑，并注意转角及丁字墙间的连接要同时跟上。遇台风时，应在与风向相反的方向加临时支撑，以保护墙体的稳定。

3.3 模板工实操

模板系统是保证混凝土结构和构件按要求的几何尺寸成型的一项临时措施，也是混凝土在硬化过程中的工具。模板系统包括模板、支撑、紧固件等。

3.3.1 模板类型

模板按其材料主要分为木模板、胶合板模板、定型组合钢模板、塑料模板、玻璃模板等。乡村建筑常见的模板有木模板、胶合板模板。

1. 木模板

木模板一般是先加工成拼板，再根据结构和构件形状、尺寸在现场拼装。拼板由板条与拼条钉成，如图 3.3-1 所示。板条厚度一般为 25～50mm，宽度不宜超过 200mm，以保证模板干缩时缝隙均匀，浇水后易干、缝密，受潮时不易翘曲。拼板的拼条根据受力情况可平放也可立放，拼条的间距取决于所浇混凝土的侧压力及板条厚度，一般为 400～500mm。

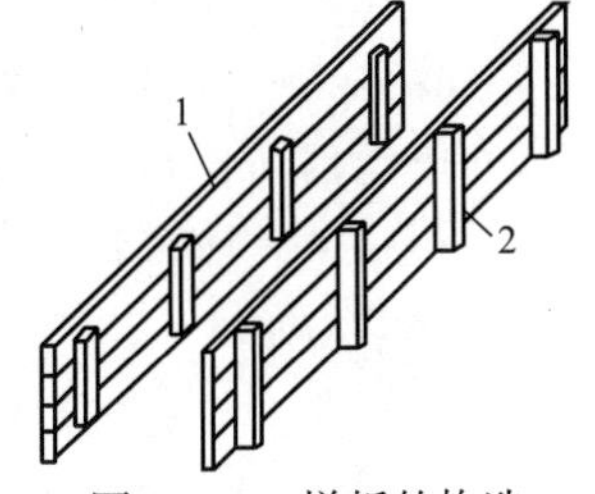

图 3.3-1　拼板的构造
1—拼板；2—拼条

2. 胶合板模板

胶合板模板包括木胶合板和竹胶合板。混凝土模板常用木胶合板，是由木段旋切成单板或由木方刨切成薄木，再用胶粘剂胶合而成的多层板状材料。相邻两层单板的木纹相互垂直，板的层数应不少于 7 层。混凝土模板用胶合板的幅面尺寸和厚度见表 3.3-1。

混凝土模板用胶合板的幅面尺寸和厚度　　表 3.3-1

幅面尺寸				厚度范围(mm)
模数制		非模数制		
宽度(mm)	长度(mm)	宽度(mm)	长度(mm)	
—	—	915	1830	≥12,＜15 ≥15,＜18 ≥18,＜21 ≥21,＜24
900	1800	1220	1880	
1000	2000	915	2135	
1200	2400	1220	2440	
—	—	1250	2500	

【注意事项】

（1）胶合板板面处理

未经板面处理的胶合板板面与混凝土界面上存在结合力，脱模时易将板面木纤维撕破，且影响混凝土表面质量。使用前对胶合板板面处理的方法为涂刷涂料，即常温下将涂料胶涂刷在胶合板表面，形成保护膜。

（2）经板面处理的胶合板，在施工现场使用时，一般应注意以下几个问题：

1）脱模后应立即清除板面浮浆。

2）模板拆除时，严禁抛扔，以免损伤板面处理层。

3）为了保护模板边角的封边胶，在支模时最好在模板拼缝处粘贴防水胶带或水泥纸袋加以保护，并防止漏浆。

4）胶合板板面尽量不钻孔洞，如需预留孔洞，可用普通木板拼补。

5）使用前必须涂刷隔离剂。

3.3.2 模板安装

1. 基础模板安装

如图 3.3-2 所示为阶梯形独立基础模板。

模板安装前，应校对基础垫层标高，弹出基础中心线、边线。

将模板中心线对准基础中心线，然后校正下台阶模板上口标高，符合要求后将安装了轿杠木的上台阶模板搁置在下台阶模板上，斜撑及平撑的一端撑在上台阶模板的背方上，另一端撑在下台阶模板的背方顶上。

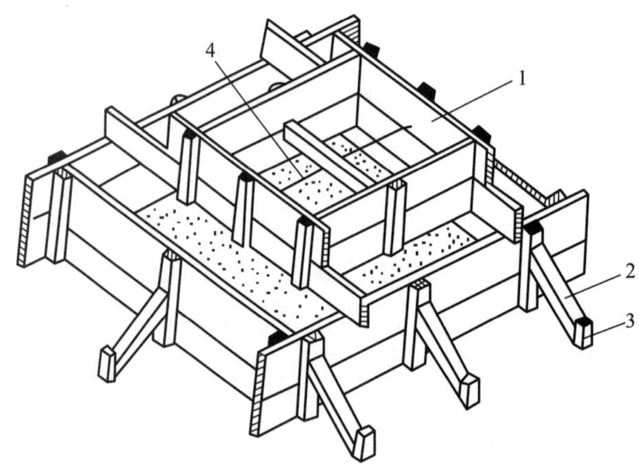

图 3.3-2 阶梯形独立基础模板

1—拼板；2—斜撑；3—木桩；4—铁丝

2. 柱模板安装

用木模板做的柱模板如图 3.3-3 所示。

柱模板在安装前，要在基础（楼地面）上弹出柱的中心线、边线，并进行抄平。

为承受混凝土侧压力，模板外须布置柱箍。柱箍的间距与混凝土侧压力大小及模板类型、厚度等有关，柱下端模板需承受的侧压力较上端大，因此柱箍的布置是柱下端密、上端疏。

柱模板底部开有清理孔，用于清除柱内杂物及排除积水。当混凝土浇筑高度超过 3m 时，应沿柱高度每隔约 2m 开设浇筑孔。

柱底一般钉一个木框在基础或楼地面上，用来固定柱模板的位置。模板顶部根据需要可开与梁模板连接的缺口。

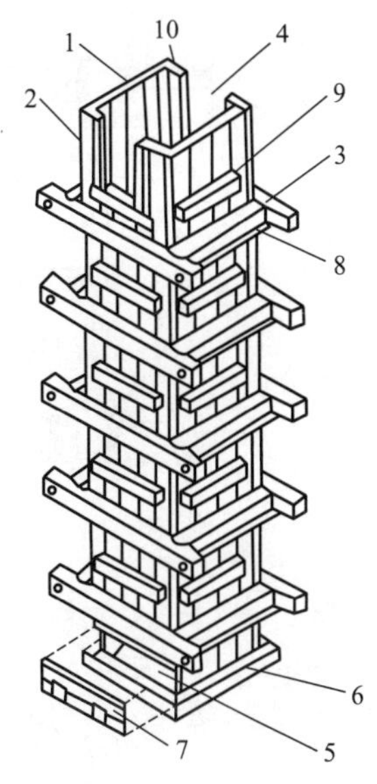

图 3.3-3　柱模板

1—内拼板；2—外拼板；3—柱箍；4—梁缺口；5—清理孔；6—木框；7—盖板；8—拉紧螺栓；9—拼条；10—三角板

3. 梁及楼板模板安装

梁及楼板模板如图 3.3-4 所示。

梁的宽度不大但跨度大，且梁下方是悬空的，因此，梁模板既要承受水平侧压力，又要承受垂直压力。梁模板由底模板、侧模板及支撑系统组成。

楼板的特点是面积大，但厚度薄，侧压力小。楼板模板主要承担钢筋、混凝土的自重及施工荷载。

梁模板安装顺序为：①沿着梁底模板下方地面铺垫板，在柱模板缺口处钉衬口挡，把梁底模板搁置在衬口挡上；②先立靠近柱或墙的支撑，再立梁底模板中间部分的支撑，支撑间距视梁的断面大小而定，一般为 0.8～1.2m；③把梁侧模板放在底模板上，两头用钉子固定在衬口挡上，在侧模板底部外侧钉夹木，再钉斜撑和安装水平拉条。

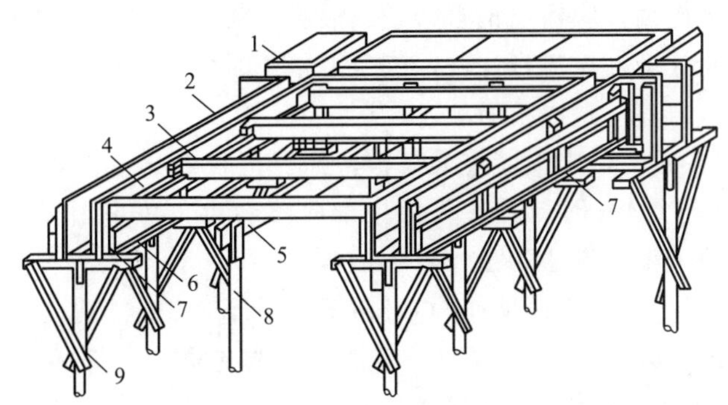

图 3.3-4　梁及楼板模板

1—楼板模板；2—梁侧模板；3—楞木；4—横挡；5—牵杠；6—夹木；7—短撑木；8—牵杠撑；9—支撑

楼板模板安装顺序为：①在梁侧模板外侧钉短撑木及横挡；②在横挡上安装楞木，如果楞木跨度过大，应在楞木中间另加牵杠、支撑；③从四周或墙、梁连接处向中央铺设楼板模板。

4. 楼梯模板安装

楼梯模板如图 3.3-5 所示。

楼梯模板的构造与楼板模板相似，不同点是楼梯底模板须倾斜布置，并设置踏步模板。

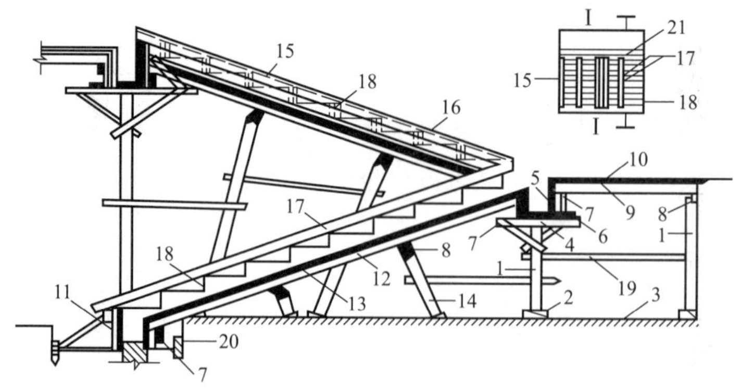

图 3.3-5　楼梯模板

1—支撑；2—木楔；3—垫板；4—平台梁底模板；5—平台梁侧模板；6—夹木；7—短撑木；8—牵杠；9—楞木；10—平台底模板；11—基础侧板；12—斜楞木；13—楼梯底模板；14—斜向支撑；15—边板；16—横挡板；17—反三角木；18—踏步侧板；19—拉杆；20—短木桩；21—平台梁

楼梯模板安装前，在楼梯间的墙上按设计标高画出楼梯段、楼梯踏步及平台板、平台梁的位置。

楼梯模板安装时，先立平台梁、平台板的模板，然后在楼梯基础侧板上钉托木，楼梯模板的斜楞木钉在基础梁和平台梁侧模板外的短撑木上。在斜楞木上面铺钉楼梯底模板。

【注意事项】

（1）阶梯形基础模板安装时，要保证上、下台阶模板不发生相对移动。

（2）柱模板安装好后，应搭设钢管架子或沿纵、横两个方向加设剪刀撑对柱模板进行固定，边、角柱模板还应加设拉杆，确保浇筑混凝土时柱模板的稳定。

（3）安装梁模板，应注意以下事项：

1）有主、次梁模板时，先安装主梁模板，经校正后再安装次梁模板。

2）梁跨度大于等于 4m 时，梁底模板中部应略起拱，防止因混凝土的重力导致梁中部下垂，起拱高度可取梁跨度的 1/1000～3/1000。

3）支撑之间应设拉杆，离楼地面 500mm 处设一道，以上每隔 2m 左右设一道。

4）当梁底离楼地面高度大于 6m 时，宜搭设排架支模。

5）梁较高时，可先装一侧模板，待钢筋绑扎安装结束后，再装另一侧模板。

（4）安装楼板模板，应注意以下事项：

1）安装楼板模板时，一般只要求在两端及接头处钉牢，中间尽量少钉以便拆模。

2）楼板跨度大于等于 4m 时，楼板模板应略起拱，防止因混凝土的重力导致楼板中部下垂，起拱高度可取楼板跨度的 1/1000～3/1000。

3）挑檐板模板必须撑牢拉紧，防止外倒。

（5）安装楼梯模板，应注意以下事项：

1）在梯段模板放线时要注意每层楼梯第一步和最后一步的高度，防止由于楼地面、楼梯面装饰层厚度不同而形成踏步高度差异。

2）楼梯底板钢筋绑扎安装完成后，再安装踏步侧板。

（6）采用木支撑时，木支撑末端直径不得小于7cm。

（7）模板安装完毕，最好立即浇筑混凝土，以防日晒雨淋导致模板变形。

（8）在夏季或气候干燥情况下，为防止模板干缩开裂而漏浆，在浇筑混凝土之前，须充分洒水湿润。

3.3.3　模板拆除

混凝土经养护成型、强度达到一定要求时，即可拆除模板。模板的拆除时间取决于混凝土硬化速度、构件类型、构件跨度等。及时拆模可以加快模板周转、加快施工进度，但过早拆模会导致混凝土变形、断裂，甚至造成重大质量事故。现浇结构的模板及支撑的拆除，如设计无规定时，可参照以下做法：

1. 侧模板拆除

侧模板拆除时，混凝土强度应能保证其表面及棱角不因拆除模板而受损。

2. 底模板及支撑拆除

底模板及支撑拆除时，混凝土应达到一定的强度，使用C20～C30混凝土的，相关技术参数可参考表3.3-2。

底模及支撑拆除时混凝土强度、时间参考值（C20～C30）　　表3.3-2

构件类型	构件跨度(m)	达到设计的混凝土立方体抗压强度标准的百分率(%)	参考时间(d)	
			夏季	冬季
板	≤2	≥50	5～6	7～8
	>2,≤8	≥75	11～12	19～20
	>8	≥100	28	28
梁、拱、壳	≤8	≥75	11～12	19～20
	>8	≥100	28	28
悬臂构件		≥100	28	28

3. 模板拆除顺序

框架结构模板拆除可按以下顺序进行：首先拆除柱模板，然后拆除楼板模板、梁侧模板，最后拆除梁底模板。

拆除跨度较大的梁底模板支撑时，应先从跨中开始拆，再分别向两端拆。

【注意事项】

（1）拆除模板时，不能用力过猛，以免对未完全成型的混凝土造成冲击。

（2）已拆除的模板、支撑应分散堆放，并及时清运。

（3）多层结构模板支撑拆除时，应注意以下事项：

1）上层楼板正在浇筑混凝土时，下一层楼板的模板支撑不得拆除，再下一层楼板模板的支撑仅可拆除一部分。

2）4m及以上的梁底均应保留支撑，其间距不得大于3m。

（4）拆除模板时，应尽量避免混凝土表面或模板受到损坏，并注意防止模板下落伤人。

3.4 钢筋工实操

钢筋工是指使用工具及机械，对钢筋进行除锈、调直、连接、切断、成型、安装钢筋骨架的人员。该职业共设四个技能等级，分别为初级、中级、高级、技师，要求从业者不仅手指、手臂灵活，具有较好的身体素质，而且需要掌握钢筋的分类与保管、钢筋加工施工技术、钢筋连接施工技术、钢筋的计算与下料技术、钢筋绑扎与安装施工技术。

3.4.1 钢筋材料

1. 钢筋的分类

（1）按粗细分类

1）钢丝：直径<6mm。

2）细钢筋：直径 6～10mm，一般为盘条存放。

3）中粗钢筋：直径 12～20mm，通常为 6～9m 的直条。

4）粗钢筋：直径>20mm，通常为 6～9m 的直条。

钢筋的粗细分类详见图 3.4-1。

(a) (b) (c) (d)

图 3.4-1 钢筋的粗细分类

（a）钢丝；（b）细钢筋；（c）中粗钢筋；（d）粗钢筋

(2) 按化学成分分类

1) 碳素钢：包括低碳钢、中碳钢和高碳钢。低碳钢（含碳量低于0.25%），强度低但塑性好；中碳钢（含碳量为0.25%～0.6%）；高碳钢（含碳量大于0.6%），强度高，塑性差，常用来做高强钢丝和钢绞线。

2) 普通低合金钢：是指在低碳钢和中碳钢中加入少量的其他元素（如钛、钒、硅、锰等，含量＜5%），经过热轧形成的钢筋。这种钢筋的强度高，综合性能好，用钢量比碳素钢少。

(3) 按外形分类

1) 光圆钢筋：是经热轧成型并自然冷却的成品钢筋，由低碳钢和普通合金钢在高温状态下压制而成，为光面圆形截面，直径不大于10mm，长度6～12m。

2) 变形钢筋：包括月牙纹钢筋、螺纹形钢筋、“人”字纹钢筋等，见图3.4-2。

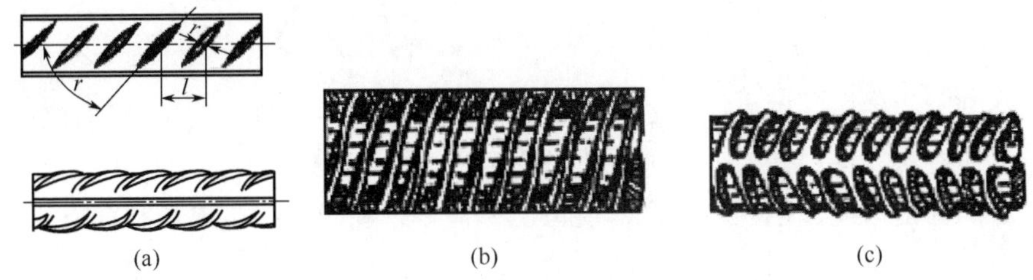

图3.4-2　钢筋的外形分类

(a) 月牙纹钢筋；(b) 螺纹形钢筋；(c)“人”字纹钢筋

(4) 按生产工艺分类

1) 热轧钢筋

热轧光圆钢筋，强度等级代号为HPB300，H表示热轧，P表示普通光圆，B表示钢筋。

热轧带肋钢筋分为HRB335、HRB400、HRB500、HRBF335、HRBF400、HBRF500 6个牌号，其中H表示热轧、R表示带肋、F表示细晶粒。

2) 冷拉钢筋。

3) 冷轧钢筋。

4) 钢丝及钢绞线。

2. 钢筋的特性

钢筋在结构中主要承受拉力，但钢筋的技术性能除抗拉性能外还有以下特性：

(1) 变形硬化：可通过冷加工，让钢筋产生一定的变形，进而提高钢筋强度。

(2) 应力松弛：在高应力状态下，钢筋长度不变，应力减小，在预应力施工时应注意。

(3) 可焊性：强度、硬度越高，可焊性越差。

3. 钢筋的保管

钢筋运到使用地点之后，必须加强保存和管理，需要注意以下几点：

(1) 钢筋应尽量堆入仓库或料棚内。条件不具备时，应选择地势较高、土质坚实、较为平坦的露天场地堆放。在仓库或场地周围挖排水沟，以利于泄水。堆放时钢筋下面要加垫木，离地不宜少于200mm，以防钢筋锈蚀和污染。

图3.4-3 钢筋的挂牌、垫高堆放

（2）分别挂牌堆放。钢筋应按不同等级、牌号、炉号、规格、长度分别挂牌堆放，并标明数量，还应附有出厂证明或试验报告单，见图3.4-3。

（3）垛间留出通道。钢筋堆垛之间应留出通道，以利于查找、取运和存放。

（4）防止钢筋锈蚀。钢筋不得和酸、盐、油等物品存放在一起，堆放钢筋地点附近不得有有害气体源，以防污染和腐蚀钢筋。

（5）钢筋成品要分工程名称、按号码顺序堆放。同一项工程与同一构件的钢筋要堆放在一起，按号挂牌排列，牌上应注明构件名称、部位、钢筋型式、尺寸、钢号、直径、根数，不能将几项工程的钢筋混放在一起；同时要考虑施工顺序，防止先用的钢筋被压在下面，再进行翻垛时把其他钢筋压变形。

（6）专人管理。钢筋应设专人管理，建立严格的验收、保管和领取制度。

3.4.2 钢筋的加工

1.钢筋的冷加工

对钢筋进行冷加工，可以提高钢筋强度，达到节约钢筋的目的，常见的钢筋冷加工形式有以下三种：

（1）钢筋冷拉

1）钢筋冷拉的目的

在常温下对钢筋进行强力拉伸，使拉应力超过钢筋的屈服强度，目的是调直钢筋、除锈、提高钢筋强度。冷拉可提高钢筋15%～30%屈服强度。

2）冷拉控制方法

冷拉控制方法包括控制应力法和控制冷拉率法。控制应力是指冷拉时的拉力与钢筋截面面积的比值；冷拉率是指钢筋冷拉伸长值与钢筋冷拉前长度的比值。

3）钢筋冷拉工艺

冷拉工艺是根据采用的机械设备，钢筋的品种、规格以及现场条件而定的。现场常用的有卷扬机冷拉工艺和液压粗钢筋冷拉工艺，见图3.4-4。

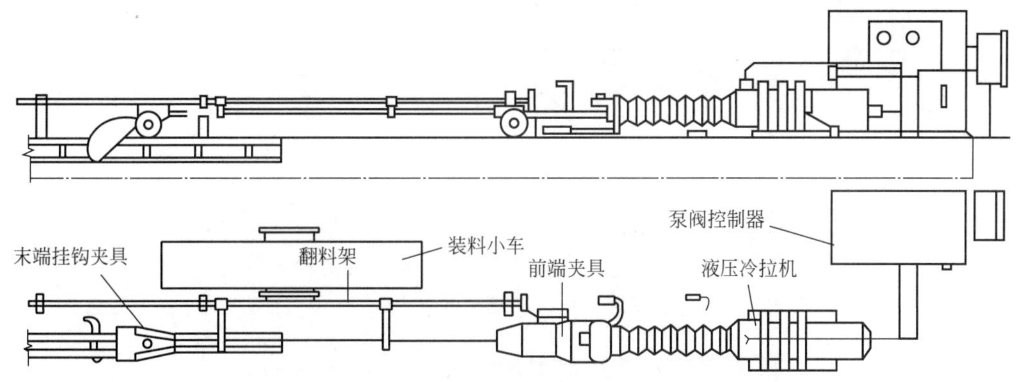

图 3.4-4　液压粗钢筋冷拉工艺

（2）钢筋冷拔

钢筋冷拔是将直径在 6～8mm 的 HPB300 级光圆钢筋在常温下强力拉过拔丝模孔，如图 3.4-5 所示，使其轴向伸、颈向缩，产生较大塑性变形，晶格大错位，可提高 50%～90%强度，同时也可提高硬度，但塑性会降低。

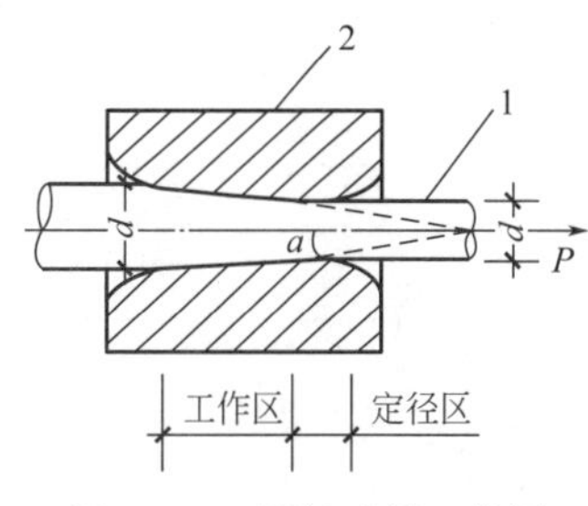

图 3.4-5　钢筋冷拔工艺图

1—钢筋；2—拔丝模

（3）钢筋冷轧（扭）

钢筋冷轧（扭）是将低碳钢热轧圆盘条经专用钢筋冷轧扭机（图 3.4-6）调直，冷轧并冷扭一次成型，制成具有规定截面形状和节距的连续螺旋状钢筋。由于其截面形式的变化，使其强度提高了近一倍。连续螺旋状钢筋可将与混凝土的握裹力提高近 80%，不仅能节约 35%左右钢筋用量，而且还可提高钢筋与混凝土的协调工作能力。

图 3.4-6　钢筋冷轧扭机

2. 钢筋的调直

（1）人工调直

人工调直常采用调直台调直、手绞车调直、蛇形管调直架调直。

1）调直台调直

调直台两端设有卡盘，卡盘上焊有扳柱。调直台与钢筋扳手配合使用，用于调直直径在 12mm 以上的粗钢筋。其调直方法是将钢筋放在卡盘扳柱之间，把弯曲的地方对着扳柱，然后用钢筋扳手扳动钢筋使其平直。调直台与调直操作示意图如图 3.4-7～图 3.4-8 所示。

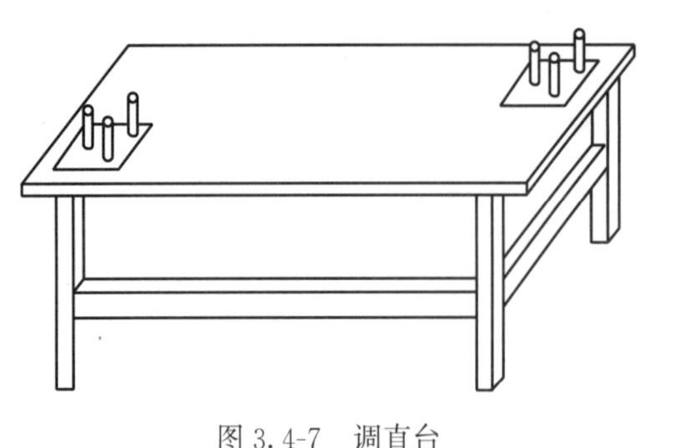
图 3.4-7　调直台

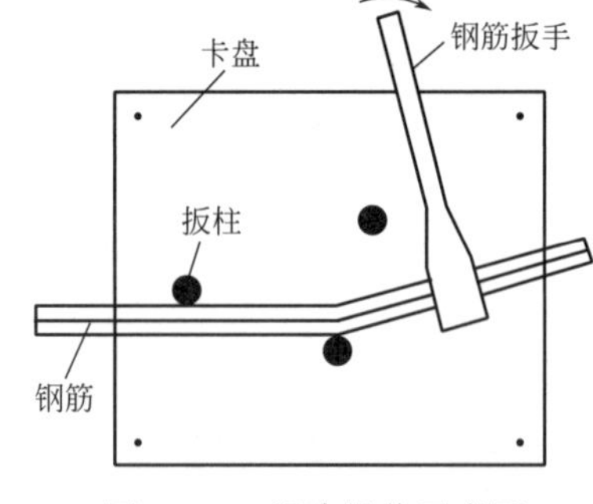

图 3.4-8　调直操作示意图

2）手绞车调直

手绞车调直常用于调直直径在 10mm 以下的盘圆钢筋。其操作方法是用手绞车将钢筋开盘至一定长度后剪断，将剪断处用夹具夹好挂在地锚上，连续摇动手绞车，即可调直钢筋，如图 3.4-9 所示。

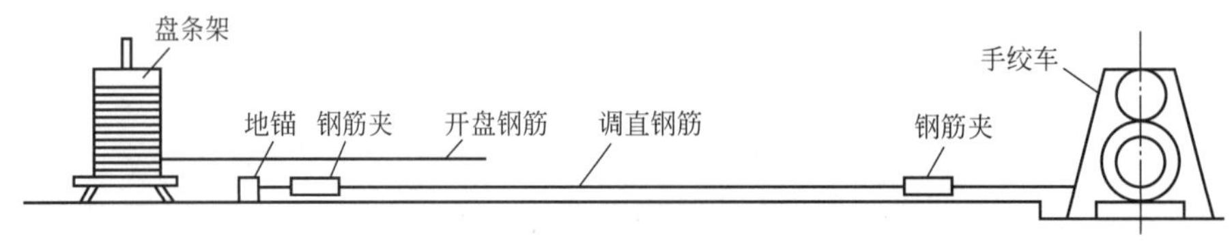

图 3.4-9　手绞车调直示意图

3）蛇形管调直架调直

蛇形管调直架调直用于调直冷拔低碳钢丝。其操作方法是将钢丝穿过蛇形管用人力向前牵引，即可调直。若有局部缓弯处可用小锤敲直，如图 3.4-10 所示。

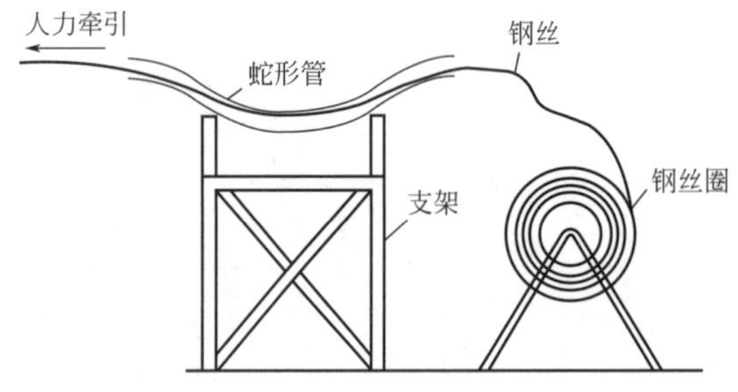

图 3.4-10　蛇形管调直架调直示意图

（2）机械调直

1）钢筋调直机调直

图 3.4-11 为常用钢筋调直机外形。

2）卷扬机调直

卷扬机调直用于调直直径在 10mm 以下的一级盘圆钢筋，能同时完成调直、除锈、拉伸三道工序，见图 3.4-12。该法设备简单，适用于施工现场或小型加工厂。

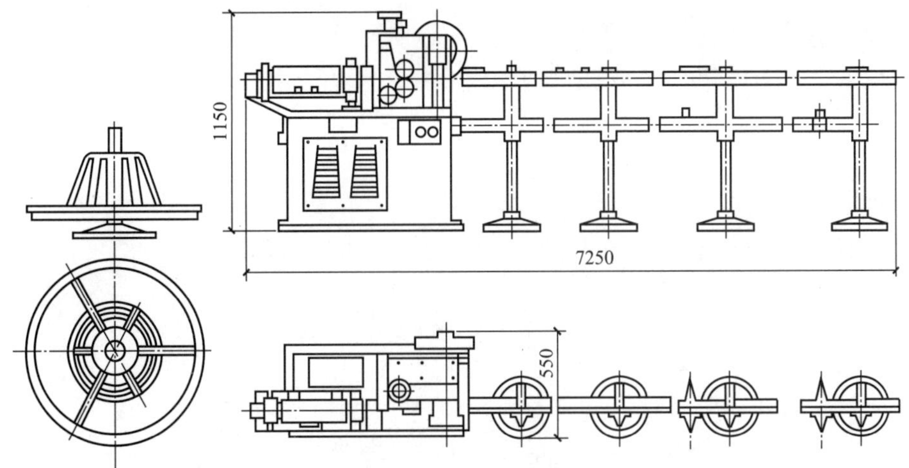

图 3.4-11　常用钢筋调直机外形

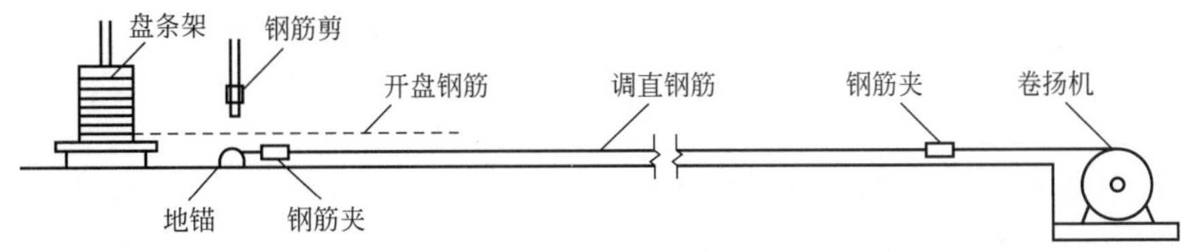

图 3.4-12　卷扬机调直示意图

3. 钢筋的除锈

（1）人工除锈

常用方法是用钢丝刷、砂盘、麻袋布等轻擦或将钢筋在砂堆上来回拉动除锈。

（2）机械除锈

1）除锈机除锈

对直径较细的盘条钢筋，可通过冷拉和调直过程自动去锈；粗钢筋可采用圆盘钢丝刷除锈机除锈。钢筋除锈机有固定式和移动式两种，一般由钢筋加工单位自制，是由动力带动圆盘钢丝刷高速旋转，来清刷钢筋上的铁锈。固定式钢筋除锈机一般安装一个圆盘钢丝刷，为提高效率也可将两台除锈机组合使用。

2）喷砂法除锈主要是用空压机、储砂罐、喷砂管、喷头等设备，利用空压机产生的强大气流形成高压砂流除锈，该法适用于大量除锈工作，除锈效果好。

（3）化学法除锈

化学除锈一般采用酸洗的方法，使其与铁锈进行化学反应，将铁锈成分改变成氯化铁或硫酸铁，以达到除锈的目的，常用硫酸、盐酸、磷酸、硝酸、有机酸等进行酸洗除锈。

4. 钢筋的切断

（1）钢筋切断前注意事项

1）做好复核。根据钢筋配料单，复核料牌上所标注的钢筋级别、直径、尺寸、根数是否正确。

2）做好下料方案。根据工地的库存钢筋情况做好下料方案，长短搭配，尽量减少损耗。

3）量度要准确。应避免使用短尺量长料，以防产生累计误差。

4）试切。调试好切断设备，先试切 1 或 2 根，尺寸无误、设备运转正常以后再成批加工。

（2）剪断方法

1）断线钳切断

断线钳可剪断直径在 6mm 以下的钢筋或钢丝，如图 3.4-13 所示。

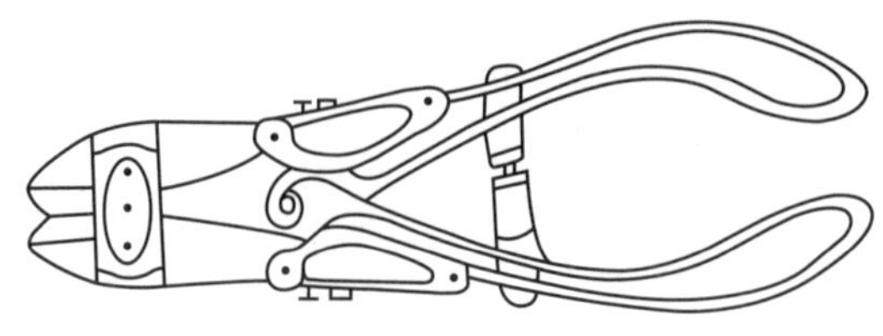

图 3.4-13 断线钳

2）手动切断机切断

如图 3.4-14 所示为手动切断机切断钢筋。

3）钢筋切断机切断

常用的钢筋切断机有 GQ40 型（图 3.4-15）、GQ50 型和 GQ60 型等。

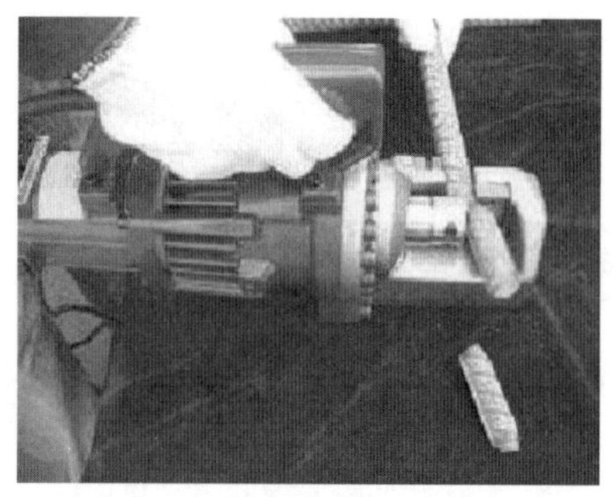

图 3.4-14 手动切断机切断钢筋

图 3.4-15 GQ40 型钢筋切断机

5. 钢筋的弯曲成型

钢筋弯曲成型的工序是：准备工作→画线→试弯→弯曲成型。

（1）准备工作、画线

钢筋弯曲成什么样，各部分的尺寸是多少，主要的依据为钢筋配料单，这也是最基本的操作依据。在钢筋弯曲前，加工人员应仔细查看钢筋配料单，熟悉待加工钢筋的规格、形状和各部分尺寸，确定弯曲操作步骤及准备工具等，还需将钢筋的各段长度画在钢筋上。

（2）试弯

在待弯曲钢筋上画线后，即可试弯 1 根，以检查画线的结果是否符合设计要求。如不符合，应对弯曲顺序、画线、弯曲标志、扳距等进行调整，待调整合格后方可成批弯制。

（3）弯曲成型

1）弯曲工具与设备

手工弯曲钢筋是利用扳子在工作台上进行的，台面尺寸为800cm×80cm，台高为80cm，要求牢固，避免在操作过程发生晃动。

扳子分为手摇扳子和钢筋扳子两类。手摇扳子（图3.4-16）是弯曲细钢筋的主要工具，它由一块铁板底盘和扳柱扳手组成，操作时要将底盘固定在工作台上。弯曲单根钢筋的手摇扳子，可弯曲直径在12mm的钢筋。弯曲多根钢筋的手摇扳子，每次可弯4～8根直径在8mm以下的钢筋，其主要适宜于弯制箍筋。扳子的手柄长度可根据弯制直径适当调节，底盘钢板厚6mm，扳柱直径为12～16mm。

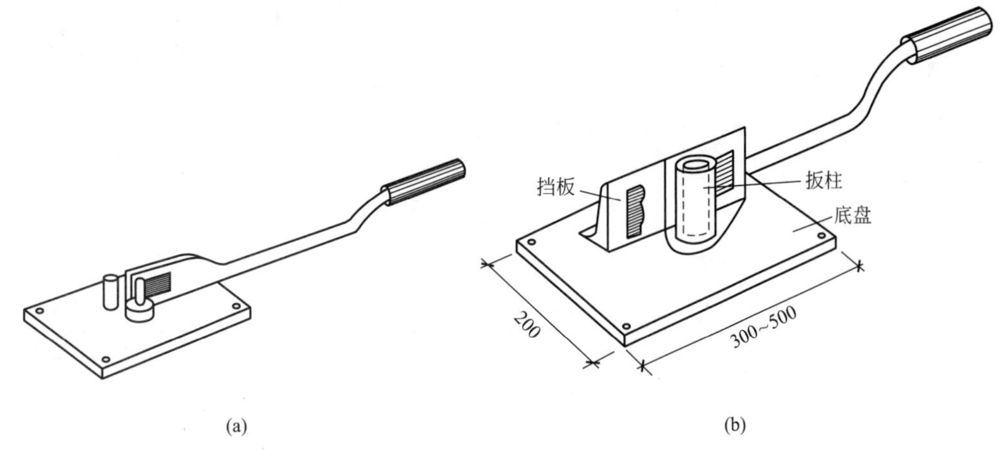

图3.4-16　手摇扳子

（a）弯曲单根钢筋的手摇扳子；（b）弯曲多根钢筋的手摇扳子

卡盘［图3.4-17（a）、图3.4-17（b）］由一块铁板底盘和扳柱组成，固定在工作台上，用来弯曲粗钢筋。

钢筋扳子［图3.4-17（c）、图3.4-17（d）］有横口扳子和顺口扳子两种。横口扳子又有平头和弯头之分。弯头横口扳子仅在绑扎钢筋时用作纠正钢筋形状或位置，常用的是平头横口扳子。弯制直径较大的钢筋，可在扳子柄上接上套管，这样可以省力。扳子的扳口一般比钢筋直径大2mm较为合适。

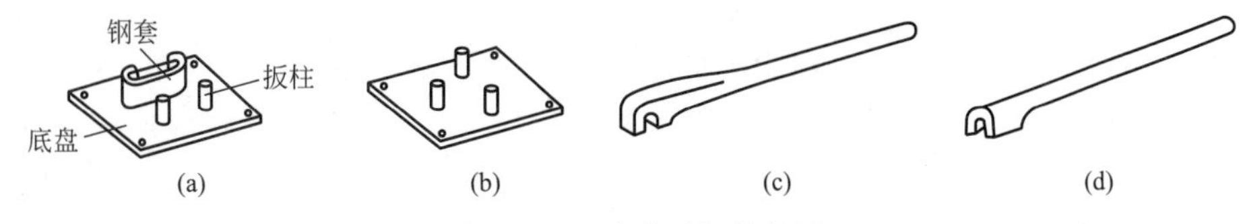

图3.4-17　卡盘及钢筋板子

（a）四扳柱卡盘；（b）三扳柱卡盘；（c）横口扳子；（d）顺口扳子

2）注意事项

① 手工弯曲钢筋时，操作人员两腿须站成弓步，左手扶钢筋，右手握扳子。

② 搭扳子时，要注意扳距，扳口卡住钢筋。起弯时，用力要慢，不要过猛，以防止扳子口脱开而被摔倒。弯曲中要借一股劲，一口气完成。结束时要稳，要掌握好弯曲位置

以免把钢筋弯过头或没弯到要求的角度。

③ 不论是用手摇扳子，还是用钢筋扳子，在弯曲钢筋时，扳子一定要托平，不要上下摆动，以免弯曲的钢筋不在同一平面上而发生翘曲，影响弯曲质量。

④ 在弯曲前应确定弯曲顺序，避免在弯曲过程中将钢筋反复调转，影响弯曲工效。

（4）钢筋弯曲机弯曲

在钢筋集中加工的工地和预制场，一般配有钢筋弯曲机，以机械弯曲为主，以手工弯曲为辅。最常用的弯曲机有 WJ40-1 型，这种弯曲机通用性强，能弯曲直径为 6～40mm 的钢筋，且能弯成各种形状。钢筋弯曲机外形如图 3.4-18 所示。

图 3.4-18　钢筋弯曲机

6. 质量检验与安全措施

（1）质量检验

《混凝土结构工程施工质量验收规范》GB 50204—2015 中规定，钢筋加工的形状、尺寸必须符合设计要求，钢筋加工质量应满足表 3.4-1 中的相关要求。

钢筋加工质量要求　　表 3.4-1

项次	项目				允许偏差(mm)	检验方法
1	调直	冷拉调直			4	用 2m 靠尺或塞尺量
2		调直机调直			2	
3		表面划伤,锤痕			不应有	观察
4	切断	长度	用于镦头	调直机切断	±2	用尺量
5				切断机切断	±2	
6				用于一般构件	+3～−5	
7		对焊钢筋切断口马蹄形			不应有	观察
8		弯起钢筋的弯折位置			±20	用尺量
9		受力钢筋沿长度方向全长的净尺寸			±10	用尺量
10		箍筋内净尺寸			±5	用尺量
11	弯曲	全长			±10	用尺量
12		弯起钢筋的弯折位置			±20	用尺量
13		弯起钢筋弯起点高度			±5	用尺量
14		箍筋边长			±5	用尺量

（2）钢筋加工安全操作措施

1）钢筋加工机械的操作人员，应经过一定的机械操作技术培训，掌握加工机械的机械性能和操作规程后，才能上岗。

2）钢筋加工机械的电气设备，应有良好的绝缘并接地，每台机械必须一机一闸，并设漏电保护开关。机械转动的外露部分必须设有安全防护罩，在停止工作时应断开电源。

3）使用钢筋弯曲机时，操作人员应站在钢筋活动端的反方向。弯曲 400mm 短钢筋时，应有防止钢筋弹出的措施。

4）粗钢筋切断时，冲切力大，应在切断机口两侧机座上安装两个角钢挡竿，防止钢筋摆动。

5）在焊机操作棚周围，不得放易燃物品。在室内进行焊接时，应保持良好环境。

6）搬运钢筋时，要注意前后方向应无碰撞危险或被钩挂料物，特别是应避免碰挂周围和上下方向的电线。人工抬运钢筋时，上肩卸料要注意安全。

7）起吊或安装钢筋时，要和附近高压线路或电源保持一定距离。在钢筋林立的场所，雷雨天气不准操作和站人。

8）安装悬空结构钢筋时，必须站在脚手架上操作，不得站在模板上或支撑上安装，并应系好安全带。

9）现场施工的照明电线及混凝土振捣器线路不准直接挂在钢筋上，如确实需要，应在钢筋上架设横担木，把电线挂在横担木上。如采用行灯，电压不得超过 36V。

10）在高空安装钢筋如必须扳弯粗钢筋时，应选好位置站稳，系好安全带，防止摔下。现场操作人员均应戴安全帽。

3.4.3　钢筋的连接

1. 钢筋的焊接

焊接连接是钢筋连接的主要方法。焊接可改善钢筋结构的受力性能，节约钢材和提高工效。常用的焊接方法有闪光对焊、电弧焊、电阻点焊和电渣压力焊等。

（1）影响钢筋焊接质量的因素

1）与钢筋的化学成分有关。C、Mn、Si 含量增加则可焊性差，Ti 含量增加则可焊性好。

2）与原材料的机械性能有关。塑性越好，可焊性越好。

3）与焊接工艺及焊工的操作水平有关。

4）环境低于－20℃时不得焊接。

（2）闪光对焊

1）原理

通电后，两根钢筋轻微接触，通过低电压的强电流产生高温，熔化后顶锻，形成镦粗结点，见图 3.4-19。

2）工艺

连续闪光焊适用于焊接直径＜25mm 的钢筋。

预热闪光焊适用于焊接直径大且端面较平的钢筋。

闪光—预热—闪光焊适用于焊接直径大且端面不平整的钢筋。

（3）电弧焊

1）原理

用弧焊机使焊条与焊件之间产生高温电弧，熔化焊条及电弧范围内的焊件金属，凝固后形成焊缝或接头。

2）四种接头形式与要求

① 搭接焊：用于焊接直径为 10mm 以上的 HPB300～HRB400 及直径为 10～25mm 的 RRB400 级钢筋连接，焊缝要求无裂纹、气孔、夹渣、烧伤，搭接焊焊缝详见图 3.4-20。

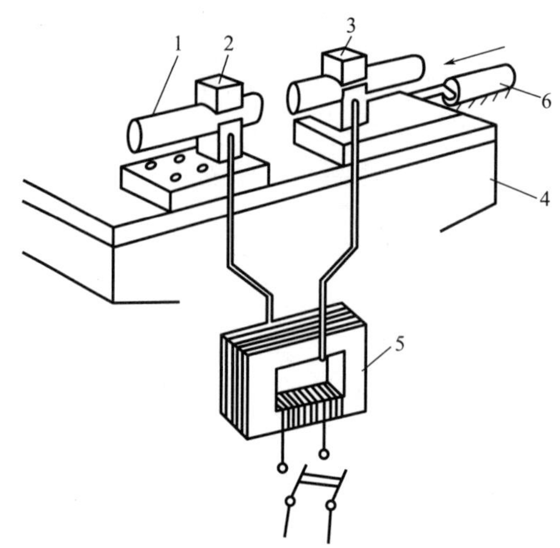

图 3.4-19 闪光对焊原理图

1—钢筋；2—固定电极；3—可动电极；4—机座；5—变压器；6—动压力机构

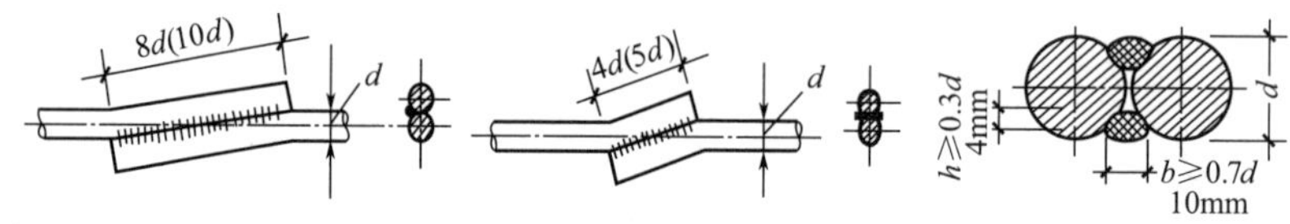

图 3.4-20 搭接焊焊缝

② 帮条焊：用于焊接直径不小于 10mm 的 HPB300～HRB400、HRBF335～HRBF500 及直径为 10～25mm 的 RRB500 级钢筋连接。两帮条要相同，帮条级别同主筋时，直径可同主筋或小一规格。

帮条直径同主筋时，级别可同主筋或低一级。帮条位置应居中，帮条长等于焊缝长。

帮条焊分为双面焊和单面焊，详见图 3.4-21。

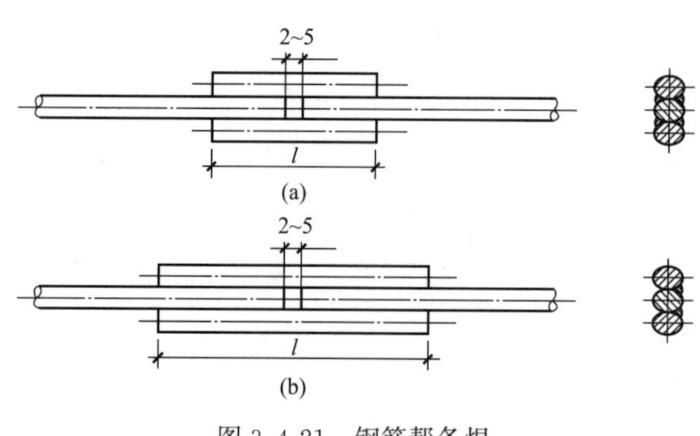

图 3.4-21 钢筋帮条焊

(a) 双面焊；(b) 单面焊

③ 坡口焊：分为平焊和立焊，见图 3.4-22，适用于装配式框架结构钢筋安装中的柱间节点或梁与柱的节点焊接。

④ 窄间隙焊：窄间隙焊适用于焊接直径为 16mm 及以上钢筋的现场水平连接，间隙为 12～15mm；外套铜制 U 形模具；电流为 100～220A，详见图 3.4-23。

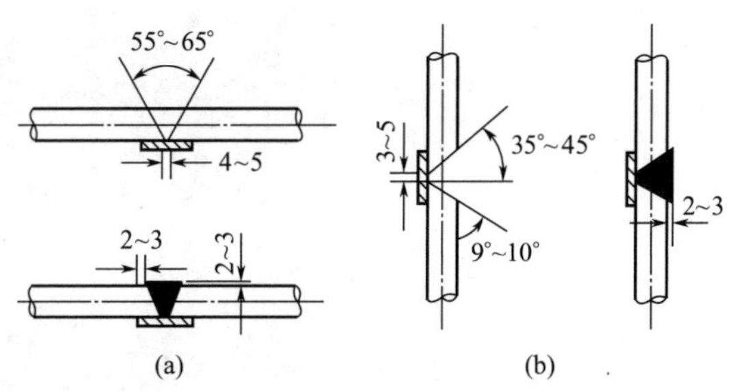

图 3.4-22　钢筋坡口焊

（a）平焊；（b）立焊

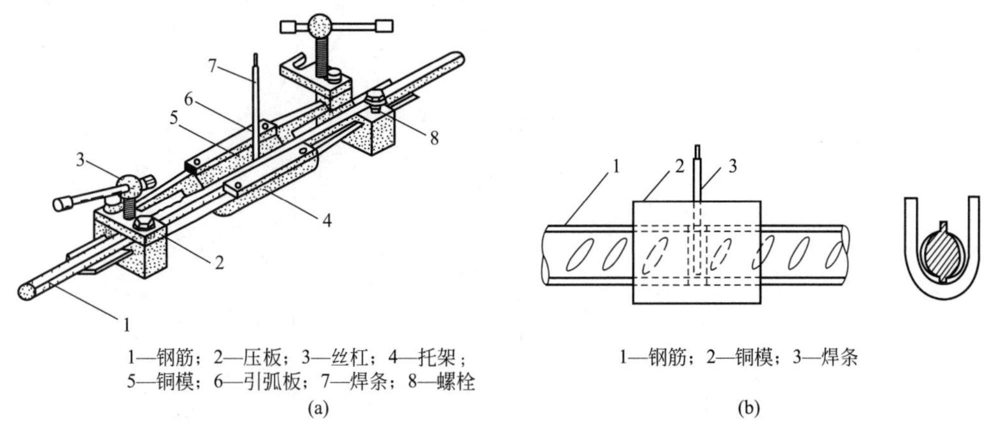

图 3.4-23　窄间隙焊

（a）窄间隙焊实物图；（b）窄间隙焊示意图

（4）电渣压力焊

电渣压力焊是施工现场应用广泛的一种连接方法，具有功效高、成本低的优点。

1）原理

钢筋电渣压力焊是将两钢筋安放成竖向对接形式，利用焊接电流通过两钢筋间隙，在焊剂层下形成电弧过程和电渣过程，产生电弧热和电阻热，熔化钢筋，加压完成的一种压焊方法，见图 3.4-24。

2）适用范围

电渣压力焊属于熔化压力焊范畴，适用于焊接直径为 12～40mm 的 HPB300、HRB335～HRB500、HRBF335～HRBF500 级竖向钢筋的连接，焊接的接头要求鼓包均匀，鼓包直径约为钢筋直径的 1.6 倍，见图 3.4-25，但焊接直径为 28mm 以上钢筋的焊接技术难度较大。电渣压力焊工艺复杂，对焊工要求高。此外，在供电条件差（电压不稳等）、雨季或防火要求高的场合应慎用。

3）操作流程：包括引弧过程、电弧过程、电渣过程和顶压过程。

（5）气压焊

1）原理

钢筋气压焊是一种经济不用电的钢筋连接方法，原理为用氧气、乙炔火焰加热钢筋接头，在温度达到塑性状态时施加压力，使钢筋接头压接在一起，见图 3.4-26。

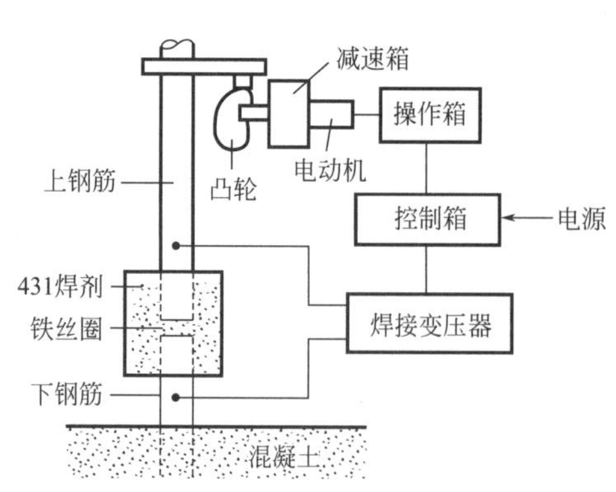

图 3.4-24 电渣压力焊示意图

图 3.4-25 电渣压力焊焊接的墙体钢筋

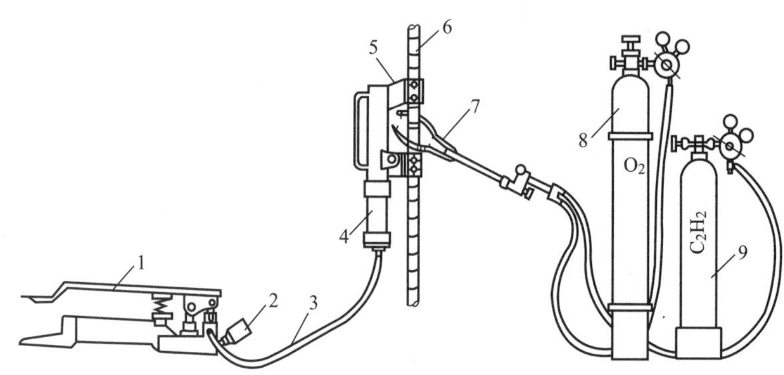

图 3.4-26 气压焊设备及工作简图

1—脚踏液压泵；2—压力表；3—液压胶管；4—活动油缸；5—钢筋卡具；6—被焊接钢筋；7—多火口烤枪；8—氧气瓶；9—乙炔瓶

2）适用范围：气压焊可用于焊接直径为 16 ～ 40mm 的 HPB300、HRB335、HRBF335、HRB400、HRBF400 级钢筋的连接，不同直径钢筋的连接也可用此工艺，但两根钢筋直径差不得大于 7mm。

2. 钢筋的机械连接

（1）套筒冷挤压连接

套筒冷挤压连接是通过挤压力使连接件钢套筒塑性变形与带肋钢筋紧密咬合形成接头的连接方法。其基本原理是：将 2 根待接长的钢筋套入套筒，利用冷压机械使套筒产生塑性变形，同时变形的套筒内壁嵌入变形钢筋的螺纹内，由此产生抵抗剪力来传递钢筋连接处的轴向力，见图 3.4-27。

1）特点：强度高、速度快、准确、安全、不受环境限制。

2）适用：（带肋粗筋）HRB335、HRBF335、HRB400、HRB400F、HRB500、HRBF500 级直径为 18～40*d* 的钢筋，异径差不大于 5mm。现场压接操作净距应大于 50mm。

3）施压方法：径向挤压（图 3.4-28）与轴向挤压。

（2）螺纹连接

螺纹连接接头按《钢筋机械连接技术规程》JGJ 107—2016规定可分为锥螺纹接头和直

图 3.4-27　套筒冷挤压连接的钢筋

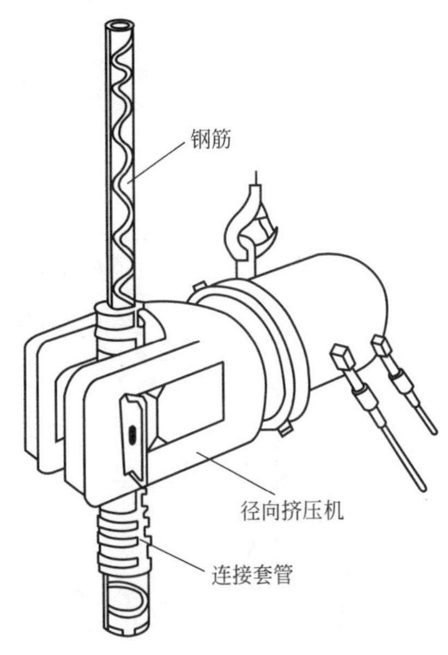

图 3.4-28　套筒径向挤压

螺纹接头，而直螺纹接头又分为镦粗直螺纹接头和滚轧直螺纹接头。钢筋端头的螺纹可以通过套丝机加工形成，见图 3.4-29。

1）特点：速度快、准确、安全、工艺简单、不受环境、钢筋种类限制。

2）适用：HPB300～HRB400 级直径为 16～40mm 的竖向、水平、斜向钢筋，异径差不大于 9mm。

3）连接方式：锥螺纹连接、直螺纹（镦粗、滚压）连接，见图 3.4-30～图 3.4-31。

图 3.4-29　套丝机加工螺纹

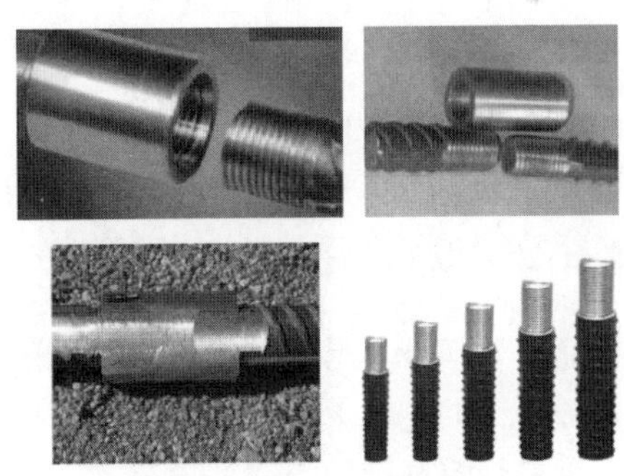

图 3.4-30　直螺纹连接

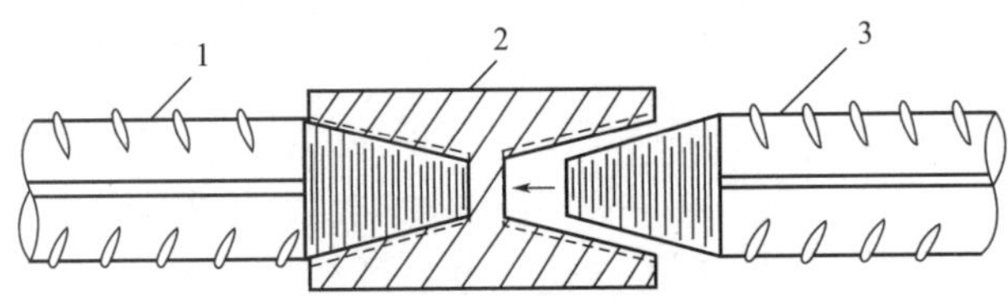

图 3.4-31　锥螺纹连接

1—连接钢筋；2—锥螺纹接头；3—连接钢筋

3. 钢筋连接质量的检查与验收

（1）按照《混凝土结构工程施工质量验收规范》GB 50204—2015 的规定，钢筋连接应满足主控项目要求，见表 3.4-2。

钢筋连接主控项目要求　　表 3.4-2

序号	项目	合格质量标准	检验方法	检查数量
1	钢筋的连接方式	钢筋的连接方式应符合设计要求	观察	全数检查
2	钢筋机械连接和焊接接头的力学性能试验报告	在施工现场，应按国家现行标准《钢筋机械连接技术规程》JGJ 107 和《钢筋焊接及验收规程》GJG 18 的规定抽取钢筋机械连接接头、焊接接头试件做力学性能检验，其质量应符合有关规程的规定	检查产品合格证、接头力学性能试验报告	
3	受力钢筋的品种、级别、规格和数量	钢筋安装时，受力钢筋的品种、级别、规格和数量必须符合设计要求	观察、钢尺检查	全数检查

（2）钢筋接头性能评定

1）焊接连接接头

要求抽样进行接头抗拉试验，其 3 个试件均不得低于该级别钢筋规定的抗拉强度值。闪光对焊和气压焊均要求做冷弯试验。竖向钢筋电渣压力焊只做拉伸试验。

2）机械连接接头

机械连接接头根据单向拉伸性能、接头变形能力及反复拉压性能的差异，分为 A、B、C 三个等级。

A 级——接头抗拉强度达到或大于母材的抗拉强度标准值，并具有高延性及反复拉压性能。

B 级——接头抗拉强度达到或大于母材的屈服强度标准值的 1.35 倍，并具有一定高延性及反复拉压性能。

C 级——接头仅能承受压力。

3.4.4　钢筋的计算与配料

钢筋的下料计算是指按照设计图纸的要求，确定各钢筋的直线下料长度、总根数及总重量，提出钢筋配料单，以供加工制作。

1. 钢筋计算基础知识

1）钢筋长度（外包尺寸）

钢筋长度指的是钢筋外皮至外皮的长度，由构件尺寸减保护层厚度得到。

2）混凝土保护层的厚度

混凝土保护层厚度是指最外层钢筋外边缘至混凝土表面的距离，构件中受力钢筋的保护层厚度不应小于钢筋的公称直径。保护层的作用主要是防止钢筋被锈蚀，同时保证钢筋与混凝土之间的粘结力。影响保护层厚度的因素有环境类别、构件类型、混凝土强度等级和结构设计年限。为确保保护层厚度，每隔 1m 间距内安放一个垫块或撑脚，如图 3.4-32～图 3.4-33 所示。

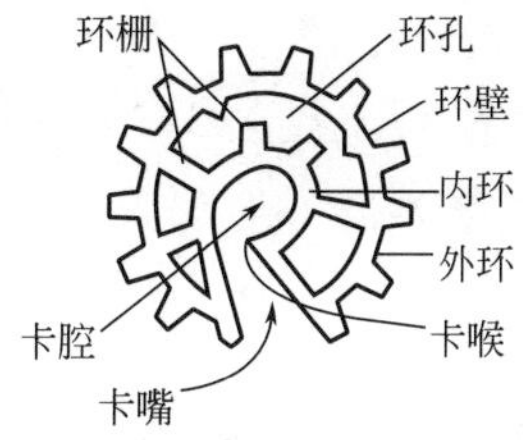

图 3.4-32　塑料垫块

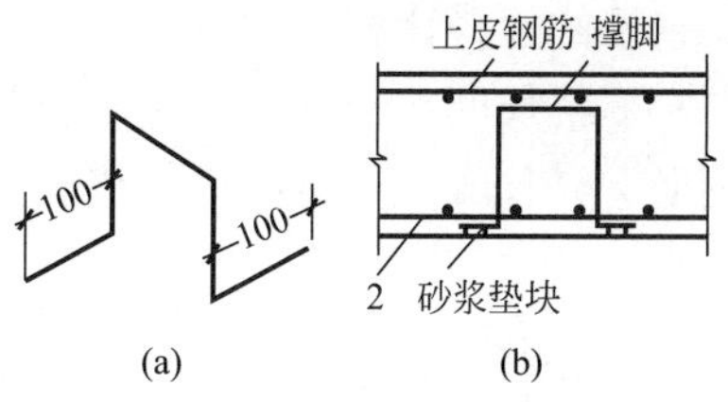

图 3.4-33　钢筋撑脚

（a）钢筋撑脚；（b）撑脚位置

混凝土保护层的最小厚度见表 3.4-3，混凝土结构的环境类别见表 3.4-4。

混凝土保护层的最小厚度　　表 3.4-3

环境类别	板墙(mm)	梁柱(mm)
一	15	20
二 a	20	25
二 b	25	35
三 a	30	40
三 b	40	50

注：1. 表中混凝土保护层厚度指最外层钢筋外边缘至混凝土表面的距离，适用于设计使用年限为 50 年的混凝土结构。
2. 构件中受力钢筋的保护层厚度不应小于钢筋的公称直径。
3. 设计使用年限为 100 年的混凝土结构，一类环境中，最外层钢筋的保护层厚度不应小于表中数值的 1.4 倍；二、三类环境中，应采取专门的有效措施。
4. 混凝土强度等级不大于 C25 时，表中保护层厚度数值应增加 5。
5. 基础底面钢筋的保护层厚度，有混凝土垫层时应从垫层顶面算起，且不应小于 40mm。

混凝土结构的环境类别　　表 3.4-4

环境类别	条件
一	室内干燥环境;无侵蚀性静水浸没环境
二	室内潮湿环境;非严寒和非寒冷地区的露天环境;非严寒和非寒冷地区与无侵蚀性的水或土壤直接接触的环境;严寒和寒冷地区的冰冻线以下与无侵蚀性的水或土壤直接接触的环境
三	干湿交替环境;水位频繁变动环境;严寒和寒冷地区的露天环境;严寒和寒冷地区冰冻线以上与无侵蚀性的水或土壤直接接触的环境
四	严寒和寒冷地区冬季水位变动区环境;受除冰盐影响环境;海风环境
五	盐渍土环境;受除冰盐作用环境;海岸环境
六	海水环境
七	受人为或自然的侵蚀性物质影响的环境

注:1. 室内潮湿环境是指构件表面经常处于结露或湿润状态的环境。
2. 严寒和寒冷地区的划分应符合现行国家标准《民用建筑热工设计规范(含光盘)》GB 50176 的有关规定。
3. 海岸环境和海风环境宜根据当地情况,考虑主导风向及结构所处迎风、背风部位等因素的影响,由调查研究和工程经验确定。
4. 受除冰盐影响环境是指受到除冰盐盐雾影响的环境;受除冰盐作用环境是指被除冰盐溶液溅射的环境以及使用除冰盐地区的洗车房、停车楼等建筑。
5. 暴露的环境是指混凝土结构表面所处的环境。

2. 钢筋的配料计算

（1）下料长度

钢筋下料长度=外包尺寸之和－中间弯折处量度差值+端部弯钩增加值。

（2）端部弯钩增加值

1）纵向钢筋端部弯钩

HPB300级钢筋端部应做180°弯钩，弯心直径≥2.5d，平直段长度≥3d；HRB335、HRB400级钢筋，设计要求端部做135°弯钩时，弯心直径≥4d，平直段长度应按设计要求，详见图3.4-34。弯钩增加长度见表3.4-5。

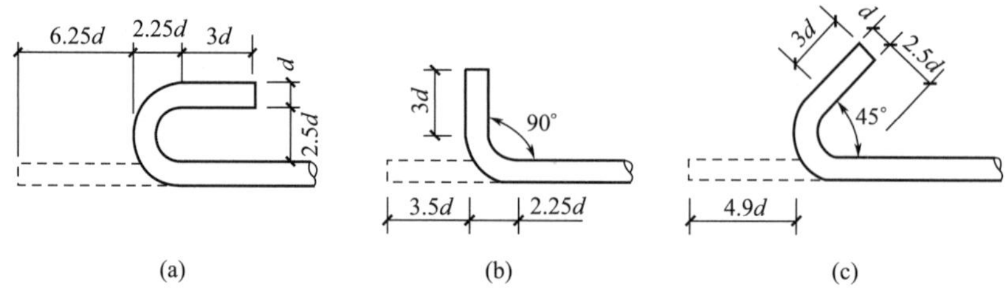

图3.4-34 钢筋端部弯钩增加值计算示意图

（a）180°弯钩；（b）90°弯钩；（c）135°弯钩

弯钩增加长度 **表3.4-5**

钢筋级别	弯钩角度	弯心最小直径	平直段长度	增加尺寸
HPB300级	180°	2.5d	3d	6.25d
HRB335级、HRB400级	90°	4d	按设计	1d+平直段长
	135°	4d	按设计	3d+平直段长

2）箍筋端部弯钩

箍筋常见端头形式有90°/90°、90°/180°、135°/135°（抗震和受扭结构）三种，见图3.4-35。箍筋弯钩平直段长度对于一般结构为5d（d为钢筋直径），抗震结构为10d。

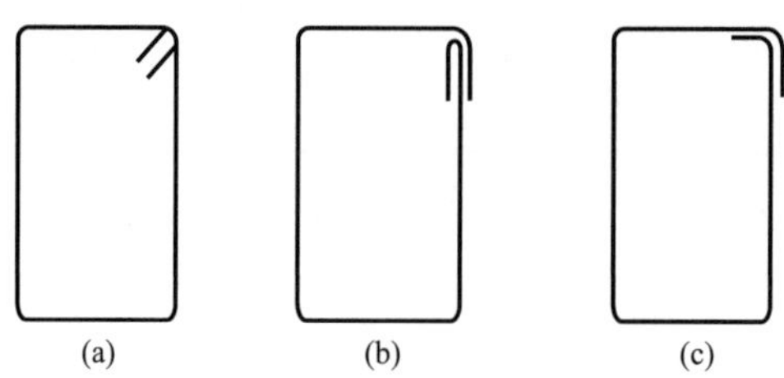

图3.4-35 箍筋常见端头形式

（a）135°/135°；（b）90°/180°；（c）90°/90°

一般箍筋常用135°/135°端头，一般无抗震要求时，箍筋两个弯钩增长值取14d；当有抗震要求，箍筋两个弯钩增长值取24d。

（3）中间弯折处量度差值

钢筋中间弯曲后，外包尺寸增加，中心线保持不变，两者之间的差值称为量度差值，见表3.4-6。量度差值在钢筋下料时应扣除，否则会导致混凝土保护层不足或钢筋放不进模板内。

钢筋中间部位弯曲量度差值　　　　**表 3.4-6**

钢筋弯曲角度	30°	45°	60°	90°	135°
钢筋弯曲量度差值	0.35d	0.5d	0.85d	2d	2.5d

(4) 钢筋下料长度计算

钢筋下料长度应根据构件尺寸、混凝土保护层厚度、钢筋弯曲调整值和弯钩增加长度等综合考虑。

1) 直钢筋下料长度＝构件长度－保护层厚度＋弯钩增加长度

2) 弯起钢筋下料长度＝直段长度＋斜弯长度－弯曲量度差值＋弯钩增加长度

3) 箍筋下料长度＝2×（外包宽度＋外包长度）＋弯钩增加长度－弯曲量度差值

(5) 计算案例

【例 3.4-1】　在某钢筋混凝土结构中，现取一跨钢筋混凝土梁L-1，其配筋均按Ⅰ级钢筋考虑，如图 3.4-36 所示。试计算该梁钢筋中直段钢筋①、弯起钢筋③、箍筋⑤的下料长度。

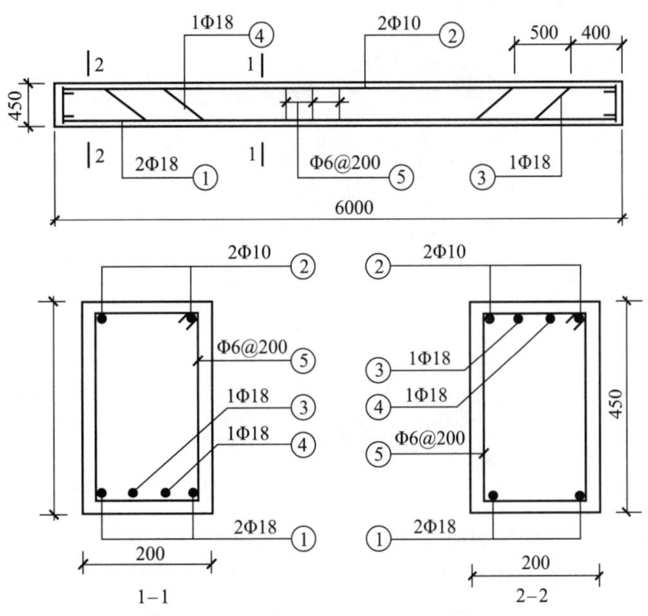

图 3.4-36　钢筋混凝土梁L-1 断面配筋图

【解】　①号直段钢筋为 2Φ18

下料长度＝6000－10×2＋（6.25×18）×2

＝6205mm

③号钢筋为 1Φ18

5980

端部平直段长度＝400－10＝390mm

斜段长度＝（450－25×2）÷sin45°＝564mm

中间直段长度＝6000－10×2－390×2－400×2＝4400mm

下料长度＝［2×（390＋564）＋4400］＋（6.25×18）×2－（0.5×18）×4
＝（1908＋4400）＋225－36
＝6497mm

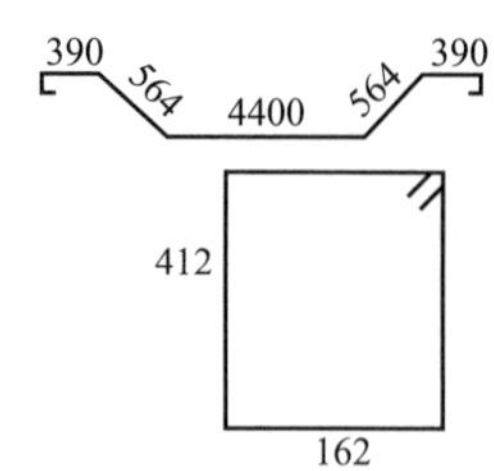

⑤号钢筋为 Φ6 箍筋

外包宽度＝（200－2×25）＋2×6＝162mm

外包长度＝（450－2×25）＋2×6＝412mm

下料长度＝2×（162＋412）＋14×6－3×（2×6）
＝1148＋84－36
＝1196mm

3.4.5 钢筋的绑扎与安装

1. 钢筋绑扎

钢筋绑扎前，应先熟悉施工图纸，核对钢筋配料单和料牌，研究钢筋绑扎和与有关工种配合的顺序，准备绑扎用的铁丝、绑扎工具（如钢筋钩、带扳口的小撬棍）、绑扎架等。

钢筋绑扎一般用 18～22 号铁丝，其中 22 号铁丝只用于绑扎直径为 12mm 以下的钢筋。铁丝长度可参考表 3.4-7 中的数值；因铁丝是成盘供应，故习惯上是按每盘铁丝周长的几分之一来切断。

钢筋绑扎铁丝长度参考表（mm）　　表 3.4-7

钢筋直径	3～5	10～12	14～16	18～20	22	25	28	32
3～5	120	150	170	190				
6～8		170	190	220	250	270	290	320
10～12		190	220	250	270	290	310	340
14～16			250	270	290	310	330	360
18～20				290	310	330	350	380
22					330	350	370	400

（1）钢筋绑扎要求

1）钢筋的交叉点应用铁丝扎牢。

2）柱、梁的箍筋，除设计有特殊要求外，应与受力钢筋垂直；箍筋弯钩叠合处，应沿受力钢筋方向错开设置。

3）柱中竖向钢筋搭接时，角部钢筋的弯钩平面与模板面的夹角：矩形柱应为 45°，多边形柱应为模板内角的平分角。

4）板、次梁与主梁交叉处，板的钢筋在上，次梁的钢筋居中，主梁的钢筋在下；当有圈梁或垫梁时，主梁的钢筋应放在圈梁上。主筋两端的搁置长度应保持均匀一致。

（2）钢筋绑扎接头

1）同一构件中相邻纵向受力钢筋的绑扎搭接接头宜相互错开。

2）绑扎接头数量：从接头中心到搭接长度的 1.3 倍范围内，有绑扎接头受力筋面积占受力筋总截面积的百分率要求：梁、板、墙类不大于 25％，柱类不大于 50％，见图 3.4-37。

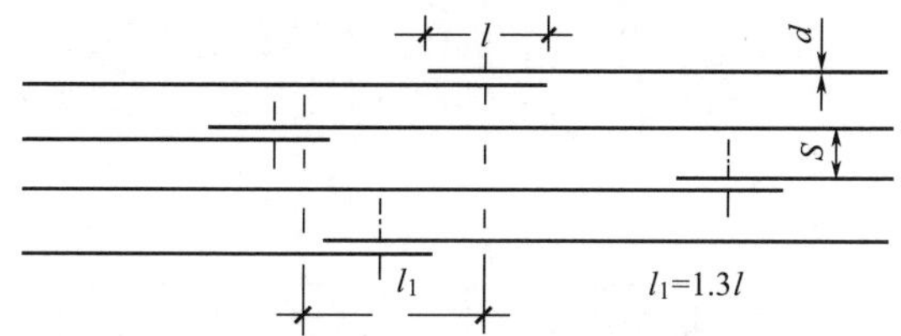

图 3.4-37　绑扎连接接头数量要求（l 长度范围内有接头的钢筋面积按 2 根计）

3）钢筋净距 S 不小于钢筋直径 d，且不小于 25mm。

4）接头位置距弯折处不小于 $10d$；不在最大弯矩处。

（3）搭接长度

当纵向受拉钢筋的绑扎搭接接头面积百分率不大于 25%时，其最小搭接长度应符合表 3.4-8 的规定。

纵向受拉钢筋最小搭接长度　　**表 3.4-8**

钢筋级别	C15 混凝土	C20～C25 混凝土	C30～C35 混凝土	≥C40 混凝土	备注
HPB300	$45d$	$35d$	$30d$	$25d$	且不小于 300mm（受压不小于 200mm）
HRB335	$55d$	$45d$	$35d$	$30d$	
HRB400	—	$55d$	$40d$	$35d$	

注：1. 受压钢筋绑扎接头的搭接长度应为表中数值的 0.7 倍。
2. 在任何情况下，纵向受拉钢筋的搭接长度不应小于 300mm，受压钢筋搭接长度不应小于 200mm。
3. 两根直径不同钢筋的搭接长度，以较细钢筋直径计算。
4. 当纵向受拉钢筋搭接接头面积百分率大于 25%时，表中数值应增大。
5. 当出现下列情况，如钢筋直径大于 25mm，混凝土凝固过程中受力钢筋易受扰动、涂环氧的钢筋、带肋钢筋末端采取机械锚固措施、混凝土保护层厚度大于钢筋直径的 3 倍、抗震结构构件等，纵向受拉钢筋的最小搭接长度应按规定修正。
6. 在绑扎接头的搭接长度范围内，应采用铁丝绑扎三点。

2. 钢筋网与钢筋骨架安装

（1）绑扎钢筋网与钢筋骨架安装

1）钢筋网与钢筋骨架的分段（块），应根据结构配筋特点及起重运输能力而定。一般钢筋网的分块面积以 6～20m^2 为宜，钢筋骨架的分段长度宜为 6～12m。

2）为防止在运输和安装过程中钢筋网与钢筋骨架发生歪斜变形，应采取临时加固措施，图 3.4-38 是绑扎钢筋网的临时加固示意。

3）钢筋网与钢筋骨架的吊点，应根据其尺寸、重量及刚度而定。宽度大于 1m 的水平钢筋网宜采用四点起吊；跨度小于 6m 的钢筋骨架宜采用两点起吊［图 3.4-39（a）］，跨度大、刚度差的钢筋骨架宜采用横吊梁（铁扁担）四点起吊［图 3.4-39（b）］。为了防止吊点处钢筋受力变形，可采取兜底吊或加短钢筋。

4）绑扎钢筋网与钢筋骨架的交接处做法，与钢筋的现场绑扎同。

（2）钢筋焊接网安装

1）钢筋焊接网运输时应捆扎整齐、牢固，每捆重量不应超过 2t，必要时应加刚性支

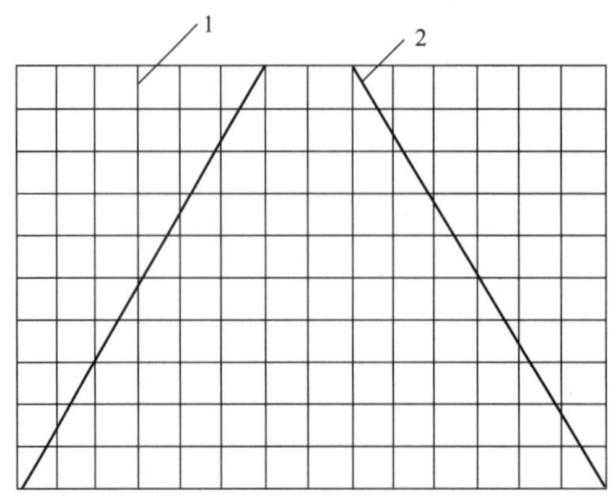

图 3.4-38　绑扎钢筋网的临时加固示意

1—钢筋网；2—加固筋

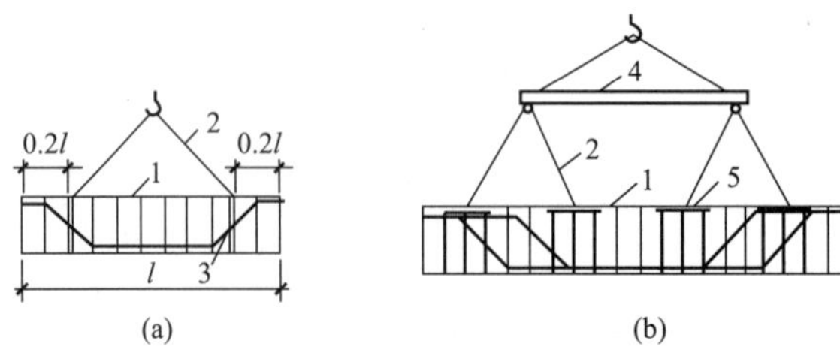

图 3.4-39　钢筋骨架的绑扎起吊

（a）两点绑扎；（b）采用铁扁担四点绑扎

1—钢筋骨架；2—吊索；3—兜底索；4—铁扁担；5—短钢筋

撑或支架。

2）进场的钢筋焊接网宜按施工要求堆放，并应有明显的标志。

3）对两端须插入梁内锚固的焊接网，当网片纵向钢筋较细时，可利用网片的弯曲变形性能，先将焊接网中部向上弯曲，使两端能先后插入梁内，然后铺平网片；当钢筋较粗、焊接网不能弯曲时，可将焊接网的一端少焊 1～2 根横向钢筋，先插入该端，然后退插另一端，必要时可采用绑扎方法补回所减少的横向钢筋。

4）钢筋焊接网的搭接、构造。两张网片搭接时，在搭接区中心及两端应采用铁丝绑扎牢固。在附加钢筋与焊接网连接的每个节点处均应采用铁丝绑扎。

5）钢筋焊接网安装时，下部网片应设置与保护层厚度相当的水泥砂浆垫块或塑料卡；板的上部网片应在短向钢筋两端，沿长向钢筋方向每隔 600～900mm 设一个钢筋支墩（图 3.4-40）。

3. 质量检验

（1）钢筋安装完成之后，在浇筑混凝土之前，应进行钢筋隐蔽工程验收，其内容包括：

1）纵向受力钢筋的品种、规格、数量、位置等。

2）钢筋连接方式、接头位置、接头数量、接头面积百分率等。

3）箍筋、横向钢筋的品种、规格、数量、间距等。

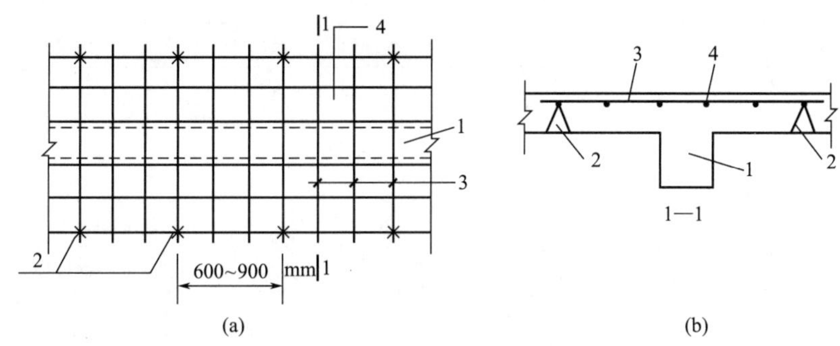

图 3.4-40　上部钢筋焊接网的钢筋支墩

（a）支墩平面位置示意图；（b）支墩剖面位置示意图

1—梁；2—支墩；3—短向钢筋；4—长向钢筋

4）预埋件的规格、数量、位置等。

（2）钢筋隐蔽工程验收前，应提供钢筋出厂合格证与检验报告及进场复验报告，钢筋焊接接头和机械连接接头力学性能试验报告。

1）主控项目

① 钢筋安装时，受力钢筋的品种、级别、规格和数量必须符合设计要求。

检查数量：全数检查。

检查方法：观察、钢尺检查。

② 纵向受力钢筋的连接方式应符合设计要求。

检查数量：全数检查。

检查方法：观察。

2）一般项目

① 钢筋接头位置、接头面积百分率、绑扎搭接长度等应符合设计或构造要求。

② 箍筋、横向钢筋的品种、规格、数量、间距等应符合设计要求。

③ 钢筋安装位置的偏差，应符合表 3.4-9 的规定。

④ 检查数量：在同一检验批内，对梁、柱和独立基础，应抽查构件数量的 10%，且不少于 3 件；对墙和板，应按有代表性的自然间抽查 10%，且不少于 3 间；对大空间结构，墙可按相邻轴数间高度 5m 左右划分检查面，板可按纵、横轴线划分检查面，抽查 10%，且均不少于 3 面。

检验方法：观察、钢尺检查。

钢筋安装位置的允许偏差和检验方法　　**表 3.4-9**

项目		允许偏差(mm)	检验方法
绑扎钢筋网	长、宽	±10	钢尺检查
	网眼尺寸	±20	钢尺量连续三档，取最大值
绑扎钢筋骨架	长	±10	钢尺检查
	宽、高	±5	钢尺检查

续表

<table>
<tr><th colspan="3">项目</th><th>允许偏差(mm)</th><th>检验方法</th></tr>
<tr><td rowspan="5">受力钢筋</td><td colspan="2">间距</td><td>±10</td><td rowspan="2">钢尺量两端、中间各一点,取最大值</td></tr>
<tr><td colspan="2">排距</td><td>±5</td></tr>
<tr><td rowspan="3">保护层厚度</td><td>基础</td><td>±10</td><td>钢尺检查</td></tr>
<tr><td>柱、梁</td><td>±5</td><td>钢尺检查</td></tr>
<tr><td>板、墙、壳</td><td>±3</td><td>钢尺检查</td></tr>
<tr><td colspan="3">绑扎箍筋、横向钢筋间距</td><td>±20</td><td>钢尺量连续三档,取最大值</td></tr>
<tr><td colspan="3">钢筋弯起点位置</td><td>20</td><td>钢尺检查</td></tr>
<tr><td rowspan="2">预埋件</td><td colspan="2">中心线位置</td><td>5</td><td>钢尺检查</td></tr>
<tr><td colspan="2">水平高差</td><td>+3,0</td><td>钢尺和塞尺检查</td></tr>
</table>

注：1. 检查预埋件中心线位置时，应沿纵、横两个方向量测，并取其中的较大值。
2. 表中梁类、板类构件上部纵向受力钢筋保护层厚度的合格率应达到90%及以上，且不得有超过表中数值1.5倍的尺寸偏差。

4. 安全施工注意事项

（1）入场前必须进行现场安全教育培训，经考试合格后方可上岗。

（2）施工人员进入施工现场必须正确佩戴好安全帽。

（3）施工现场禁止吸烟，严禁酒后作业；禁止穿拖鞋。

（4）夏季施工注意防暑、避暑；雨期施工注意防雨、防雷、防电。

（5）施工现场如有安全防护不到位处，严禁施工人员施工。

（6）在高处、深基坑绑扎钢筋和安装钢筋骨架时，必须搭设脚手架或操作平台，临边作业应搭设防护栏杆。

（7）绑扎立柱和墙体钢筋时，不得站在钢筋骨架上或攀登骨架上下。

（8）绑扎挑梁、挑檐、外墙、边柱等钢筋时，应站在脚手架或操作平台上作业，悬空梁钢筋绑扎，必须站在满铺脚手板的操作平台上。

（9）夜间施工应使用低压照明设备。

（10）多人运送钢筋时，起、落、转、停动作要一致，并注意电缆位置，防止剐蹭电缆，严禁将钢筋放在电缆上，人工上下传递不得在同一垂直线上。

（11）应尽量避免在高处修整、扳弯粗钢筋，必须操作时，要配挂好安全带，选好位置，人要站稳。

（12）作业时，不要将钢筋集中堆放在模板或脚手架上。

（13）加工区机械设备必须经验收合格后方可投入使用。

（14）钢筋机械设备必须进行接地，雨天、作业结束后必须进行断电。

（15）钢筋加工设备不得放置在钢筋等不平整作业面上，机械设备应放置在地面平整的区域。

3.4.6 钢筋工程冬期施工

1. 钢筋工程冬期施工一般要求

1）钢筋调直冷拉温度不宜低于－20℃。

2）钢筋负温焊接，可采用闪光对焊、电弧焊、电渣压力焊等方法。

3）负温条件下使用的钢筋，施工过程中应加强管理和检验，钢筋在运输和加工过程中应防止撞击和刻痕。

4）当环境温度低于－20℃时，不得对HRB335、HRB400钢筋进行冷弯加工。

2. 施工操作

（1）钢筋的负温冷拉

1）钢筋可以在负温条件下冷拉，其环境温度应不低于－20℃。

2）负温冷拉应采用与常温施工相同的伸长率。

3）负温下冷拉的控制应力较常温应提高3MPa。

（2）钢筋的负温焊接

1）钢筋在室外焊接，其环境温度应不低于－20℃，同时应有防雪挡风措施。焊后的接头，严禁立刻碰到冰雪。

2）负温电弧焊

① 进行帮条电弧焊或搭接电弧焊时，第一层焊缝，先从中间引弧，再向两端运弧；立焊时，先从中间向上方运弧，再从下端向中间运弧，以使接头端部的钢筋达到一定的预热效果。

② 焊接电流应略微增大，焊接速度适当放慢。在焊接过程中，应采用短弧焊，防止断弧，且不要产生烧伤现象；应在非焊接区引弧，以避免使钢筋受到损伤。

3）负温闪光对焊

① 应采用预热闪光焊或闪光→预热→闪光焊工艺。

与常温焊接相比，应采取以下措施：调伸长度增加10%～20%，以利于增大加热范围，增加热储备量，降低冷却速度，改善接头性能。变压器级数降低1～2级，以能保证闪光顺利为准；在闪光过程开始以前，可将钢筋接触几次，使钢筋温度上升，以利于闪光过程顺利进行。烧化过程中期的速度适当放慢；预热时的接触压力适当提高，预热间歇时间适当延长。

② 施工焊时可根据焊件的钢种、直径、施焊温度和焊工技术水平灵活选用焊接参数。

4）负温自动电渣压力焊

① 焊接步骤与常温状况下相同，但焊接参数须作适当调整。其中，焊接电流的大小，应根据钢筋直径和焊接时的环境温度而定；焊接通电时间应根据钢筋直径和环境温度调整。

② 在负温条件下进行电渣焊时，接头药盒拆除的时间必须延长2min左右；接头的渣壳必须延长5min方可打渣。

3.5　混凝土工实操

混凝土的施工环节很多，从原材料、配合比到搅拌、浇筑、振捣、养护等，任何一个环节处理不当都会影响混凝土的最终质量。

3.5.1 混凝土制备

混凝土结构施工宜采用预拌混凝土，当没有条件采用预拌混凝土时，可在施工现场采用搅拌机搅拌混凝土。

1. 混凝土搅拌机的选用

混凝土搅拌机按其搅拌原理分为自落式搅拌机（图 3.5-1）和强制式搅拌机（图 3.5-2）两类。自落式搅拌机多用于搅拌塑性混凝土和低流动性混凝土，强制式搅拌机多用于搅拌干硬性混凝土和轻骨料混凝土。

图 3.5-1　自落式搅拌机

图 3.5-2　强制式搅拌机

我国以混凝土搅拌机出料容量（m^3）×1000 标定规格，常用规格有 250、350、500、750、1000、1500、3000 等，即相应的出料容量分别为 0.25m^3、0.35m^3、0.50m^3、0.75m^3、1.0m^3、1.5m^3、3.0m^3。

2. 施工配料

混凝土搅拌机每搅拌一次叫作一盘。求出每 1m^3 混凝土材料用量后，还必须根据所采用搅拌机的出料容量确定每盘混凝土的水泥用量，然后按水泥用量计算出砂、石子、水的用量。现场搅拌混凝土每盘所用水泥通常为一袋（50kg）或两袋（100kg）。

【例 3.5-1】　某混凝土施工配合比（水泥：砂：石子：水）为 1：2.63：5.17：0.52，每 1m^3 混凝土的水泥用量为 310kg，所采用搅拌机出料容量为 0.35m^3，求每搅拌一次（盘）混凝土各种材料的用量。

【解】　混凝土施工配合比以水泥用量为基准，因此，先求出每盘混凝土的水泥用量，再根据施工配合比求出其他材料用量：

水泥：310×0.35=108.5kg（为了便于下料，实际取 100kg，合两袋）

砂：100×2.63=263kg

石子：100×5.17=517kg

水：100×0.52=52kg

3. 混凝土搅拌

（1）投料顺序

投料顺序应从提高搅拌质量，减少搅拌机叶片、衬板的磨损，减少拌和物与搅拌筒的粘结，减少水泥飞扬，改善工作环境，提高混凝土强度及节约水泥等方面综合考虑确定。

现场搅拌混凝土常用一次投料法。

一次投料法是在上料斗中先装石子，再加水泥和砂，然后一次投入搅拌筒中进行搅拌。

自落式搅拌机要在搅拌筒内先加部分水，投料时用砂压住水泥，使水泥不飞扬，而且水泥和砂先进入搅拌筒形成水泥砂浆，可缩短水泥包裹石子的时间。

强制式搅拌机出料口在下部，不能先加水，应在投入原材料后，一边搅拌，一边缓慢均匀分散地加水。

（2）搅拌时间

混凝土的搅拌时间指从砂、石、水泥和水等全部材料投入搅拌筒起，到开始卸料为止所经历的时间。搅拌时间与混凝土的搅拌质量密切相关，随搅拌机类型和混凝土的和易性不同而变化。在一定范围内，随搅拌时间的延长，强度将有所提高，但过长时间的搅拌既不经济，而且混凝土的和易性会降低，影响混凝土的质量。混凝土搅拌的最短时间见表3.5-1。

混凝土搅拌的最短时间（s） **表3.5-1**

混凝土坍落度(mm)	搅拌机机型	搅拌机出料量(m^3)		
		<0.25	0.25～0.50	>0.50
≤40	自落式	90	120	150
	强制式	60	90	120
>40,且<100	自落式	90	90	120
	强制式	60	60	90
≥100	自落式	90		
	强制式	60		

（3）注意事项

1）混凝土搅拌机进料容量为出料容量的1.4～1.8倍（通常取1.5倍），如任意超载（超载10%），就会使材料在搅拌筒内无充分的空间进行拌和，影响混凝土的均匀性、和易性。

2）当石子、砂的实际含水率发生变化时，应及时调整石子、砂和水的用量。

3）在投料前，应先检查搅拌筒能否正常运转，经确认搅拌筒运转正常后，才能投料。

4）混凝土搅拌机在运转时，不得将头、手或工具伸入搅拌筒内。

5）混凝土搅拌机因故停机时，先切断电源，立即将搅拌筒内的混凝土取出，以免凝结。

6）搅拌工作结束时，应立即清洗搅拌筒。

3.5.2 混凝土运输

1. 混凝土运输要求

混凝土运输应能保证混凝土连续浇筑的需要。为了更好地控制混凝土质量，混凝土应该以最少的运转次数和最短的时间完成混凝土运输、输送入模过程。混凝土运输到输送入模的延续时间应控制在表3.5-2规定的时间内。

混凝土运输到输送入模的延续时间（min） 表 3.5-2

条件	气温	
	≤25℃	>25℃
不掺外加剂	90	60
掺外加剂	150	120

2. 混凝土运输工具的选用

现场搅拌混凝土常用的运输工具有小型机动翻斗车、双轮手推车、垂直升降设备等。采用小型机动翻斗车、双轮手推车运输混凝土时，应事先勘察运输路径是否畅通、平坦；在临时支架上运输混凝土时，临时支架应搭设牢固，脚手板接头应铺设平顺，防止因颠簸、振荡造成混凝土离析、撒落。

3. 注意事项

（1）混凝土运输工具的容器应严密、不漏浆，内壁应平整、光洁。

（2）使用前，应用水湿润混凝土运输工具的容器，但不得有积水。

（3）混凝土运输、输送过程中严禁加水。

（4）混凝土运输、输送过程中发生离析时，应重新翻拌均匀才可浇筑。

（5）混凝土运输、输送过程中撒落的混凝土严禁用于混凝土结构构件的浇筑。

3.5.3 混凝土浇筑

1. 混凝土浇筑要求

浇筑混凝土前，应先清除模板内或垫层上的杂物。表面干燥的地基、垫层、模板，应先洒水湿润，但不得留有积水。

混凝土宜一次连续浇筑完毕。为保证混凝土的密实性，混凝土应分层浇筑，分层振捣的最大厚度应符合表 3.5-3 的规定，上层混凝土应在下层混凝土初凝之前浇筑完毕。

混凝土分层振捣的最大厚度 表 3.5-3

振捣方法	混凝土分层振捣的最大厚度
振动棒振捣	振动棒作用部分长度的 1.25 倍
平板振动器振捣	200mm

混凝土浇筑时宜先浇筑竖向构件，后浇筑水平构件；浇筑区域结构平面有高差时，宜先浇筑低处的构件，再浇筑高处的构件。

2. 常见混凝土构件浇筑方法

（1）独立基础混凝土浇筑

浇筑单阶基础混凝土时，应根据台阶厚度分层浇筑。每层混凝土浇筑要一次卸足用料，卸料顺序是先边角后中间，务必使混凝土充满模板。

浇筑多阶基础混凝土时，为防止各层台阶交接处混凝土出现蜂窝、孔洞等质量问题，可在下层台阶混凝土浇筑、振捣后停歇 0.5～1.0h，再浇筑上一层台阶混凝土。

(2) 柱混凝土浇筑

柱混凝土应分段浇筑，每段高度不大于3.5m。

浇筑高度不超过3m时，可从柱顶直接下料浇筑，超过3m时应采用串筒或在柱模板侧面开浇筑孔分段下料。柱混凝土应分层下料、振捣，分层下料厚度不大于50cm。

柱混凝土应一次连续浇筑完毕，浇筑后应停歇1.0～1.5h，待柱混凝土初步沉实后再浇筑梁板混凝土。

浇筑整排柱混凝土时，应从两端由外向里对称浇筑，以防柱模板在横向推力下发生倾斜。

(3) 梁、板混凝土浇筑

肋形楼板（盖）的梁、板混凝土应同时浇筑，由一端开始用“赶浆法”浇筑，即先根据梁高分层浇筑混凝土成阶梯形，当达到板底位置时再与板混凝土一起浇筑，随着阶梯形不断延长，梁、板混凝土浇筑连续向前推进，如图3.5-3所示。梁、板混凝土浇筑应由远而近，混凝土倾倒方向与浇筑方向相反，如图3.5-4所示。

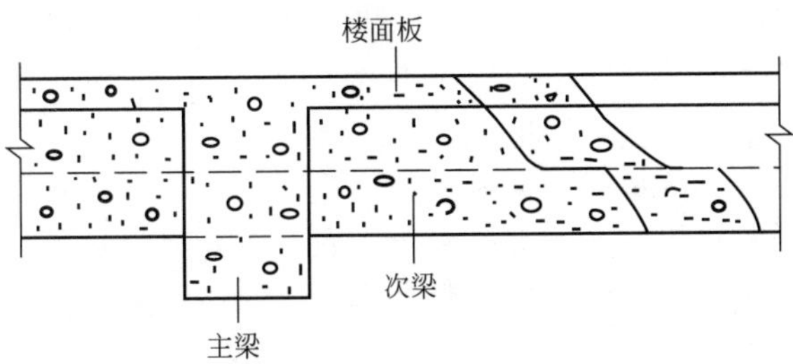

图3.5-3　梁、板混凝土同时浇筑示意

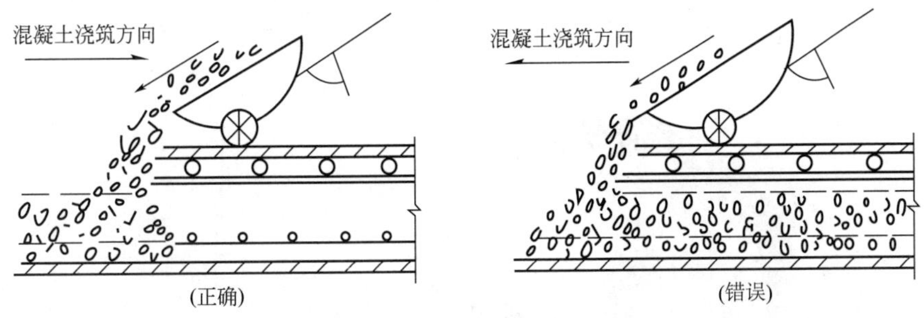

图3.5-4　混凝土倾倒方向示意

(4) 楼梯段混凝土浇筑

楼梯段混凝土应自下而上浇筑，先振实底板混凝土，达到踏步位置时再与踏步混凝土一起振捣，连续不断地向上推进，并随时用木抹子（或塑料抹子）将踏步上表面抹平。

3. 混凝土施工缝处理

施工缝是新浇筑混凝土与已凝固或已硬化混凝土的结合面，是结构的薄弱环节。为保证结构的整体性，混凝土一般应连续浇筑，确因技术或组织上的原因不能连续浇筑，且停歇时间过长时，应预先在适当的位置留置施工缝。

在施工缝处继续浇筑混凝土时，应对施工缝做以下处理：

（1）清除施工缝处表面浮浆、疏松石子、软弱混凝土层，确保结合面坚实、干净。

（2）继续浇筑混凝土前，对施工缝处洒水，确保施工缝处充分湿润，但不得有积水。

（3）浇筑新混凝土前，对垂直施工缝应在施工缝处刷一层水泥净浆；对水平施工缝应在施工缝处铺一层厚度不大于30mm的水泥砂浆，水泥砂浆成分应与混凝土浆液相同。

（4）浇筑过程中，施工缝应细致捣实，使其紧密结合。

4. 注意事项

（1）在浇筑混凝土过程中，模板工、钢筋工、混凝土工、架子工等均应有专人看管，以便发现问题随时加固、纠正。

（2）浇筑混凝土时，施工人员、混凝土运输工具不得踩踏、碾压成品钢筋、预埋件及洞口模板。应铺设脚手板供施工人员、混凝土运输工具通行。

（3）柱混凝土强度比梁、板混凝土强度高一个等级时，柱位置梁、板高度范围内的混凝土可采用与梁、板混凝土强度等级相同的混凝土进行浇筑；柱混凝土强度比梁、板混凝土强度高两个等级及以上时，应在交界区域采取分隔措施；分隔位置应在低强度等级的构件中，且距高强度等级构件边缘不应小于500mm。

（4）混凝土浇筑完毕后，凝固之前严禁上人踩踏。

3.5.4 混凝土振捣

混凝土入模后内部是疏松的，含有孔洞与气泡。在混凝土初凝之前对其进行振捣，可以保证其密实度。常见混凝土振捣方法有振动棒振捣、平板振动器振捣等，必要时可采用人工辅助振捣。

1. 振动棒振捣

振动棒的工作部分是棒状空心圆柱体，内部装有偏心振子，在电动机带动下高速转动而产生高频微幅的振动，如图3.5-5所示，适用于振捣梁、柱、墙、厚板和大体积构件混凝土。

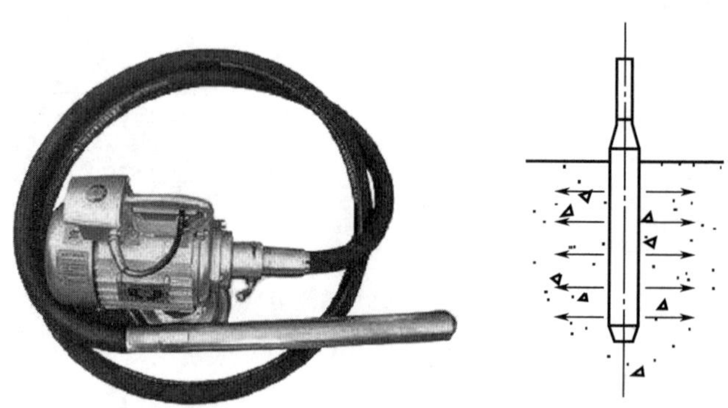

图3.5-5　插入式振动棒

振动棒振捣混凝土应按分层浇筑厚度分别进行振捣，振动棒的前端应插入前一层混凝土中，插入深度不应小于50mm，使分层浇筑的混凝土形成一个整体；振动棒应垂直于混凝土表面，当混凝土表面无明显塌陷、有水泥浆出现、不再冒气泡时，即结束该部位振捣；振动棒与模板的距离不应大于振动棒作用半径（一般为300～400mm）的50%；振捣插点间距不应大于振动棒作用半径的1.4倍。

操作振动棒时，要做到快插慢拔、插点均匀、逐点移动、不得遗漏，确保振实均匀。

2. 平板振动器振捣

平板振动器由带偏心块的电动机和平板（一般为钢板）等组成，其作用深度较小，如图3.5-6所示，适用于振捣楼板、地坪等较薄的水平或倾斜角度较小的构件混凝土。

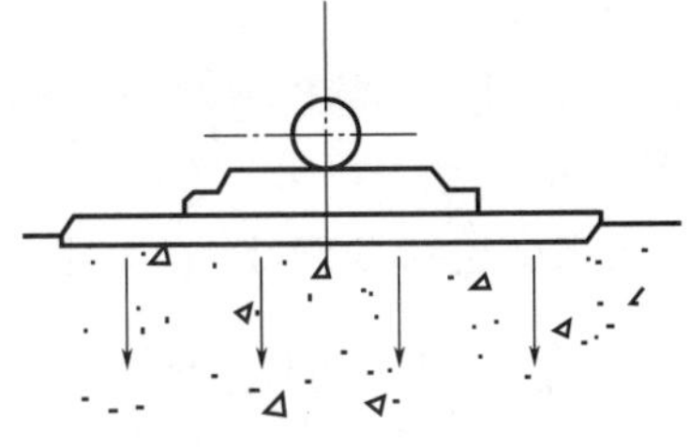

图3.5-6　平板振动器

平板振动器振捣应覆盖振捣平面的边角；平板振动器横向移动时，应保证覆盖已振捣部分混凝土边缘；振捣倾斜表面时，应由低处向高处进行振捣。

3. 注意事项

(1) 振捣过程中，尽量避免碰撞钢筋、模板、预埋件等。

(2) 宽度大于0.3m的预留洞底部区域，应在洞口两侧进行振捣，并应适当延长振捣时间；宽度大于0.8m的洞口底部，应采取特殊的技术措施。

(3) 施工缝边角处应加密振捣点，并应适当延长振捣时间。

(4) 钢筋密集区域，应选择小型振动棒辅助振捣、加密振捣点，并应适当延长振捣时间，必要时采用人工辅助振捣。

3.5.5　混凝土养护

混凝土养护的目的：一是创造条件使水泥充分水化，加速混凝土硬化；二是防止混凝土成型后因暴晒、风吹、干燥等环境因素影响而出现不正常的收缩、裂缝等破损现象。现场施工一般采用保湿养护。

1. 养护时间

混凝土终凝后应及时进行养护。

采用硅酸盐水泥、普通硅酸盐水泥或矿渣硅酸盐水泥配制的混凝土，不应少于7d；上部结构首层柱宜适当增加养护时间。

2. 养护方式

(1) 洒水养护

洒水养护宜在混凝土裸露表面覆盖麻袋或草帘后进行，也可采用直接洒水、蓄水等养护方式。

混凝土洒水养护应根据温度、湿度、风力情况、阳光直射条件等，通过观察混凝土表面，确定洒水次数，确保混凝土处于饱和湿润状态。

洒水养护用水要求与混凝土搅拌用水一致。

（2）覆盖养护

覆盖养护宜在混凝土裸露表面覆盖塑料薄膜、塑料薄膜加麻袋、塑料薄膜加草帘进行；塑料薄膜应紧贴混凝土裸露表面，塑料薄膜内应保持有凝结水。

每层覆盖物都应严密，覆盖物相互搭接不小于100mm。

（3）注意事项

1）当最低温度低于5℃时，不应采用洒水养护。

2）上部结构首层柱混凝土带模养护时间不应少于3d，带模养护结束后，可采用洒水、覆盖方式继续养护。

3）混凝土强度达到1.2MPa前，不得在其上踩踏、堆放物料、安装模板及支撑等。

3.5.6 高温、雨期混凝土施工

1. 高温混凝土施工

当平均气温达到30℃及以上时，应按高温施工要求采取措施：①高温施工时，混凝土搅拌机、石子、砂应采取遮阳防晒等措施。必要时，可对石子进行喷雾降温。②混凝土浇筑宜在早间或晚间进行，且应连续浇筑。当混凝土水分蒸发较快时，应在施工作业面采取挡风、遮阳、喷雾等措施。③混凝土浇筑前，应对模板、钢筋和施工机具采取洒水等降温措施，但浇筑时模板内不得有积水。④混凝土浇筑完成后，应及时进行保湿养护。

2. 雨期混凝土施工

雨季和降雨期间，应按雨期施工要求采取措施。

现场储存的水泥应采取料棚存放或加盖覆盖物等防水和防潮措施。当石子、砂淋雨后含水率变化时，应及时调整混凝土施工配合比。

混凝土搅拌机、浇筑作业面应采取防雨措施，并应加强设备接地接零检查。

小雨、中雨天气不宜大面积进行混凝土露天浇筑作业；大雨、暴雨天气不应进行混凝土露天浇筑作业。

混凝土浇筑完毕后，应及时采取覆盖塑料薄膜等防雨措施。

3. 注意事项

（1）高温时，侧模板拆除前宜采用带模湿润养护。

（2）雨后地基面容易产生沉降，应及时对模板及支撑进行检查。

（3）雨期施工，应采取防止模板内积水的措施。模板内和混凝土浇筑分层面出现积水时，应在排水后再浇筑混凝土。

（4）台风来临前，应对模板及支撑采取临时加固措施。

3.5.7 混凝土缺陷修整

混凝土养护后，除了检查混凝土强度外，还应检查混凝土是否存在结构缺陷，对出现缺陷的，应根据缺陷的严重程度采取不同的修整措施。

1. 外观缺陷分类

混凝土结构缺陷可分为尺寸偏差缺陷和外观缺陷。尺寸偏差缺陷和外观缺陷可分为一般缺陷和严重缺陷。混凝土结构外观缺陷分类见表3.5-4。

混凝土结构外观缺陷分类　　表 3.5-4

名称	现象	严重缺陷	一般缺陷
露筋	构件内钢筋未被混凝土包裹而外露	纵向受力钢筋有露筋	其他钢筋有少量露筋
蜂窝	混凝土表面缺少水泥浆而形成石子外露	构件主要受力部位有蜂窝	其他部位有少量蜂窝
孔洞	混凝土中孔穴深度和长度均超过保护层	构件主要受力部位有孔洞	其他部位有少量孔洞
夹渣	混凝土中夹有杂物且深度超过保护层	构件主要受力部位有夹渣	其他部位有少量夹渣
疏松	混凝土中局部不密实	构件主要受力部位有疏松	其他部位有少量疏松
裂缝	缝隙从混凝土表面延伸至混凝土内部	构件主要受力部位有影响结构性能或使用功能的裂缝	其他部位有少量不影响结构性能或使用功能的裂缝
连接部位缺陷	构件连接处混凝土有缺陷及连接钢筋、连接件松动	连接部位有影响结构传力性能的缺陷	连接部位有基本不影响结构传力性能的缺陷
外形缺陷	缺棱掉角、棱角不直、翘曲不平、飞边凸肋等	清水混凝土构件有影响使用功能或装饰效果的外形缺陷	其他构件有不影响使用功能的外形缺陷
外表缺陷	构件表面麻面、掉皮、起砂、沾污等	具有重要装饰效果的清水混凝土构件有外表缺陷	其他构件有不影响使用功能的外表缺陷

2. 外观缺陷修整

(1) 混凝土结构外观一般缺陷修整应符合下列规定：

1) 露筋、蜂窝、孔洞、夹渣、疏松、外表缺陷，应凿除胶结不牢固部分的混凝土，清理表面，洒水湿润后应用 1∶2.5～1∶2 水泥砂浆抹平。

2) 应封闭裂缝。

3) 连接部位缺陷、外形缺陷可与面层装饰施工一并处理。

(2) 混凝土结构外观严重缺陷修整应符合下列规定：

1) 露筋、蜂窝、孔洞、夹渣、疏松、外表缺陷，应凿除胶结不牢固部分的混凝土至密实部位，清理表面，支设模板，洒水湿润，涂抹混凝土界面剂，应采用比原混凝土强度等级高一级的细石混凝土浇筑密实，养护时间不应少于 7d。

2) 卫生间、屋面等接触水的构件开裂的，均应注浆封闭处理；不接触水的构件开裂的，可采用注浆封闭、聚合物砂浆粉刷或其他表面封闭材料进行封闭。

(3) 清水混凝土的外形和外表严重缺陷，宜在水泥砂浆或细石混凝土修补后用磨光机械磨平。

3. 注意事项

(1) 混凝土结构尺寸偏差一般缺陷，可结合装饰工程进行修整。

(2) 对位置较深的孔洞缺陷，可采用压浆修整。

(3) 浇筑细石混凝土修整缺陷的，在浇筑细石混凝土时，应安排专人通过敲打模板等方法检查混凝土到位情况。

(4) 采用水泥砂浆、细石混凝土修整缺陷的，可采用覆盖养护，提高养护效果。

3.6 抹灰工实操

抹灰工是土建专业工种中的重要成员之一，专指从事抹灰工程的人员，即将各种砂浆、装饰性水泥石子浆等涂抹在建筑物的墙面、地面、顶棚等表面上的施工人员。

抹灰工用主要施工机具有：麻刀机、砂浆搅拌机、纸筋灰拌合机、窄手推车、铁锹、筛子、水桶（大、小）、灰槽、灰勺、刮杠（大 2.5m，中 1.5m）、靠尺板（2m）、线坠、钢卷尺、方尺、托灰板、铁抹子、木抹子、塑料抹子、八字靠尺、方口尺、阴阳角抹子、长舌铁抹子、金属水平尺、捋角器、软水管、长毛刷、鸡腿刷、钢丝刷、茅草帚、喷壶、小线、钻子（尖、扁）、粉线袋、铁锤、钳子、钉子、托线板等。

3.6.1 墙面一般抹灰

墙面一般抹灰施工流程：基层清理→挂钢丝网→吊垂直、套方、找规矩、抹灰饼→浇水湿润→抹水泥砂浆。

1. 基层处理

基层处理时应先把基层表面的尘土、污垢等清扫干净。留在基层上的固定模板的铁丝应剪去。基层表面的凹凸处要用 1∶3 水泥砂浆补平或剔实、凿平。墙面油污要用 10%的火碱水清洗，并用清水冲洗干净。对于光滑的混凝土墙面，应将掺有 10%建筑胶的 1∶1 水泥砂浆喷甩在混凝土墙面上，使其凝固在混凝土的光滑面层，达到初凝且用手掰不动为止，砖墙应提前 1d 浇水，要求水渗入墙面内 10～20mm，浇水以一天两次为宜。对于混凝土墙面也要提前浇水润湿，面干后方可进行抹灰。对于加气混凝土砌块墙，应分数遍浇水，以水分渗入砌块深度 8～10mm 为宜，抹灰前应喷刷一遍专用界面处理剂（随抹底灰随喷刷）。

2. 找规矩、抹灰饼

抹灰前要求找规矩、抹灰饼，也叫作抹标准块。其目的是有效控制抹灰层的垂直度、平整度和厚度，使其符合抹灰工程的质量标准。

找规矩、抹灰饼的步骤：首先是用托线板检查墙体墙面的平整和垂直情况，根据检查的结果兼顾抹灰总的平均厚度要求，决定墙面抹灰厚度，然后弹准线，将房间用方尺规方，小房间以一面墙作为基线，大房间应在地面上弹出十字线，并按墙面基层平整度在地面上弹出墙角中层抹灰面的准线。之后在距墙角线 100mm 处用托线板靠、吊垂直，弹出竖线。从竖线按抹灰层厚度向里反弹出墙角抹灰准线，并在准线上下两端钉上铁钉，挂上白线作为抹灰饼、冲筋的标准，最后是做灰饼。先在距顶棚 150～200mm 处贴上灰饼，再距地面 200mm 处贴下灰饼。先贴两端头，再贴中间处，如图 3.6-1 所示。墙高 3.2m 以上，需要两个人挂线做灰饼，如图 3.6-2 所示。灰饼用 1∶3 的水泥砂浆做成 50mm×50mm 见方，厚度是以确定的抹灰厚度为准。先做两端头的上灰饼，并以这两块灰饼为依据拉条线，以此线作为准线，每隔 1.2～1.5m 做一块灰饼。当上灰饼做好后，依靠缺口板和线坠做下灰饼。下灰饼应距地 200mm 左右，其做法与上灰饼做法相同，如图 3.6-3 所示。

图3.6-1　做灰饼

图3.6-2　墙高3.2m以上的灰饼做法

3. 抹冲筋

抹冲筋又叫作标筋。当灰饼收水后，以上下两个对应灰饼间的连线抹出一条灰筋，即冲筋，如图3.6-3所示。冲筋断面成梯形，其底面宽约100mm，上宽50～60mm。冲筋两边与墙面搓成45°～60°夹角。冲筋要求比灰饼高出5～10mm，抹完后用刮尺紧贴灰饼左上右下反复地搓刮，直至冲筋与灰饼齐平为止，再将两侧修成斜面，以便与抹灰层结合牢固。如果刚抹完的冲筋吸水较慢，要多抹几条冲筋，待前面抹好的冲筋已吸水时，可开始从前向后逐条刮平、搓平。当层高大于3.5m时，应有两个人在架子上下协调操作。当冲筋抹好后，两个人各执长铝合金刮杠的一端进行搓平。

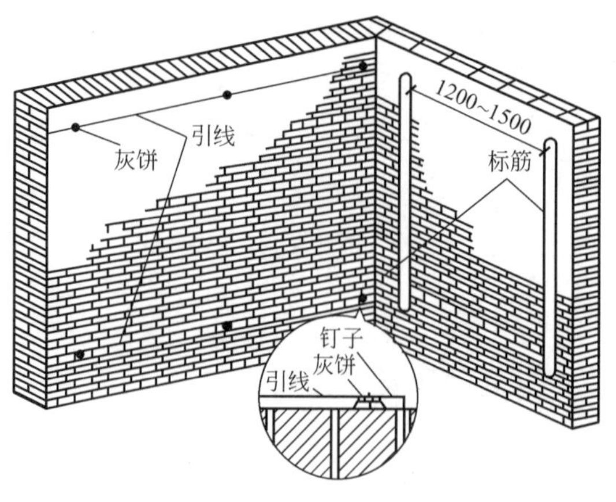

图 3.6-3　灰饼与冲筋

4. 抹护角线

为使室内墙面、柱面和门洞口的阳角处抹灰后线条清晰、挺直，并防止碰撞损坏，一般应做护角线。当设计无要求时，应采用 1∶2 水泥砂浆做暗护角，其高度不应低于 2m，每侧宽度不应小于 50mm。护角线应先做，这样在抹灰时还可起到中筋的作用。

抹护角线的做法如下：首先在墙、柱的阳角处或门洞口的阳角处浇水使其湿润。以墙面标志块为依据，先将阳角用方尺规方，其厚度为：门洞口的阳角靠门框一边，则以门框离墙面的空隙为准，另一边则以标志块厚度为基准。施工前最好在地面上弹好准线，按准线在阳角两侧先薄抹一层宽 50mm 的底子灰，然后粘好靠尺板，用线锤吊直，用钢筋卡子稳住，方尺找方。然后，在靠尺板的另一边墙角面分层抹 1∶2 水泥砂浆护角线，其外角与靠尺板外口平齐，如图 3.6-4（a）所示。抹好一边后，再把靠尺板移到已抹好护角的另一边，用钢筋卡子稳住后，再用线锤吊直靠尺板，把护角的另一面分层抹好后，轻轻地把靠尺板拿掉，如图 3.6-4（b）所示。待护角的棱角稍干时，用捋角器捋光压实，并捋出小圆角。最后在墙面处稳住靠尺板，按要求尺寸沿角留出 50mm 宽，将多余砂浆成 45°斜面切掉，以便于墙面抹灰与护角线的结合。

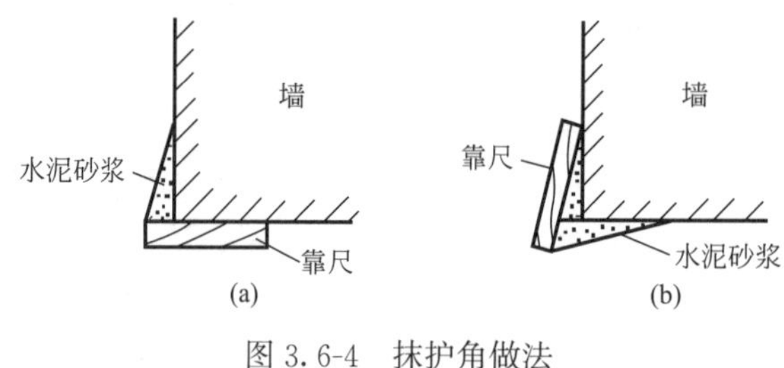

图 3.6-4　抹护角做法
（a）第一步；（b）第二步

5. 抹窗台板（室内窗台）

室内窗台的施工，一般与抹窗口护角一并进行，也可在做窗口护角时只打底，随后单独进行窗台面板和出檐的罩面抹灰。抹窗台板的做法如下：首先将窗台基层清理干净，用水润湿浇透，再用 1∶3 的水泥砂浆抹底灰，厚 5～7mm，表面划毛。次日先刷一道水泥素浆，后用 1∶2.5 的水泥砂浆抹面层，厚 5～7mm。窗台要抹平、压光。窗台两端抹灰要超过 6cm，由窗台上皮往下抹 4cm，并在窗台阳角处用捋角器捋成小圆角，窗台下口要平直，不得有毛刺。抹完后隔天浇水养护 2～3d。

6. 抹底层灰、中层灰

（1）抹底层灰的操作包括装档、刮杠、搓平。当标筋达到一定强度（即标筋砂浆七八成干时），就要进行底层砂浆抹灰。将砂浆抹于墙面两标筋之间称为装档，装档要分层进行。底层抹灰要薄，抹底层灰时，一般应从上而下进行。抹子贴紧墙面，用力要均匀，使砂浆与墙面粘结牢固。在两标筋之间的墙面上抹满砂浆后，即用长刮尺两头靠着标筋，从上而下进行刮灰，使抹的底层灰比标筋面略低，即刮杠，再用木抹子搓实，并去高补低搓平。每遍厚度应控制在 7～9mm。

（2）待底层灰七八成干后方可进行中层砂浆抹灰，一般应从上而下、自左向右涂抹。中层抹灰厚度以垫平标筋为准，并使其略高于标筋。中层砂浆抹好后，即用木杠按标筋刮平。刮杠时，人站成骑马式，双手紧握木杠，均匀用力，手腕要灵活，由下往上移动，并使木杠前进方向的一边略微翘起。凹陷处补抹砂浆，然后再刮，直至平整为止。紧接着要用木抹子搓磨一遍，使表面平整密实。刮杠时一定要注意所用的力度，因为只把标筋作为依据，所以不可过分用力，以免刮伤标筋。如果刮伤标筋，要先把标筋填补上砂浆，修整好后方可进行装档。

当层高大于 3.2m 时，一般从最上面一步架开始往下抹灰；当层高小于 3.2m 时，一般先抹下面一步架，然后搭架子再抹上一步架。抹上一步架，可不抹标筋，而是在用木杠刮平时，紧贴下面已经抹好的砂浆上部作为刮平的依据，如图 3.6-5 所示。若后做地面、墙裙与踢脚板时，要将墙裙、踢脚板准线上口 5cm 处的砂浆切成直槎。墙面应清理干净，并及时清除落地灰。

图 3.6-5　内墙面刮杠、刮平

（3）两墙面相交的阴角、阳角的抹灰方法称为阴角、阳角找方。阴角、阳角找方前要用阴角方尺检查阴角的直角度，用阳角方尺检查阳角的直角度。用线锤检查阴角与阳角的垂直度。根据直角度及垂直度的误差，确定抹灰层的厚度，并洒水润湿。

阳角抹底层灰：用抹子与靠尺板将底层灰抹于阳角后，用木阳角器压住抹灰层并上下搓动，使阳角处抹灰层基本达到直角，再用阳角抹子上下抹压，使阳角线垂直，如图 3.6-6 所示。

阴角抹底层灰：先用抹子将底层灰抹于阴角处，后用阴角器压住抹灰层并上下搓动，使阴角处抹灰层基本上达到直角。如靠近阴角处有已结硬的标筋，则用木阴角器沿着标筋上下搓动，基本搓平后，再用阴角抹子上下搓压，使阴角线垂直，如图 3.6-7 所示。

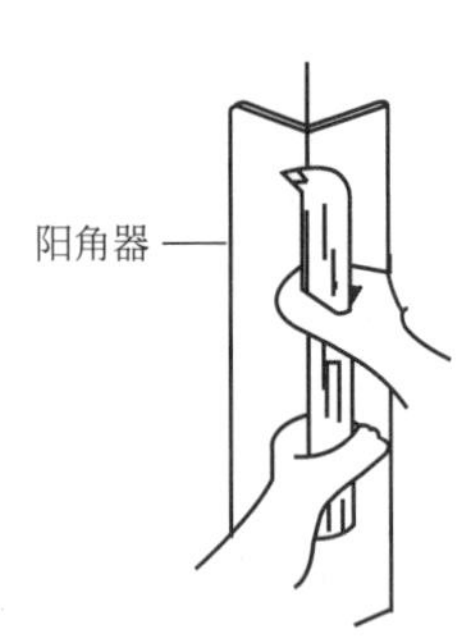

图 3.6-6　阳角的搓平找直

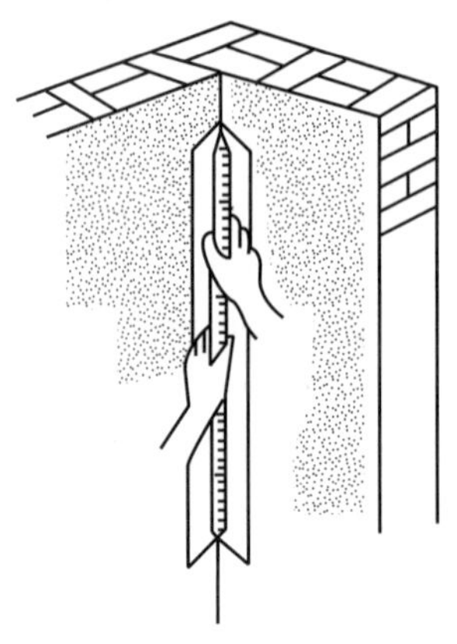

图 3.6-7　阴角的搓平找直

当阴角、阳角底层灰凝结后，再洒水润湿，将中层抹于阴角、阳角处，分别用阴角抹子、阳角抹子上下抹压，使中层灰达到平整。

7. 面层抹灰

室内常用的面层抹灰材料有纸筋石灰、麻刀石灰及石膏灰等。应分层涂抹，每遍厚度为 1～2mm，经赶平压实后，材料为麻刀石灰的面层总厚度不得大于 3mm；材料为纸筋石灰、石膏灰的面层总厚度不得大于 2mm。罩面时应在底层灰五六成干后进行。如底层灰过干，要先浇水润湿。应分纵、横两遍进行涂抹，最后用钢抹子压光，不应留抹纹。

（1）纸筋石灰或麻刀石灰抹面层。纸筋石灰面层一般应在中层砂浆六七成干后进行，以手按不软，但有指印为准，若底层砂浆过于干燥，可先洒水润湿，再抹面层。抹灰操作通常使用钢抹子或塑料抹子，两遍完成，厚度为 2～3mm，一般由阴角（或阳角）开始，自左向右进行，两人配合操作。一人先竖向（或横向）薄薄地抹一层，应使纸筋石灰与中层紧密结合；另一人横向（或竖向）抹第二层（两人抹灰的方向应垂直），抹平，并要压光溜平。压平后，如果用排笔或茅草帚蘸水横刷一遍，则会使表面色泽相一致，如用钢皮抹子再将其压实、揉平，抹光一次，则面层会变得更细腻光滑。阴、阳角分别用阴、阳角抹子捋光，随手用毛刷子蘸水将门窗边阳角、墙裙及踢脚板上口刷净。纸筋石灰罩面还可采用的做法是：抹两遍后，稍干即可用压子式塑料抹子顺抹子纹压光。经过一段时间，再进行检查，起泡处重新压平。麻刀石灰面层抹灰的操作方法同纸筋石灰抹面层的操作方法一样，但由于麻刀与纸筋纤维的粗细区别很大，纸筋易捣烂，能形成纸浆状，所以制成的纸筋石灰较细腻，用它做罩面灰厚度可达到不超过 2mm 的要求。麻刀的纤维比较粗，且不易捣烂，用它制成厚度按要求不大于 3mm 的麻刀石灰抹面比较困难，若过厚，则面层容易产生收缩裂缝，影响工程质量，为此应采取以上所述两人操作的方法。

（2）水泥砂浆面层。水泥砂浆面层一般采用 1∶2.5 水泥砂浆，厚度 8mm。其抹灰方法与抹石灰砂浆相同，但压光工序要严格掌握时机。压得太早，不易光滑；压得太晚，则在水泥砂浆初凝后容易引起面层空鼓、裂纹。压光时用力要适当，遍数不宜过多，但不应少于两遍。罩面后次日应洒水养护。

(3) 水泥混合砂浆面层。水泥混合砂浆面层一般采用1∶2.5水泥石灰砂浆，厚度5～8mm。先用铁抹子罩面，再用刮尺刮平、找直。稍干后用木抹子搓平。搓平时如果砂浆太干，可边洒水边搓平，直至表面平整密实。

(4) 石灰砂浆面层。石灰砂浆罩面应在底层砂浆收水后，五六成干后进行。若底层砂浆较干，则须洒水润湿后再进行，石灰砂浆面层宜采用1∶2～1∶2.5的石灰砂浆，厚度6mm左右。

抹面前要视底层灰干燥程度酌情浇水湿润，先在贴近顶棚的墙面上部抹出一抹子宽的面层灰条，用木杠横向刮直刮平，当灰条符合尺寸要求时用木抹子搓平，用钢抹子溜光。然后在墙两边阴角处以同样方法抹出一抹子宽的面层灰条。

抹大面时，以抹好的灰条作为标筋。抹时要一抹子接一抹子，接槎平整，厚薄一致，抹纹顺直。抹完一面墙后，用木杠依标筋刮平，缺灰的地方及时补上，用托线板挂垂直，无误后用木抹子搓平，如果墙面吸水较快，应边洒水边搓，搓平搓出灰浆，随后用干抹子压光，表面稍吸水后再次压光，待抹上去时印迹不明显时做最后一次压光。

相邻两面墙都抹完后用刷子向阴角甩水，然后把木阴角抹子揣稳放在阴角部位上下通搓，搓直搓出灰浆。而后用铁阴角抹子捋光，再用抹子将通阴角留下的印迹压平。

(5) 石膏灰浆面层。石膏灰浆面层不得涂抹在水泥砂浆或水泥混合砂浆层上，其底子灰一般为石灰砂浆或麻刀石灰砂浆，并要求充分干燥。抹面层灰时宜洒少量清水润湿底灰表面，以便将石膏灰浆涂抹均匀。石膏的凝结速度比较快，所以在抹石膏灰时要在石膏灰浆内掺入一定量的石灰膏或菜胶、角胶等缓凝物，以使其缓凝，利于操作。石膏灰浆的拌制要有专人负责，随用随拌。拌制时要先把缓凝物和水拌成溶液，再用筛子把石膏粉边筛边搅拌于溶液内。操作时以四人为一操作小组，一人拌浆，一人在前抹石膏灰浆，一人在中间修理，一人在后压光，全部操作过程应在20～30min内完成。抹灰时，一般从左至右，抹子竖向顺着抹，压光时抹子也要顺直，一人先薄薄地抹一遍，使石膏灰浆与中层表面紧密结合，第二人紧跟着抹第二遍，并随手将石膏灰浆赶平，第三人紧跟后面压光。先压两遍，最后边洒水边用钢抹子赶平压光。经赶平压实后的厚度不得大于2mm。如墙面较高，应上下同时操作，以免出现接槎。如出现接槎，可等凝固后用刨子刨平。

3.6.2　室内顶棚抹灰

室内顶棚抹灰工艺：基层处理→弹线、找规矩→抹底层灰、中层灰→抹面层灰。

1. 基层处理

基层处理一般是将凸出的混凝土剔平，将顶棚面上的模板碎片、模板缝处的灰浆剔除干净。对钢模施工的混凝土顶棚应凿毛，并用钢丝刷满刷一遍，再浇水润湿。此外可采用“毛化处理”法，即先将表面尘土、污垢清扫干净，用10%火碱水将顶面的油污刷掉，随之用净水将碱液冲净、晾干，然后用1∶1水泥细砂浆（内掺水重20%的胶粘剂）用机喷或用扫帚将砂浆甩到顶上，其甩点要均匀；初凝后浇水养护，直至水泥砂浆疙瘩全部粘到混凝土光面上，并有较高的强度，直到用手掰不动为止。

2. 弹线、找规矩

根据室内+50cm水平线，用尺杆或钢尺量至离顶棚板距离100mm处，再用粉线包弹出四周水平线，作为顶棚水平的控制线，即顶棚抹灰层的面层标高线。注意此标高线必须从+50cm水平线量起，绝不可从顶棚底往下量。顶棚抹灰不做灰饼和冲筋。

3. 抹底层灰、中层灰

抹底层灰时要在混凝土顶板湿润的情况下，先刷掺水重10%的胶粘剂的素水泥浆一道，随刷随抹。底层灰可采用水泥混合砂浆或水泥砂浆，其厚度控制在2～3mm。操作时须用力压，以便将底层灰挤入到混凝土顶板细小孔隙中，用软刮尺刮抹顺平，用木抹子搓平搓毛。由于顶棚抹灰不做灰饼、标筋，所以顶棚抹灰的平整度由目测和水平线找齐。

抹中层灰时，其抹压方向宜与底层灰抹压方向相垂直。中层灰一般采用水泥混合砂浆，其厚度控制在6mm左右。抹完后仍用软刮尺顺平，然后用木抹子搓平整。

4. 抹面层灰

面层采用1∶2水泥砂浆时，厚度控制在5mm左右；采用1∶1∶4或1∶0.5∶4水泥混合砂浆时，厚度控制在5mm左右，待中层灰达到六七成干，即用手按不软但有指印时，就可以抹面层灰。要防止中层灰过干，如过干可洒水润湿再抹。要分两遍抹成，第一遍灰抹得越薄越好，紧跟着抹第二遍面层灰，操作时抹子要平。稍干后，用塑料抹子或压子顺着抹纹压实压光，两遍完成。

3.6.3 水泥砂浆楼地面

1. 基层处理

基层处理时要求垫层基层的抗压强度不得小于1.2MPa，表面应粗糙、湿润、洁净且不得有积水，一切浮灰、油渍与杂质必须分别清除。可采用的方法为：先将基层上的灰尘扫掉，用钢丝刷和錾子刷净或剔除灰浆皮与灰渣层，用10%的火碱水溶液刷掉基层上的油污，并用清水及时将碱水冲净，表层光滑的基层应凿毛，并用清水冲洗干净。

2. 弹线、找标高

弹线、找标高时应先在四周墙上弹上一道水平基准线，作为确定水泥砂浆面层标高的依据。水平基线是把地面±0.000标高及楼层砌墙前的抄平点作为依据，一般可根据情况弹于标高为50cm的墙上。弹准线时，应注意按设计要求的水泥砂浆面层厚度弹线。水泥砂浆面层的厚度要符合设计要求，且不得小于20mm。

3. 抹灰饼和标筋

抹灰饼和标筋时应按照水平基准线再把地面面层上皮的水平基准线弹出。面积较小的房间，可根据水平基准线直接用长木杠抹标筋，施工中进行几次复尺即可。面积较大的房间，可根据水平基准线，在四周墙角处每隔1.5～2.0m用1∶2的水泥砂浆抹标志块（即灰饼）。其大小通常为8～10cm见方。灰饼结硬后，再以灰饼的高度做出纵横方向通长的标筋，以控制面层的厚度。标筋仍用1∶2水泥砂浆，其宽度一般为8～10cm。标筋的高度即为控制水泥砂浆面层抹灰厚度，并应与门框的锯口线吻合，如图3.6-8所示。

4. 刷水泥砂浆结合层

涂刷水泥素浆一遍，其水灰比为0.4～0.5，并应于铺设水泥砂浆前，随着刷水泥浆即开始铺面层砂浆，不应刷得太早或过大，否则不能使基层与面层粘结。

5. 铺设水泥砂浆面层

在涂刷水泥浆后铺水泥砂浆，在标筋间将砂浆铺均匀，再用木刮杠按标筋高度刮平。

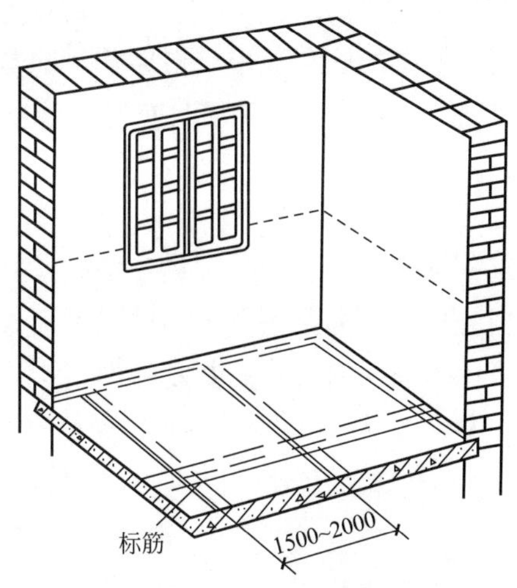

图 3.6-8　地面做标筋

操作时，应由里向外。在两条标筋间应由前往后摊铺砂浆。灰浆经摊铺、木刮杠刮平后，将不用的标筋敲掉，并用砂浆填平。最后，从房间里面刮到门口并符合门框锯口线标高。

6. 搓平、压光

地面的水泥砂浆用木杠刮平后，再用木抹子搓平，从内向外退着操作，并随时用 2m 靠尺检查平整度。木抹子搓平后，用铁抹子压第一遍，直至出浆为止。第一遍的压光工序应在表面初步收水后、水泥初凝前完成。此时，找平工作也应在水泥初凝前完成，待表面的水已经下去，人踩到上面，有脚印却不下落陷时，用铁抹子压第二遍，边抹压边把坑凹处填平、压实，应不漏压达到表面压平、压光。有分格要求的地面在第一遍压实后，用劈缝溜子开缝，并用溜子将分格缝内压平、溜直。第二遍压光后应再用溜子溜压，做到缝边光直、缝隙清晰、缝内光滑顺直。水泥砂浆终凝前进行第三遍压光，应达到用铁抹子抹完后不再有抹纹的要求。面层全部抹纹要压平、压实且压光。这项工作必须在水泥砂浆终凝前完成，水泥砂浆地面面层压光应 3 遍完成，即要求每遍抹压的时间要掌握得当。因普通硅酸盐水泥的终凝时间不得大于 2h，所以地面层压光过迟或提前都会影响交活的质量。

7. 养护

水泥砂浆面层抹压后，应于常温湿润条件下进行养护。养护应适时，如浇水过早则易起皮，浇水过晚则会使面层强度降低而导致其干缩、开裂。一般在夏季 24h 后养护，春秋季节应于 48h 后养护。养护时间不得少于 7d；抗压度应达到 5MPa 后，才可以上人行走；抗压强度应达到设计要求后，才可正常使用。

3.6.4　斩假石施工

斩假石工艺流程：基层处理→找规矩、抹灰饼→抹底层砂浆→抹面层石粒浆→养护→斩剁石。

1. 基层处理

基层表面要清理干净，并浇水润湿。具体做法同室外墙面抹灰。

2. 找规矩、抹灰饼

具体做法同室外墙面抹灰。

3. 抹底层砂浆

具体做法同室外墙面抹灰。台阶的底层灰也要根据踏步的宽和高，垫好靠尺，分遍抹水泥砂浆（1∶3）。要刮平、搓实、抹平水泥砂浆，使每步的宽和高要一致，台阶面层向外找坡1%。

4. 抹面层石粒浆

首先按设计要求在底子灰上进行分格、弹线，粘分格条，其方法可参照抹水泥砂浆方法。设计无要求时，也要适当分格。在分格条有了一定强度后，就可以抹面层石粒浆。在分格条分区内先满刮一遍水灰比为0.4的素水泥浆，随即用1∶1.5～1∶1.25的水泥石粒浆抹面层。面层分两遍抹成，其厚度为10mm（与分格条平齐）。然后用刮尺刮平，待收水后再用木抹子打磨压实。随后用毛刷蘸水把表面的水泥浆刷掉，使露出的石粒均匀一致。

5. 养护

面层石粒浆完成后不能曝晒或冰冻，24h后开始浇水养护。常温下一般养护5～7d，使其强度达到5MPa，即面层产生一定强度但不太大，剁斧上去剁得动且石粒剁不掉为宜。

6. 斩剁石

斩剁前要按设计要求的留边宽度进行弹线。若无设计要求，每一方格的四边要留出20～30mm边条，作为镜边。斩剁的纹路依设计而定。为保证剁纹垂直和平行，可在分格内画垂直线控制，或在台阶上画平行及垂直线，控制剁纹保持与边线平行。

剁石前要洒水润湿墙面，以免石屑爆裂，但剁完后，不得蘸水，以免影响外观。剁石时要把稳斩斧，用力一致。持斧要端正，垂直于大面，顺着一个方向剁。斩斧的前锋和后锋都要斩到，以保证剁纹均匀。一般剁石的深度以石粒剁掉1/3比较适宜，使剁成的假石成品美观大方。

斩剁的顺序应自上而下，由左到右进行。先剁转角和四周边缘，后剁中间墙面。转角和四周宜剁水平纹，中间墙面剁垂直纹。每剁一行应随时将上面和竖向分格条取出，并及时用水泥浆将分块内的缝隙和小孔修补平整。斩剁完成后，应用扫帚清扫干净。

3.6.5 水磨石施工

水磨石施工工艺：基层处理→找标高→弹水平线→铺抹找平层砂浆→养护→弹分格线→镶分格条→拌制水磨石拌合料→涂刷水泥浆结合层→铺水磨石拌合料→滚压抹平→试磨→粗磨→细磨→磨光→草酸清洗→打蜡上光。

1. 基层处理

将混凝土基层上的杂物清除，不得有油污、浮土，用钢錾子和钢丝刷将沾在基层上的水泥浆皮錾掉铲净。

2. 找标高、弹水平线

根据墙面上的＋50cm水平控制线，往下量测出磨石面层的标高，弹在四周的墙上，并考虑其他房间和通道面层的标高，相邻同高程的部位注意交圈。

3. 铺抹找平层砂浆

具体做法同楼地面抹灰。

4. 养护

抹好找平层砂浆，养护24h，待强度达到1.2MPa后，方可进行下道施工工序。

5. 弹分格线

根据设计预设的分格尺寸，在房间中部弹十字线，计算好周边的镶边宽度后，以十字线为准可弹分格线，如果设计有图案要求时，应按设计要求弹出清晰的线条。

6. 镶分格条

用小铁抹子抹稠水泥浆，将分格条固定在分格线上，抹成30°八字形，见图3.6-9，高度应低于分格条顶4～6mm，分格条必须平直通顺、牢固，接头严密，不得有缝隙。作为铺设面层的标志，粘贴分格条时，在分格条十字交叉接头处，在距交点40～50mm内不抹水泥浆。为了使拌合料填塞饱满，采用铜条时，应预先在两端头下部1/3处打眼，穿入22号铁丝，锚固于下口八字水泥浆内。

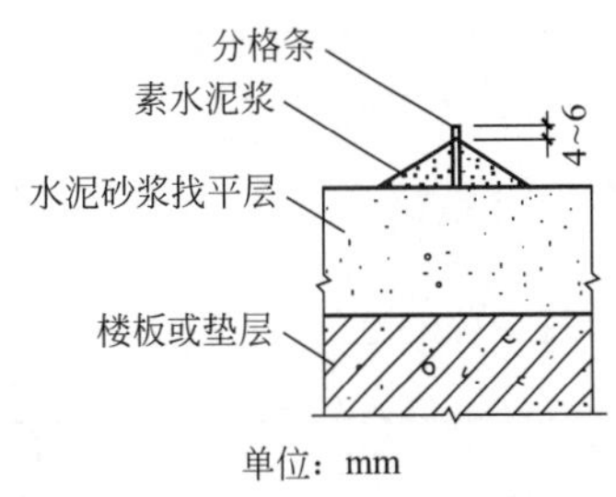

图3.6-9　水磨石镶嵌分格条示意图

镶条后12h后开始浇水养护，最少2d，在此期间，房间应封闭，禁止各工序进行作业。

7. 拌制水磨石拌合料（或称石渣浆）

（1）拌合料的体积比宜采用1∶2.5～1∶1.5（水泥∶石粒）。拌制时应根据试配确定其重量配合比。各种拌合料在使用前加水，用搅拌机拌和均匀。搅拌时间不少于1min，稠度宜为60mm。

（2）彩色水磨石拌合料，除彩色石粒外，还应加入耐光耐碱的矿物颜料，其掺入量为水泥重量的3%～6%。水泥、颜料、彩色石子、普通石子的配合比，在施工前都须经试配确定。同一彩色水磨石面层应使用同厂、同批颜料。在拌制前应根据整个地面所需的用量，将水泥和所需颜料一次统一配好、配足。使用前将水泥与颜料拌和均匀后，用包装袋装起来存放在干燥的室内，避免受潮。彩色石粒与普通石料拌和均匀后，集中贮存待用。

8. 涂刷水泥浆结合层

先用清水将找平层洒水润湿，涂刷与面层同品种、同等级的水泥浆结合层，其水灰比宜为0.4～0.5，要刷均匀，要随刷随铺拌合料，防止结合层风干，导致空鼓。

9. 铺水磨石拌合料

水磨石拌合料的面层厚度，除特殊要求外，宜为12～20mm，并应按石粒粒径确定。将搅拌均匀的拌合料，先铺抹分格条边，后铺入分格条方框中间，用铁抹子由中间向边角推进，在分格条两边及交叉处应特别注意压实抹平，随抹随用直尺进行平整度检查，如有局部铺设过高，应用铁抹子挖去一部分，再将周围的水泥石子拍挤抹平（不得用刮杠刮平）。

几种颜色的水磨石拌合料，不可同时铺抹。要先铺抹深颜色的，后铺抹浅颜色的，待前一种达到施工允许强度后，再铺后一种。

10. 滚压抹平

用滚筒滚压前，先用铁抹子或木抹子在分格条两边宽约100mm范围内轻轻拍实（避免将分格条移位）。滚压时应用力均匀（要随时清除粘在滚筒上的石渣），应从横竖两个方向轮换进行，达到表面平整、密实，出浆石粒均匀为止。待石粒浆稍收水后，再用铁抹子将浆抹平压实。如发现石粒不均匀处，应补石粒浆，再用铁抹子拍平压实。24h 后浇水养护。常温养护 5～7d。

11. 试磨

一般根据气温情况确定养护天数，水磨石开磨时间参考表 3.6-1。过早开磨石粒易松动，过迟则造成磨光困难。试磨以面层不掉石粒为准。

水磨石开磨时间参考表　　表 3.6-1

平均温度(℃)	开磨时间(d)	
	机磨	人工磨
20～30	3～4	2～3
10～20	4～5	3～4
5～10	5～6	4～5

12. 粗磨

第一遍用 60～90 号粗砂轮石磨，边磨边加水（可加部分砂，加快机磨速度），并随磨随用水冲洗检查，用靠尺检查平整度，直至表面磨匀、分格条和石粒全部露出（边角处用人工磨成同样效果），检查合格晾干后，用与水磨石表面相同成分的水泥浆，将水磨石表面擦一遍，特别是面层的洞眼小孔隙要填实抹平，脱落的石粒应补齐，浇水养护 2～3d。

13. 细磨

第二遍用 90～120 号金刚石磨，要求磨至表面光滑为止，然后用清水冲净，满擦第二遍水泥浆，仍要注意小孔隙要细致擦，然后养护 2～3d。

14. 磨光

第三遍用 180～200 号金刚石磨，磨至表面石子显露均匀，以无缺石粒现象，平整、光滑、无孔隙为标准。在使用水磨石机时，尽量选用大号水磨石机，并要靠边多磨，减少手提式水磨石机和人工打磨工作量，这样既省工，质量相对也好。普通水磨石面层磨光次数不少于三遍，高级水磨石面层的厚度和磨光遍数及油石规格应根据效果需要确定。

15. 草酸擦洗

为了在打蜡后效果显著，在打蜡前磨石面层要进行一次适量限度的酸洗，一般均用草酸进行擦洗。使用时先用水加草酸化成约 10％浓度的溶液，用扫帚蘸后洒在地面上，再用油石轻轻磨一遍，磨出水泥及石粒本色，再用清水冲洗和用拖布擦干。此道工序必须在所有工种完工后才能进行。经酸洗后的面层不得再受污染。

16. 打蜡上光

用干净的布或麻丝沾稀糊状的成蜡，在面层上薄薄地涂一层，要均匀，不漏涂，待干后用钉有帆布或麻布的木块装在磨石机上研磨，用同样的方法再打第二遍蜡，直到光滑洁亮为止。

17. 注意事项

（1）铺抹水泥砂浆找平层时，注意不得碰坏水、电、气管线及其他设备。

（2）施工使用水磨机时，应做好防触电措施，施工人员应穿水鞋、戴橡皮手套，应检查线路和漏电开关是否完好，否则，应通知电工给予维修更换。

（3）在机磨水磨石面层时，研磨的水泥废浆应及时清除，不得流入下水口及地漏内，以防堵塞。

（4）磨石机应设罩板，防止研磨时溅污墙面及设施等，重要部位及设备应加覆盖。

3.7 镶贴工实操

镶贴工是指使用手工工具、机具，采用各种天然（人造）石材材料、陶瓷材料和砂、石、水泥、胶粘剂等辅助材料，按设计要求对建筑物、构筑物等物体表面进行装饰、镶贴、安装的施工人员。

施工主要机具包括：切割机、冲击钻、切砖刀、胡桃钳、手凿、水平尺、墨斗、灰起子、靠尺板、木锤、尼龙线、薄钢片、瓷砖十字架（缝卡）、大小水桶、平锹、扫帚等。

3.7.1 墙面普通镶贴

墙面普通镶贴施工流程：基层处理→选择饰面砖→饰面砖浸泡与晾干→排砖→弹线→做标志块→固定底垫尺板与挂平整线→镶贴瓷砖→勾缝清理或美缝。

1. 基层处理

镶贴前应完成墙面找平层、防水层等项目的施工。确定水电路是否完成检查和验收，水路是否试压合格；电工的开关、插座底盒是否都已安装好；门窗框是否按设计要求将边缝填塞密实。如未完成，必须通知技术管理人员，要求有关人员进行整改完成。

新抹灰的找平层一般达到六七成干即可弹粉线准备贴瓷砖。如果是已完成时间较长的找平层，应清扫尘垢和浇水润湿找平层表面，并在墙面上弹出50cm水平标志线。

2. 选择饰面砖

饰面砖经烧制而成，在煅烧中因受热程度不同，易产生尺寸、颜色和形状等方面的差异。因此，饰面砖在进场后，使用前要进行严格挑选，要对不同颜色和规格尺寸的面砖进行筛选，并分别堆放好。对于饰面瓷砖，应根据设计的要求，在挑选时，一般按1mm的差距分类选出1～3个规格，选好后按照房间的镶贴面积计划用料，一面墙或一间房内要尽量采用同一规格的饰面砖。镶贴时要求选用规格一致、形状方正平整、无裂纹、棱角完好、颜色均匀、不脱釉、表面无凹凸扭曲等毛病的饰面砖，不合格的饰面砖不得使用。

3. 瓷砖浸泡与晾干

（1）瓷砖在镶贴前，应先选砖、套割、切砖、掰砖、磨砖，清洗干净，放入净水中浸泡2～3h，以瓷砖不再冒泡为宜。

（2）浸泡2～3h后的瓷砖，应取出晾干，一般应将瓷砖竖立排放并留有空隙。瓷砖晾干时间通常为3～5h，晾干至表面无水膜，手摸无水感为宜。

4. 排砖

瓷砖在镶贴前先进行排版设计和预排。预排时，根据排版设计图纸进行预排。应注意在同一墙面的横、竖排列上都不得有一行以上的非整砖出现。在阳角处要排整块砖，非整砖要求排在次要部位或阴角处，可采用调整接缝的宽度调整砖行，室内瓷砖若无设计要求，接缝宽度一般为1～1.5mm。在管线、灯具、卫生设备的支撑部位，应用整砖套割吻合，不准用非整砖拼凑镶贴，以保证饰面效果。

排砖的方法：有比较传统的对称式，有施工快捷、节省瓷砖的一边跑以及以某重要显眼部位为核心的排砖方法。

5. 弹线

（1）弹线要根据排版设计图及现场情况试拼后进行，饰面砖排版布缝图的部分形式如图 3.7-1 所示。

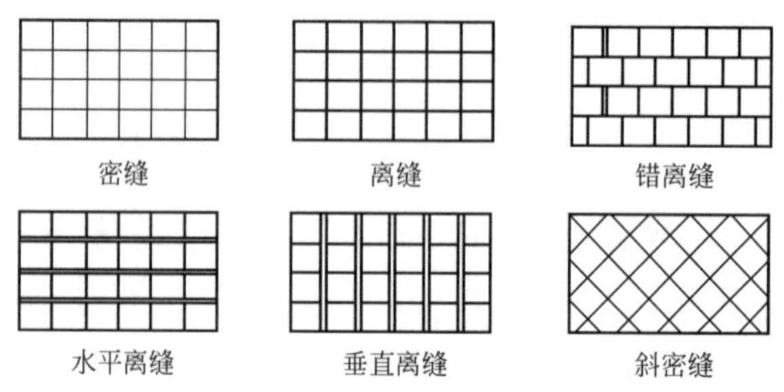

图 3.7-1　饰面砖排版布缝图形式

（2）瓷砖镶贴前，在墙体粘贴面上根据饰面砖排版设计图，弹线找方，计算好纵横贴砖的皮数，弹出砖的水平和垂直控制线。

竖线，也称为垂直线，是竖向接缝的标准。竖线的位置设在墙面两边距阴、阳角约一皮瓷砖宽处。

（3）弹竖线是在抹找平层后，如经检查确定表面平整度、垂直度满足要求，即用墨斗弹出竖线，见图 3.7-2。沿竖线按瓷砖尺寸加 1mm，以此为各皮瓷砖的基准。

弹竖线的具体方法：用色笔在待测墙面上部距阴、阳角约一皮瓷砖宽处先定出一点，用线坠吊线的方法确定墙面下部的另一点。操作时，应两人配合进行。一人在墙面上部把线锤的末端线对准该点并用手指将吊线按在此点上，放下小重锤，使之竖直向下，待其静止时，另一人按照小重锤的锤尖部位定出墙面下部另一点的位置，再用托线板进行校正。根据墙面上下两个测出点，用墨斗拉线弹出竖线。

如果墙面较长，应在墙面上多弹出几条竖线，竖线之间的距离必须能镶贴整块面砖。

（4）弹水平线。水平线的位置一般设在墙面的下方距离地面或踢脚板一皮瓷砖或半皮砖高处，见图 3.7-3。沿着房间墙面四周弹出一圈封闭的水平线，作为整个房间水平线的控制依据。

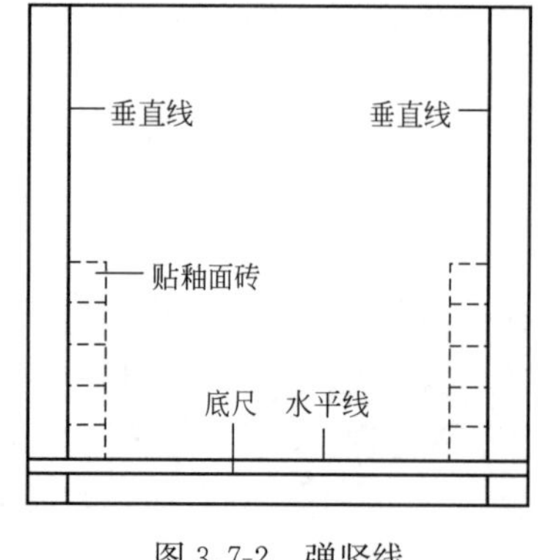

图 3.7-2　弹竖线

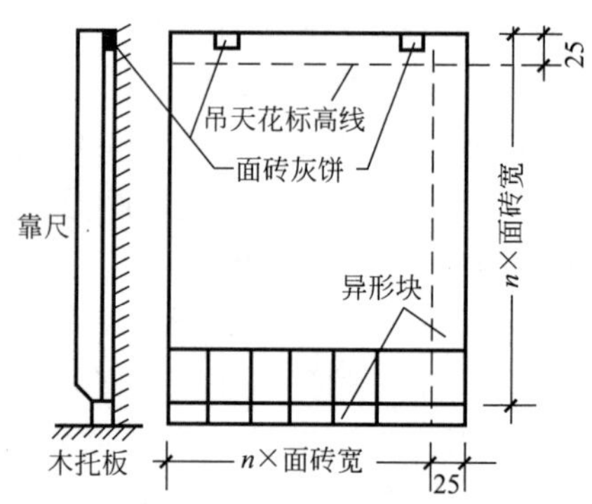

图 3.7-3　弹水平线

弹水平线的具体方法：

用色笔在待测墙面的一边距地面或踢脚板一皮瓷砖的高处先定出一点，用激光水准仪打出一条水平光线，量出定出点与激光水平线距离，然后在墙面的另一边根据激光水平线和量出的距离定出另一测点。或用装满水的透明塑料水管，来定出墙面另一边的另一点的位置，操作时，要求两人配合进行。一人在前手持水管，把水管里水头的一端对准已定出点，后一人手持水管的另一端，移动水管到墙面的另一边，把水管按在地面或踢脚板的上部，按照塑料水管另一端水头的高度定出另一测点的高度。根据墙面两边测出点，用墨斗拉线弹出水平线。

每面墙上弹出的“两竖一平”三条线，是瓷砖粘贴施工中最基本的控制线，也是必不可少的。根据砖块的尺寸、所留缝隙的大小及待贴墙的面积，即可计算纵横贴砖的皮数。

外墙瓷砖从设计粘贴的最高点，向下依次粘贴，称为竖排。此时非整砖应放在墙面的最下面或次要部位。内墙瓷砖一般从下往上贴。采用横向粘贴有两种方法，一是采用一边跑的粘贴方法，即从墙面的一边往另一边阴角贴，要求从墙面的一边显眼处向不显眼处进行。二是采用横向对称粘贴的方式，要用米尺找出粘贴面的中点，从中点起按砖块的尺寸和留缝的大小向两边阴角或阳角进行粘贴。

纵横贴砖粘贴皮数的计算方法为：如果采用竖向排砖时，以总高度除以砖的高度加上灰缝的缝隙所得的商为整个墙面竖向要粘贴整砖的行数，余数为边条的尺寸。

当采用横向一边跑贴砖时，以墙面的长度除以砖的宽度加上灰缝的缝隙所得的商为横向所需粘贴整砖的块数，余数为边条的尺寸。

在计算好纵横贴砖的皮数后，应在墙面上竖向或横向以某行瓷砖的灰缝位置为准弹出若干控制线。一般来说，竖线间距约 1m，横线一般根据瓷砖的规格尺寸每隔 5～10 块弹一条水平线，有墙裙的应弹在墙裙的上口，以防止瓷砖在粘贴过程中歪斜。所弹的这些若干水平线和竖向控制线的数量，必须根据粘贴墙面的面积、施工人员的工作经验和操作技术水平来确定。一般来说，墙面镶贴面积大，需要多弹，墙面镶贴面积小，可以少弹。操作人员如经验丰富、技术水平高也可以不用弹，否则，需要多弹。

6. 做标志块

瓷砖墙裙一般比已抹完灰的墙面突出 5mm，按此用废瓷砖抹上混合砂浆做标志块，厚度约为 8mm，间距为 1.5mm 左右，混合砂浆的配合比可采用水泥∶石灰膏∶砂＝1∶0.1∶3。贴时将砖的棱角翘起，以棱角作为镶贴瓷砖的表面平整的标准。用托线板找好垂直，用靠尺找好横向水平。在门口或阳角处的灰饼除正面外，靠阳角的侧面也要直，称之为双面挂直，见图 3.7-4。

7. 固定底垫尺板与挂平整线

（1）固定底垫尺板

镶贴前，先浇水润湿基层，沿计算好的最下层一皮釉面瓷砖的下口标高处，安放好木垫尺板，并用水平尺找平后加以固定，再用水平尺校验作为镶贴第一皮砖的依据。当楼面、地面面层后做时，一般应按最下一皮面砖下口标高垫好底垫尺板，作为最下一皮砖的下口标准和支托。底垫尺板面约比楼面、地面面层低 10mm，以使地面压住墙面瓷砖。底垫尺板安放必须水平，且垫实摆稳，垫点间

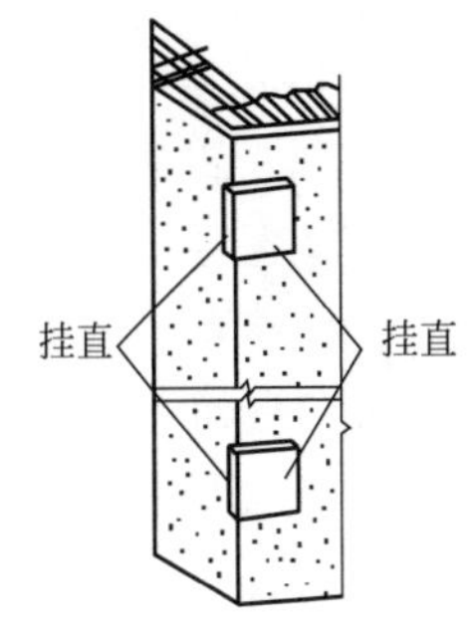

图 3.7-4　双面挂直

距应在400mm左右，使底垫尺板不致弯曲变形为准。当楼面、地面面层已先做好时，可不垫底垫尺板，面砖直接在楼面、地面面层上进行铺贴。室外镶贴工程是否垫底垫尺板应视具体情况定。

（2）挂平整线

瓷砖标志块做好后，在标志块的棱角上拉立线，再在立线上拴活动的水平线，以此用来控制镶贴瓷砖表面的平整度。

8. 镶贴瓷砖

室内镶贴工程一般自下而上进行。贴第一行釉面瓷砖时，瓷砖的下口即坐在尺垫上，在瓷砖的上口拉水平通线，这样，可防止瓷砖因自重向下滑动以达到横平竖直。每行的镶贴应从墙上的左边已经弹好的垂直线开始或从墙面的阳角开始并由下往上进行。把非整砖留在阴角部位。

（1）抹浆

瓷砖背面抹浆的方法为镶贴面砖的传统做法，铺贴一般用1∶2的水泥砂浆。为了改善砂浆的和易性，方便施工操作，一般在水泥砂浆中掺入不大于水泥用量15%的石灰膏。

采用多功能建筑胶粉或胶粘剂镶贴时，应将多功能建筑胶粉或胶粘剂加水拌和，并充分搅拌均匀，稠度要求以不稀不稠、抹墙不流淌为准。每次的拌和量不要太大，要求随拌随用。

粘贴采用水泥砂浆时用左手取浸润阴干的瓷砖，右手拿铲刀，在灰桶内取砂浆抹在砖的背面，砂浆厚5～6mm，最多不超过8mm，以使瓷砖铺贴后刚好满浆为准；粘贴采用多功能建筑胶粉或胶粘剂时，浆体应均匀地涂于瓷砖背面，厚度为3～5mm，四周用铲刀刮成斜面。

（2）粘贴

抹浆后把抹过灰浆的瓷砖紧密粘贴在墙面相应的位置上，左手五指叉开呈五角形按住瓷砖的中部轻轻揉压至平整、灰浆饱满为止。用靠尺按标志块将其校正平直，铺完整行面砖后，再用长靠尺横向校正一次。

对高于标志块的面砖应用橡胶锤轻轻敲击，使其平齐；如低于标志块，则表明墙面欠灰，应取下面砖，重新抹满刀灰进行粘贴，不准往砖口处塞灰浆，否则会产生面层空鼓。镶贴时应注意和相邻的面砖保持平整。在铺贴过程中如发现砖的规格、尺寸或几何形状不同时，应及时做出调换。

根据瓷砖缝宽度要求，应选择大小合适的砖缝十字架，见图3.7-5。在铺贴过程中可以使用砖缝十字架承托和分隔固定瓷砖，见图3.7-6，使镶贴面砖的灰缝大小一致。

（3）拨缝

发现瓷砖缝宽不直时，应进行调整，将已粘好的砖块拉线、修整拨缝，将缝找直，用灰匙手柄轻轻敲击瓷砖，使其粘牢。

瓷砖镶贴过程中，应随时注意用清水将瓷砖表面擦洗干净。

9. 勾缝清理或美缝

待一面墙或一个房间全部的瓷砖镶贴完毕后，应检查一下镶贴过程中是否存在空鼓、不平、不直等现象，发现不符合要求时应及时进行补救。勾缝时用柳叶一类的小工具将灰缝填满塞严，然后捋光。一般多勾凹入缝，勾完后要把灰缝边上多余的灰浆刮干净，然后

图 3.7-5 砖缝十字架

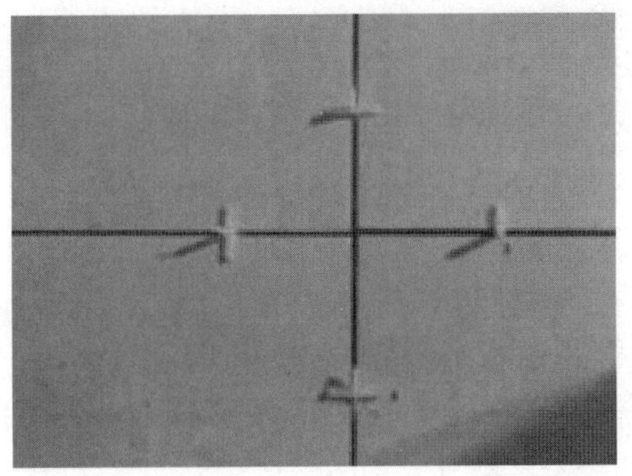

图 3.7-6 用砖缝十字架固定分隔缝宽

用清水将瓷砖洗擦一遍，并用麻丝擦净。在粘结灰浆凝固后，用毛刷蘸粥状白水泥素浆涂满缝，有色瓷砖可用相同色浆将缝涂满，用棉纱将缝内的素水泥浆擦干净，同时也把瓷砖的表面擦干净。

根据瓷砖表面的情况，用清水或在清水中掺入10%稀盐酸擦洗表面。采用稀盐酸擦洗时，在刷洗完后必须紧接着用清水冲洗一遍。

目前，很多室内瓷砖铺贴用专用美缝剂进行美缝，有很好的装饰效果。

3.7.2 楼地面普通铺贴

陶瓷地砖铺贴施工流程：基层处理→弹铺砖控制线→刷素水泥浆一道→摊铺干硬性砂浆→砖背刮浆→铺贴→校正。

1. 基层处理

铺贴前应完成楼地面找平层、防水层等项目的施工。确定水电路是否完成检查和验收，水路是否试压合格；如未完成必须通知技术管理人员要求有关人员进行整改完成。将楼地面垃圾清扫干净，施工前一天浇水润湿。

2. 陶瓷地砖浸泡与晾干

(1) 陶瓷地砖浸泡的作用：一般陶瓷地砖都有一定的吸水率，不浸泡地砖容易吸收粘结砂浆中的水分，使砂浆中水泥不能很好地凝结硬化，导致粘结力降低，使地砖粘结不牢，产生空鼓、松动。

(2) 浸泡方法：采用水槽、水箱，灌入净水，将地砖放入，整齐排列浸泡。

(3) 浸泡时间：地砖吸水率不同，浸泡时间略有差异。一般来说，浸泡吸水率大时间略长，吸水率小时间略短，常用的地砖一般浸泡2～3h，以浸泡至地砖不冒气泡为宜。如果是吸水率较低的玻化砖、抛光地砖等可以不用泡水。

(4) 晾干方法：将浸泡好的陶瓷地砖取出，竖立错位排放，使块与块之间留有空隙，以利于通风阴干。

(5) 晾干时间：晾干时间应视气温和环境温度而定，一般为3～5h，即以陶瓷地砖表面有潮湿感，眼看无水膜，手摸无水迹为准。

3. 按瓷砖规格弹线

(1) 挑砖的尺寸要求

缸砖陶瓷地砖、水泥花砖的质量应符合现行国家产品标准的规定。地砖面层铺设前应预排，有裂纹翘曲、掉角或表面有缺陷的地砖应予剔除。工厂和现场加工生产的预制板块，应符合对同类整体面层所需要的材料和拌合料制成的规定，其质量也应符合规定。

（2）定位中线的方法

在四周墙面上弹出楼地面面层标高线和水泥砂浆结合层线。按房间内四边取中，在地面上弹出十字线，按设计图及板材大小尺寸由房间中心向四周弹线。地面铺贴常有两种方式：一是瓷砖接缝与墙面呈 45°角，称为对内定位法；二是接缝与墙面平行，称为直角定位法。

（3）定位中线的步骤

弹线时，以房间中心点为中心，弹出相互垂直的两条定位线。在定位线上按瓷砖的尺寸进行分格，如整个房间可排偶数块砖，则中心线就是瓷砖的接缝，如排奇数块砖，则中心线在瓷砖中心位置上。分格、定位时应按瓷砖尺寸确定排版方案，应距墙边留出 200～300mm 作为调整区间。另外应注意，若房间内外的铺地材料不同，其交接线应设在门板下的中间位置，同时地面铺贴的收边位置不应在门口处，也就是说不要使门口处出现不完整的瓷砖块。地面铺贴的收边位置应安排在不显眼的墙边。

4. 预排

瓷砖镶贴前应根据排砖设计图进行预排，同一地面的横竖排列，均不得有一行以上的非整砖。非整砖行应排在次要部位或阴角处，其方法是：对有间隔缝的铺贴，用间隔缝的宽度来调整对缝铺贴的瓷砖，主要靠次要部位的宽度来调整，用尼龙线或棉线绳在墙面标高点上拉出地面标高线，以及垂直交叉的定位线。当设计无规定时，砖缝以 2～3mm 为宜。

5. 瓷砖铺贴

（1）找平层上洒水润湿，均匀涂刷素水泥浆（水灰比为 0.4～0.5），涂刷面积不要过大，铺多少刷多少。

（2）铺结合层：在找平层上撒一层 1∶3 的干硬性水泥砂浆，随拌随用，干硬程度以手捏成团不松散为宜，砂浆从里往外门口摊铺，铺好后用大杠刮平，再用抹子拍实抹平。结合层厚度高出砖底面标高 3～4mm，铺设宽度以宽出一块地砖的宽度为宜，铺好后用 2m 刮尺刮平。

（3）试铺：将地砖沿接缝控制线摆放，采用橡皮锤均匀向下敲实，高度以水平控制小线为准；然后翻开地砖检查结合层砂浆是否密实，不密实的地方再增加适当的砂浆按以上的方法重新试铺，直到全部密实为止。

（4）铺砖：将试铺的地砖背面朝上抹粘结砂浆，粘结砂浆应随拌随用，如采用水泥砂浆粘结铺设时厚度应为 5mm 左右，采用沥青胶结料铺设时应为 2～5mm，采用胶粘剂铺设时厚度应为 2～3mm。地砖抹完砂浆后再铺在原来的位置上，用橡皮锤再次拍实，拍打时地砖上须采用木方铺垫，铺砖面高度及位置以水平及接缝控制线为准；边铺边同时用 2m 靠尺进行平整度检查，对卫生间、洗手间进行地面铺贴时，应按设计要求做出排水坡度。铺贴过程中应随即擦去地砖表面的水泥浆。

（5）拨缝、修整：铺完 2～3 行，应随时拉线检查缝格的平直度，如超出规范规定应立即修整，将缝拨直，并用橡皮锤拍实，此项工作应在结合层凝结之前完成。在铺贴过程中可以使用砖缝十字架调整固定砖缝。

（6）勾缝、擦缝、美缝：面层铺贴应在24h以后进行勾缝、擦缝的工作，并应采用同一品种、同标号、同颜色的水泥，或用专门的嵌缝材料；勾缝用1∶1水泥细砂浆勾缝，缝内深度宜为砖厚的1/3，要求缝内砂浆密实、平整、光滑；随勾随将剩余水泥砂浆清走、擦净。如设计要求不留缝隙或缝隙很小时，则要求接缝平直，铺实修整好的砖面层上用浆壶往缝内浇水泥浆，然后用水泥撒在缝上，再用棉纱团擦揉，将缝隙擦满。最后将面层上的水泥浆擦干净。美缝是用专用美缝剂填塞砖缝。

（7）养护：地砖面层施工完毕后，封闭该层楼地面，并派专人洒水养护不少于7d。

3.7.3　墙柱面中档镶贴

大理石镶贴施工流程：基层处理→绑扎钢筋网→大理石修边打眼→饰面板安装→灌浆→嵌缝。

1. 基层处理

（1）首先对基层墙体进行垂直、套方，在墙体上制作灰饼。

（2）按基层墙体材质的不同，对基层进行处理。基层墙体为混凝土时，在表面湿润的情况下，刷专用混凝土界面剂，在基层墙体为轻质砌块砖时，在表面湿润的情况下，刷专用界面剂，刷界面剂同时进行砂浆粉刷。粉刷采用1∶3水泥砂浆，分两遍作业。粉刷表面做毛面。

2. 绑扎钢筋网

工艺顺序为：画线→焊接（或绑扎）竖向钢筋→焊接（或绑扎）横向钢筋，如图3.7-7所示。

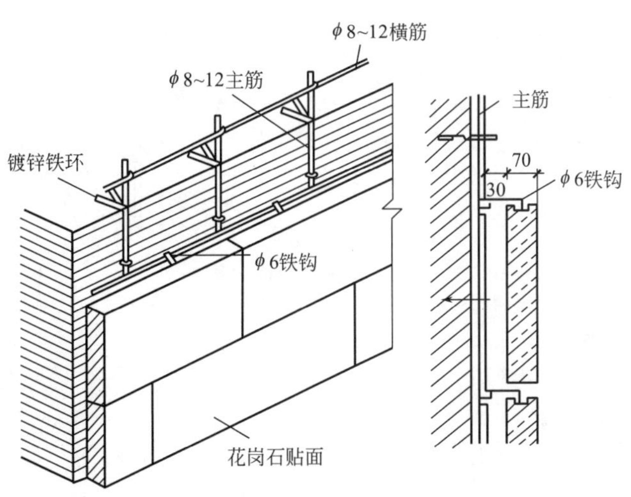

图3.7-7　墙面、柱面绑扎钢筋网

（1）画线：检查、调整预埋钢筋环，使其外露于墙。柱面按设计要求间距，设计无要求时按饰面板宽度，划出竖向钢筋位置线。然后按设计要求画出横向钢筋位置线，设计无要求时，第一道线画在距第一块板下口约100mm处。以后各道线均应低于该层板材上口约20～30mm。

（2）焊接（或绑扎）竖向钢筋：按照竖向钢筋线画线位置，将直径在8～12mm的竖向钢筋用电弧焊上、下方点焊或用 20～22 号铁丝绑扎牢固。

(3) 焊接（或绑扎）横向钢筋：按照横向钢筋线画线位置，将直径在 8～12mm 的横向钢筋用电弧焊双面点焊或用 20～22 号铁丝绑扎牢固。

钢筋网一般采用横竖直径在 6～8mm 的钢筋，竖向筋间距一般不大于 500mm，当板宽大于 500mm 时，中间再设一道竖筋，横筋间距一般为板高。

当墙面没有预埋钢筋环时，钢筋网可按下面两种方法安装：

(1) 可用冲击电钻在基层上打两直径为 6.5～8.5mm、深度大于 60mm 的孔，再将直径为 6～8mm 的短钢筋插入，外露 50mm 以上，并做出弯钩。在同一标高的插筋上绑扎或固定水平钢筋。两者靠弯钩或焊接连接，见图 3.7-8。

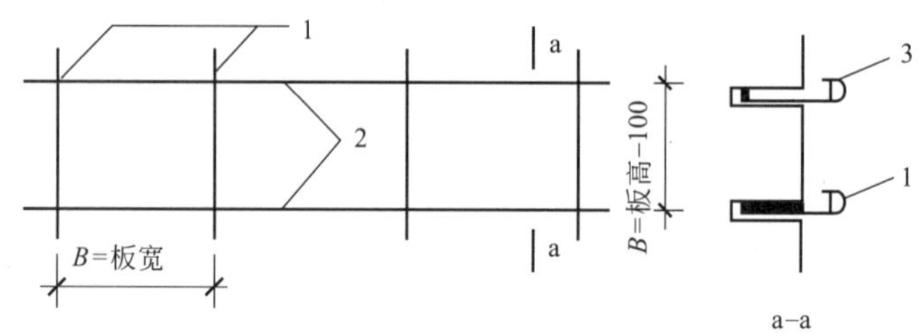

图 3.7-8　纵横钢筋连接固定

1—竖向钢筋；2—横向钢筋；3—预埋钢筋

(2) 也可以在钢筋混凝土墙面上用冲击电锤钻孔，孔径为 25mm，孔深 90mm，用 M16 膨胀螺栓固定铁件，然后进行焊接或绑扎横向、竖向钢筋网，如图 3.7-9 所示。

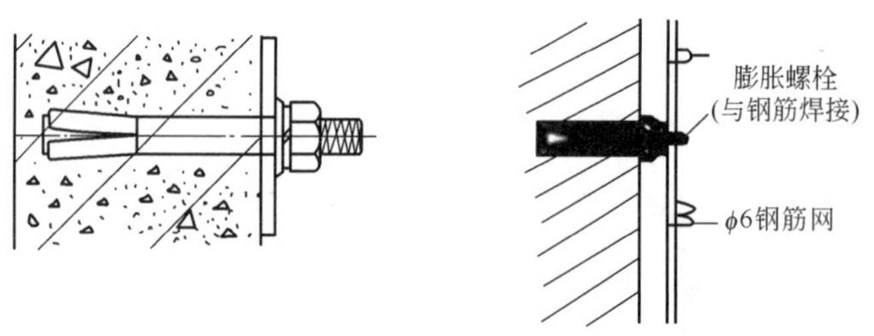

图 3.7-9　膨胀螺栓固定钢筋网

3. 大理石修边打眼

安装前要对大理石进行修边、钻孔、剔槽，以便穿铜丝或铁丝与墙面钢筋网片绑牢，固定饰面板。其方法有两种：

(1) 钻孔打眼法。如板宽小于 500mm，每块板的上、下边钻孔数量均不得少于 2 个；如板宽超过 500mm，应不少于 3 个。打眼的位置应与基层上钢筋网的横向钢筋位置相适应，一般在板材断面上由背面算起 2/3 处，用笔画好钻孔位置，相应的背面也画出钻孔位置，距边沿不小于 30mm，然后用手电钻钻孔，使竖孔、横孔相连通，钻孔直径能满足穿线即可，严禁过大，一般为 5mm，如图 3.7-10 所示。

钻好孔后，必须将铜丝伸入孔内，加以固结，才能起到连接的作用。可以用环氧树脂固结，也可以用铅皮挤紧铜丝。若用不锈钢的挂钩同直径为 6mm 的钢筋挂牢时，应在大理石板上下侧面，用直径 5mm 的合金钢头钻孔，如图 3.7-11 所示。

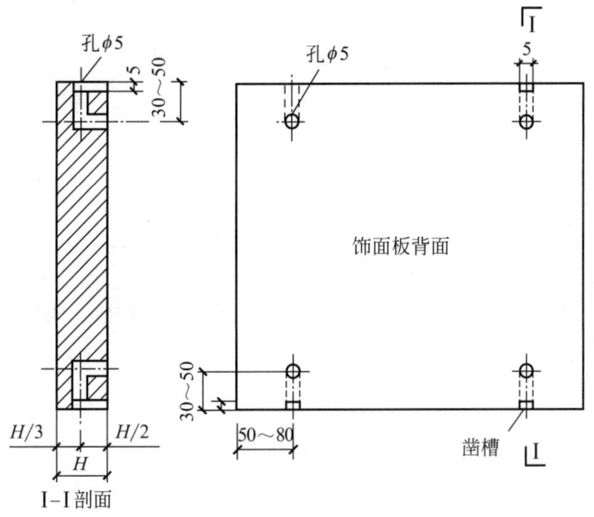

图 3.7-10　大理石钻孔与凿沟

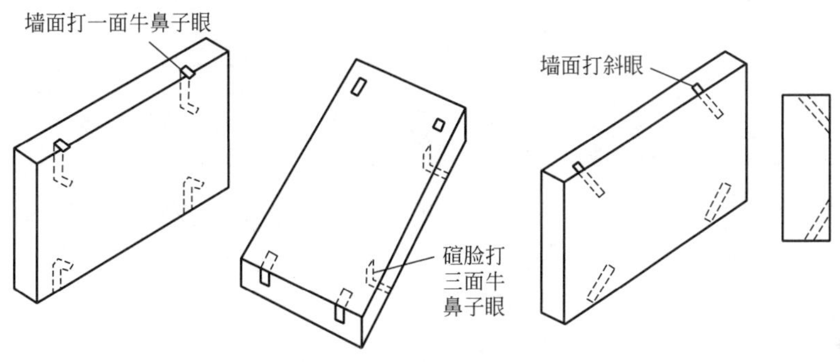

图 3.7-11　饰面板材打眼示意图

（2）开槽法。用电动手提式石材无齿切割机的圆锯片，在需绑扎钢丝的部位上开槽。采用四道槽法，即在板块背面的边角处开两条竖槽，其间距为 30～40mm，板块侧边处的两竖槽位置上开一条横槽，再在板材背面上的两条竖槽位置下部开一条横槽，如图 3.7-12 所示。

板材开好槽后，把备用的 18 号或 20 号不锈钢丝或铜丝剪成 30cm 长，并弯成 U 形。将 U 形不锈钢丝先套入横槽内，再从两条竖槽内穿出，在板块侧面处交叉。然后再通过两条竖槽将不锈钢丝在板块背面扎牢。注意不得将不锈钢丝拧得过紧，以防止把钢丝拧断或将大理石的槽口弄断裂。

石材加工完成后，在表面充分干燥（含水率小于 8%）的情况下用石材防护剂对石材进行六面体防护处理。此工序必须在无污染的情况下进行。共需涂刷两遍，第一遍涂刷完成 24h 后方可进行第二遍涂刷，再经过 24h 后方可进行搬动使用。

4. 饰面板安装

饰面板安装前，先检查基层的处理情况，将饰面板背面、侧面清洗干净并阴干。要按照事先找好的水平线和垂直线进行预排。从最下一层开始，两端用块材找平找直，拉上横线，再从中间或一端开始安装。安装时，对照放样图纸安装石材，按部位编号取大理石板

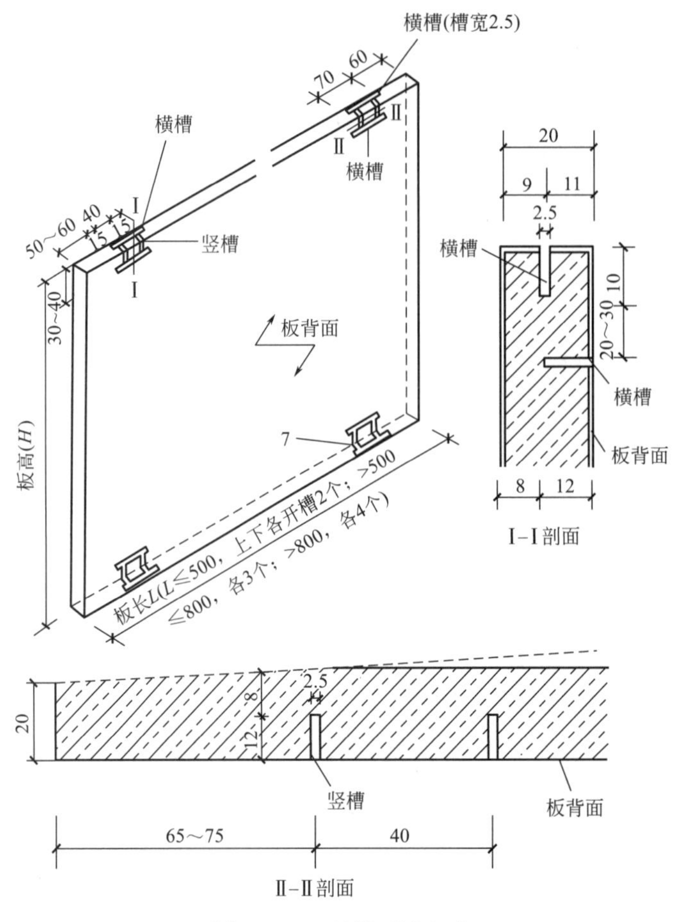

图 3.7-12　板材开槽方式

就位，将石材上口外仰，先将石材下口铜丝或镀锌钢丝绑扎在墙面横向钢筋上，绑扎时不需太紧，可留有调整余量，再将石材竖起，绑扎上口铜丝或镀锌钢丝，用托线板靠直靠平，用木块垫稳，再将铜丝系紧，保证板与板交接处四角平整。安装完后用纸或石膏掺20%水泥拌浆，贴于板处缝隙上，干后可起临时固定作用和防止灌浆渗出。石材与墙体基层间的缝隙在30～50mm。

5. 灌浆

灌浆采用稠度为80～120mm、配合比为1∶2.5的水泥砂浆，从石材与墙体的缝隙中慢慢倒入，灌浆时用橡皮锤轻轻敲击石材，排除缝隙内存在的空气。每次灌浆高度为150mm，不能超过石材高度的1/3，初凝后，检查板面位置无移动时，才可灌第二次浆。灌浆要低于板面50～100mm，作为上层大理石板灌浆的接缝。浅色或半透明石材，可采用隔离界面剂或用白水泥和白石屑灌浆以防碱化渗透影响装饰效果。

安装柱面大理石或花岗石时，在灌浆前必须制作木质卡子，双面将石材卡住，以防灌浆时石材受力外胀。

6. 嵌缝

整个饰面板材安装完毕后，应将板缝多余石膏用铲刀、铁丝钩剔除干净，用白水泥和颜料调制成与板材底色相近的水泥浆进行嵌缝。嵌缝后的缝隙应密实干净，颜色一致。

3.7.4　楼地面中档铺贴

大理石、花岗岩铺贴施工流程：基层处理→找规矩、弹线→试拼、试排→板块浸泡-铺结合层～铺设板块→灌缝、擦缝→踢脚板镶贴→养护。

1. 基层处理

铺贴前应确定水电路是否完成检查和验收，水路是否试压合格；如未完成必须通知技术管理人员要求有关人员进行整改完成。将楼地面垃圾清扫干净，施工前一天浇水润湿。

2. 找规矩、弹线

根据设计要求，确定平面标高位置（水泥砂浆结合层厚度应控制在10～15mm），并在相应的立面上弹线，再根据板块分块情况挂线找中，即在房间取中点，拉十字线。在与走廊直接相通的门口处，要与走道地面拉通线。板块分块布置要以十字线对称，如室内地面与走廊地面颜色不同，分界线应放在门口门扇中间处。

3. 试拼、试排

根据找规矩的弹线，在正式铺设前，对每房间的大理石（花岗石）板块要按图案、颜色、纹理试拼；将非整块板对称排放在房间靠墙部位，试拼后按两个方向编号排列，然后按号码放整齐。当设计无要求时，宜避免出现板块小于1/4边长的边角料。试排就是在房间的两个垂直方向，按标准线，铺两条干砂带，其宽度大于板块，厚度不小于3cm。要按照施工大样图把板块配好，便于检查板块之间的缝隙。大理石、花岗石一般要求不大于1mm，水磨石不大于2mm。认真核对板块与墙面、柱管线洞口的相对位置，确定砂浆找平层厚度及浴室、厕所等有排水要求房间的泛水，最后把房间主要部位弹出的互相垂直的控制线引至墙上，随时用于检查和控制板块的厚度。

4. 板块浸泡

在地面铺设前应将大理石、花岗石和预制水磨石板块浸水1～2h，拿出后放至阴凉处阴干，表面无水迹方可铺设。

5. 铺结合层

移开试铺的板块和干砂，清扫干净洒水润湿后，刷一层素水泥浆，水灰比为0.4～0.5，不要刷得面积过大，边刷边铺水泥砂浆结合层。结合层一般采用1∶2的干硬性水泥砂浆，稠度为2.5～3.5cm。施工时也可以手握成团、落地即散为准。铺水泥砂浆结合层时，长度应控制在1m以上，宽度要超出板宽20～30mm，厚度为10～15mm。虚铺砂浆的厚度可高出3～5mm，用木杠从里向门口刮平、拍实，用木抹子抹平。

6. 铺设板块

板块须预先用水浸湿，表面阴干无明水后方可铺装。

根据房间拉的十字控制线，纵横各铺一行，作为大面积铺石材标筋用。依据试拼时的编号、图案及试排的缝隙（一般为1mm以内），在十字控制线交点处开始铺砌。先试铺，即搬起板块对好纵横控制线铺落在已铺好的干硬性砂浆找平层上，用橡皮锤敲击板材的木垫板（不得用橡皮锤或木锤直接敲击板块，以免将板材敲裂或敲破）。振实砂浆至铺设高度后，将板块掀起移至一旁，检查砂浆表面与板块之间是否相吻合，如发现有空虚之处，用砂浆填补实，然后正式镶铺，在板材背面满刮一层水泥素浆（1∶0.5），再铺板块。安放时四角同时往下落，用橡皮锤或木锤轻击板材上的木垫板，根据水平线用靠尺找平，铺完第一块，向两侧和后退方向顺序铺砌。铺完纵、横行之后有了标准，可分段分区依次铺砌，一般房间先里后外进行，逐步退至门口，注意与楼道接缝的配合交圈。

7. 灌缝、擦缝

在板块铺砌后1～2昼夜进行灌浆擦缝。根据大理石（花岗石）颜色，选择相同颜色矿物颜料和水泥拌合均匀，调成1∶1稀水泥浆，用浆壶徐徐灌入板块之间的缝隙中(可分几次进行)，并用长把刮板把流出的水泥浆刮向缝内，至基本灌满为止。灌浆1～2h后，用棉纱团蘸原稀水泥浆擦缝使之与板面齐平，同时将板面上水泥浆擦净，使块材面层的表面洁净、平整、坚实。以上工序完成后，对面层加以覆盖保护，养护时间为7d。

8. 踢脚板镶贴

大理石、花岗岩和预制水磨石踢脚板一般高度为100～200mm、厚度为15～20mm。用粘贴法和灌浆法镶贴踢脚板前，首先应清理墙面，提前浇水润湿，按需要量将贴于阳角处的踢脚板的一端用无齿锯切成45°，并用水刷净阴干备用。

镶贴由阳角开始向两侧试贴，检查是否平直，缝隙是否严密，有无缺边掉角等缺陷，合格后才可实贴。不论是采用粘贴法施工，还是灌浆法施工，均应先在墙面两端各粘贴一块踢脚板，板上沿高度应在同一水平线上，出墙厚度应一致，然后沿两块踢脚板上拉通线，逐块按顺序安装。

粘贴法：根据墙面标筋和标准水平线，用1∶2.5～1∶2水泥砂浆抹底层并刮平划纹，待底层砂浆干硬后，将已湿润阴干的踢脚板，抹上2～3mm素水泥浆进行粘贴，用橡皮锤敲击平整，用水平尺和靠尺随即找平找直，隔夜后用与板面相同颜色水泥浆擦缝。

灌浆法：将踢脚板临时固定在安装位置上，用石膏将相邻的两块踢脚板与地面、墙面之间稳牢，用稠度为10～15cm的1∶2的水泥砂浆灌缝，并随时把溢出的砂浆擦净。待水泥浆终凝后，把石膏铲掉擦净，用与板面相同颜色的水泥浆擦缝。

3.8　管道工实操

随着国民经济的发展和人民生活水平的不断提高，管道的应用范围越来越广泛，现在几乎所有的公用及民用建筑物（构筑物）都需要安装管道设施。管道的用途很广泛，主要用在给水、排水、供热、供煤气、长距离输送石油和天然气、农业灌溉、水利工程和各种工业装置中。在工作过程中，管道工的基本工作任务是按设计或施工图纸的要求，选择管子和管件，经过规范施工，将管子和管件组合安装成人们生活和生产所需要的管道系统。其工作的基本内容分为室内管道安装和室外管道安装。

本节通过介绍管道工的实操训练知识，特别是室内给水排水管道安装和室外给水排水管道安装知识，使管道工能够掌握岗位的安全职责与本工种安全操作规程，理解相关技术规范，进一步了解相关施工知识，提高管道施工和操作技能。

3.8.1 管材类型

1. 塑料管道

塑料管一般是以塑料树脂为原料，加入稳定剂、润滑剂等经熔融而成的制品。由于它具有质轻、耐腐蚀、外形美观、无不良气味、加工容易、施工方便等优点，在建筑工程中获得了越来越广泛的应用。其主要用作房屋建筑的自来水供水系统配管、排水管、排气管、排污卫生管、雨水管以及电线安装配套用的穿线管等等。

塑料管材分类：塑料管有热塑性塑料管和热固性塑料管两大类。热塑性塑料管采用的主要树脂有聚氯乙烯树脂（PVC)、聚乙烯树脂（PE)、聚丙烯树脂（PP)、聚苯乙烯树脂（PS)、丙烯-丁二烯-苯乙烯树脂（ABS)、聚丁烯树脂（PB）等；热固性塑料管采用的主要树脂有不饱和聚酯树脂（UPR)、环氧树脂（EPD)、呋喃树脂、酚醛树脂（PF）等。

（1）硬聚氯乙烯管（PVC-U）

硬聚氯乙烯管化学腐蚀性好，不生锈；具有自熄性和阻燃性；耐老化性好，可在－15～60℃之间使用20～50年；密度小，质量轻，易扩口、粘接、弯曲、焊接，安装工作量仅为钢管的1/2，劳动强度低、工期短；水力性能好，内壁光滑，内壁表面张力大，很难形成水垢，流体输送能力比铸铁管高；通常直径为40～100mm，内壁光滑阻力小、不结垢、无毒、无污染、耐腐蚀。但因使用温度不大于40℃，故为冷水管。抗老化性能好、难燃，可用橡胶圈柔性连接安装。

（2）三丙聚丙烯管（PPR）

三丙聚丙烯管又称无规共聚聚丙烯管或PPR管，具有节能节材、环保、轻质高强、耐腐蚀、内壁光滑不结垢、施工和维修简便、使用寿命长等优点。PPR管在原料生产、制品加工、使用及废弃全过程均不会对人体及环境造成不利影响，与交联聚乙烯管材同为绿色建材。除具有一般塑料管材质量轻、强度好、耐腐蚀、使用寿命长等优点外，还有无毒卫生，符合国家卫生标准要求，耐热保温，连接安装简单，弹性好、防冻裂等优点。但是其线膨胀系数较大，抗紫外线性能差，在阳光的长期直接照射下容易老化。

（3）塑料波纹管

塑料波纹管在结构设计上采用特殊的“环形槽”式异形断面，这种管材设计新颖、结构合理，突破了普通管材的“板式”传统结构，使管材具有足够的抗压和抗冲击强度，又具有良好的柔韧性。根据成型方法的不同可分为单壁波纹管、双壁波纹管。其特点为刚柔兼备，既具有足够的力学性能，又兼备优异的柔韧性；质量轻、省材料、能耗低、价格便宜；内壁光滑的波纹管能减少液体在管内流动阻力，进一步提高输送能力；其耐化学腐蚀性强，可承受土壤中酸碱的影响；波纹形状能加强管道对土壤的负荷抵抗力，又不增加它的曲挠性，以便于连续敷设在凹凸不平的地面上；其接口方便且密封性能好，搬运容易，安装方便，可减轻劳动强度，缩短工期；其使用温度范围宽、阻燃、自熄、使用安全；其电气绝缘性能好，是电线套管的理想材料。

2. 金属管道

（1）无缝钢管

无缝钢管材料采用碳素结构钢或合金钢，一般以10号、20号、35号及45号低碳钢用热轧或冷拔两种方式生产。热轧无缝钢管的长度一般为 4～12.5m，冷拔无缝钢管为 1.5～7m。

无缝钢管适用于高压供热系统，高层建筑的热、冷水管。一般在 0.6MPa 气压以上的管路采用无缝钢管。无缝钢管因管壁较薄，通常不采用螺纹连接，采用焊接。同一种无缝钢管可以有若干种不同壁厚，规格标注方法是外径乘以壁厚，如 ϕ108mm×4mm、ϕ108mm×5mm。

（2）有缝钢管（焊接钢管）

焊接钢管的全称为低压流体输送用焊接钢管，如果是镀锌管则为低压流体输送用镀锌焊接管，俗称黑铁管和白铁管（图 3.8-1）。普通管的实验压力为 2.5MPa，加厚管为 3.0MPa。焊接钢管是由卷成管形的钢板以对缝或螺旋缝焊接而成，根据其生产方式不同，分为平焊管、叠焊管和螺旋管。焊接管道可用作输水管道、煤气管道、暖气管道等。

(a)

(b)

图 3.8-1　焊接钢管

（a）黑铁管；（b）白铁管

（3）铸铁管

铸铁管是用铸铁浇铸成型的管子。铸铁管可用于给水、排水和煤气输送管线，它包括铸铁直管和管件。按铸造方法不同，铸铁管可分为连续铸铁管和离心铸铁管，其中离心铸铁管又分为砂型和金属型两种；按材质不同可分为灰口铸铁管和球墨铸铁管；按接口形式不同可分为柔性接口、法兰接口、自锚式接口、刚性接口等。

管与管之间的连接，采用承插式或法兰盘式接口形式；按功能又可分为柔性接口和刚性接口两种。柔性接口用橡胶圈密封，允许有一定限度的转角和位移，因而具有良好的抗震性和密封性，比刚性接口安装简便快速，劳动强度小。

给水铸铁管，就其连接形式分有承插连接式和法兰连接式两种，优点是耐腐蚀，价格便宜，使用年限长，适于埋入地下。一般当生活饮用水管直径大于 75mm 时均采用铸铁管。其缺点是重量大，施工比钢管困难。承插接口常用于地下永久性埋设，法兰接口一般用于明装、管沟及水泵房或需要经常拆卸的地方。

（4）合金钢管

合金钢管最大的优点就是几乎可 100％回收，符合环保、节能、节约资源的要求。合金钢管具有中空截面，大量用作输送流体的管道，如输送石油、天然气、煤气、水及某些固体物料的管道等。合金钢管与圆钢等实心钢材相比，在抗弯抗扭强度相同时，重量较轻。合金钢管是一种经济截面钢材，广泛用于制造结构件和机械零件，如石油钻杆、汽车传动轴、自行车架以及建筑施工中用的钢脚手架等。用合金钢管制造环形零件，可提高材料利用率，简化制造工序，节约材料和加工工时，如滚动轴承套圈、千斤顶套等目前已广泛用合金钢管来制造。合金钢管按横截面积形状的不同可分为圆管和异型管。由于在周长相等的条件下，圆面积最大，所以用圆形管可以输送更多的流体。此外，因圆环截面在承受内部或外部径向压力时，受力较均匀，所以绝大多数钢管均为圆管。

3. 混凝土管

根据用途、压力要求及制造方法不同，混凝土管又可分为预应力钢筋混凝土管、普通钢筋混凝土管及无钢筋混凝土管三类。常用的规格有100mm、150mm、200mm、250mm、300mm、400mm、500mm、600mm、700mm、800mm、900mm、1000mm、1200mm等；长度有1000～5000mm。

预应力钢筋混凝土管因其能承受较高的压力，具有良好的抗渗性和抗裂性，输送能力强，使用寿命长。由于其用来代替钢管和铸铁管可节约大量金属材料，所以一般专用于承受压力大的给排水管；普通钢筋混凝土管多用于承受压力较小或不承受压力的给水排水管道；无钢筋混凝土管主要用于室外排水管道。

3.8.2　管件类型

管件是将管子连接成管路的零件。根据连接方法管件可分为承插式管件、螺纹管件、法兰管件和焊接管件四类，多用与管子相同的材料制成。管件包括弯头、法兰、三通管、四通管（十字头）和异径管（大小头）等。弯头用于管道转弯的地方；法兰是使管子与管子相互连接的零件，连接于管端；三通管用于三根管子汇集的地方；四通管用于四根管子汇集的地方；异径管用于不同管径的两根管子相连接的地方。

1. 按用途分

用于管子互相连接的管件有：法兰、活接、管箍、喉箍等（图3.8-2）。

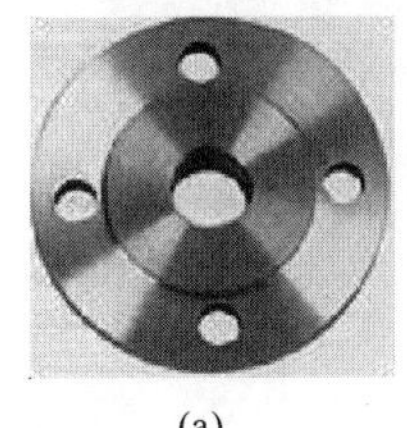
(a)

(b)

(c)

(d)

图3.8-2　互相连接的管件

(a) 法兰；(b) 活接；(c) 管箍；(d) 喉箍

改变管子方向的管件：弯头、弯管（图3.8-3）。

(a)

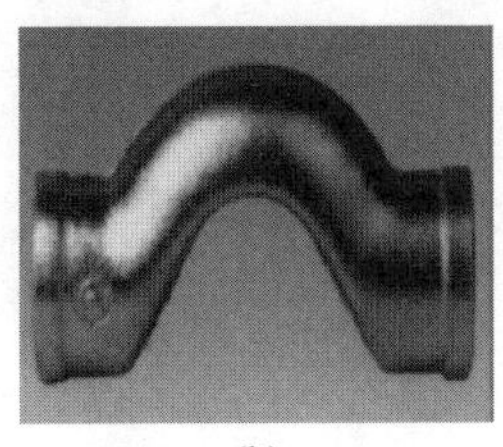
(b)

图3.8-3　改变管子方向的管件

(a) 弯头；(b) 弯管

改变管径的管件：变径管（异径管）、异径弯头、支管台、补强管（图 3.8-4）。

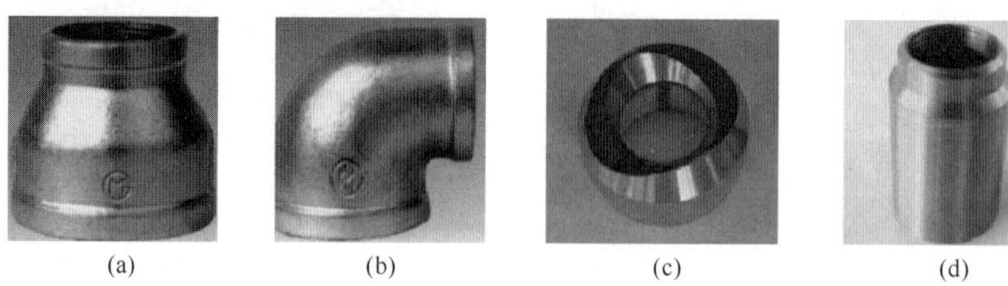

(a) (b) (c) (d)

图 3.8-4 改变管径的管件

（a）变径管；（b）异径弯头；（c）支管台；（d）补强管

增加管路分支的管件：三通、四通（图 3.8-5）。

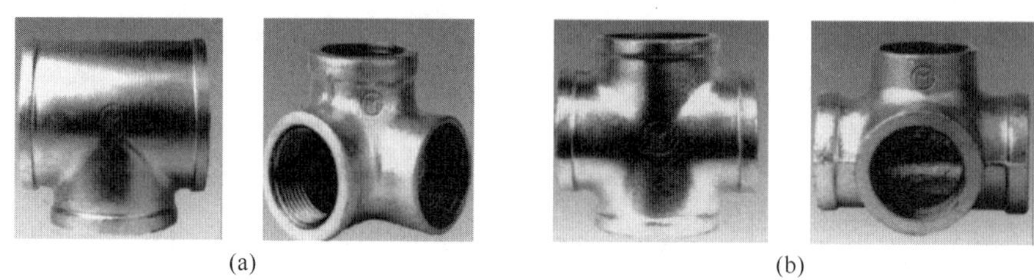

(a) (b)

图 3.8-5 增加管路分支的管件

（a）三通；（b）四通

用于管路密封的管件：垫片、生料带、法兰盲板，管堵等（图 3.8-6）。

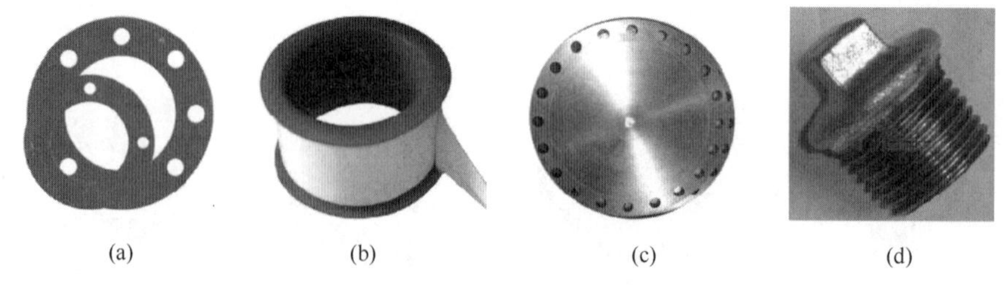

(a) (b) (c) (d)

图 3.8-6 用于管路密封的管件

（a）垫片；（b）生料带；（c）法兰盲板；（d）管堵

用于管路固定的管件：卡环、拖钩、管卡、吊环、支架、托架等（图 3.8-7）。

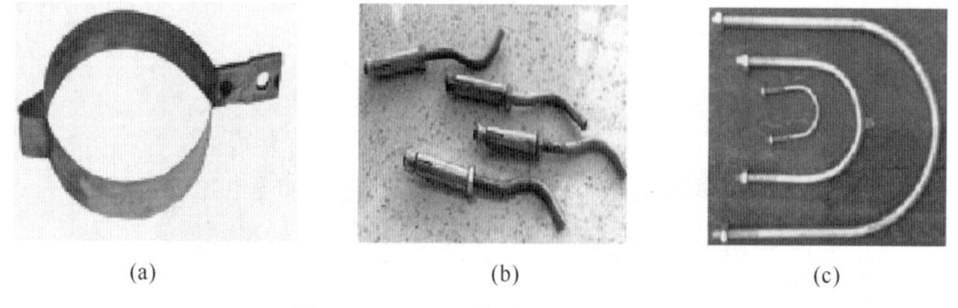

(a) (b) (c)

图 3.8-7 用于管路固定的管件

（a）卡环；（b）拖钩；（c）管卡

2. 按连接分

螺纹管件有卡套管件、卡箍管件、承插管件、粘结管件、热熔管件、胶圈连接式管件（图 3.8-8）。

3. 按材料分

按照各种组成材料分为铸钢管件、铸铁管件、不锈钢管件、塑料管件、PVC 管件、橡胶管件、石墨管件、锻钢管件、PPR 管件、合金管件。

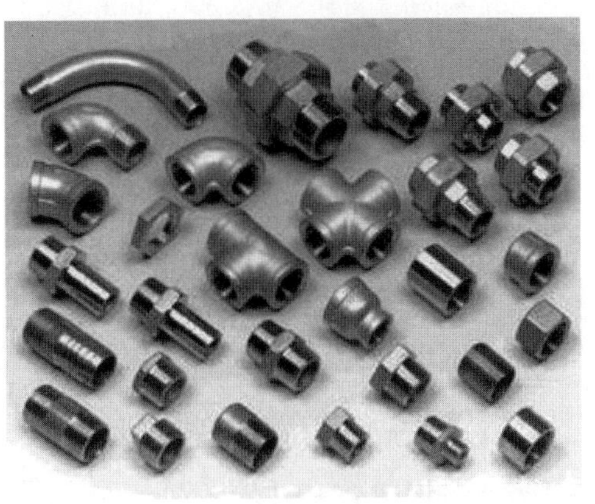

图 3.8-8　螺纹管件

3.8.3　管道敷设和防护

给水管道的敷设有明装、暗装两种形式。明装即管道外露，其优点是安装维修方便，造价相对较低。但外露的管道影响美观，表面易结露、积灰尘，一般用于对卫生、美观没有特殊要求的建筑。暗装即管道隐蔽，如敷设在管道井、技术层、管沟、墙槽、顶棚或夹壁墙中，直接埋地或埋在楼板的垫层里，其优点是管道不影响室内的美观、整洁，但施工复杂，维修困难，造价高，适用于对卫生、美观要求较高的建筑，如宾馆、高级公寓和要求无尘、洁净的车间、实验室、无菌室等，本小节以室内给水管道的敷设与防护为例展开说明。

1. 敷设要求

给水横管穿承重墙或基础、立管穿楼板时均应预留孔洞，暗装管道在墙中敷设时也应预留墙槽，以免临时打洞、刨槽，影响建筑结构的强度。管道预留孔洞和墙槽的尺寸，详见表 3.8-1。横管穿过预留洞时，管顶上部净空不得小于建筑物的沉降量，以保护管道不致因建筑沉降面损坏，一般不小于 0.1m。

给水管预留孔洞、墙槽尺寸　　**表 3.8-1**

管道名称	管径(mm)	明管留孔尺寸(高×宽)(mm)	暗管墙槽尺寸(宽×深)(mm)
立管	≤25	100×100	130×130
立管	32～50	150×150	150×130
立管	70～100	200×200	200×200
2 根立管	≤32	150×100	200×130
横支管	≤25	100×100	60×60
横支管	32～40	150×130	150×100
引入管	≤100	300×200	

给水管采用软质的塑料管埋地敷设时，应采用分水器配水，并将给水管道敷设在套管内。引入管进入建筑内有两种情况，一种是从建筑物的浅基础下通过，另一种是穿越承重墙或基础，其敷设方法分别见图 3.8-9（a）、图 3.8-9（b）。在地下水位高的地区，引入管穿地下室外墙或基础时，应采取防水措施，如设防水套管。室外埋地引入管要防止地面活荷载和冰冻的破坏，其管顶覆土厚度不宜小于 0.7m，并应敷设在冰冻线以下 20cm 处。

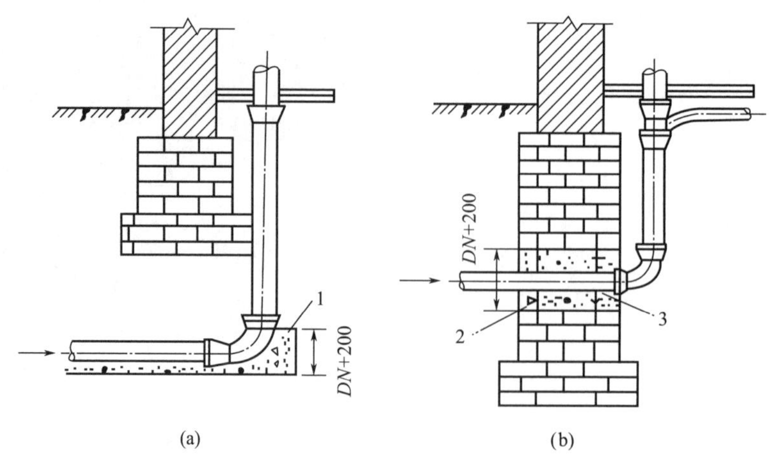

图 3.8-9 引入管进入建筑物

（a）从浅基础下通过；（b）穿基础

1—C7.5 混凝土支座；2—黏土；3—M5 水泥砂浆封口

建筑内埋地管在无活荷载和冰冻影响时，其管顶离地面高度不宜小于 0.3m。

管道在空间敷设时，必须采取固定措施，以保证施工方便和安全供水。固定管道常用的支、托架见图 3.8-10。给水钢立管一般每层须安装 1 个管卡，当层高大于 5m 时，则每层须安 2 个。水平钢管支架最大间距见表 3.8-2。

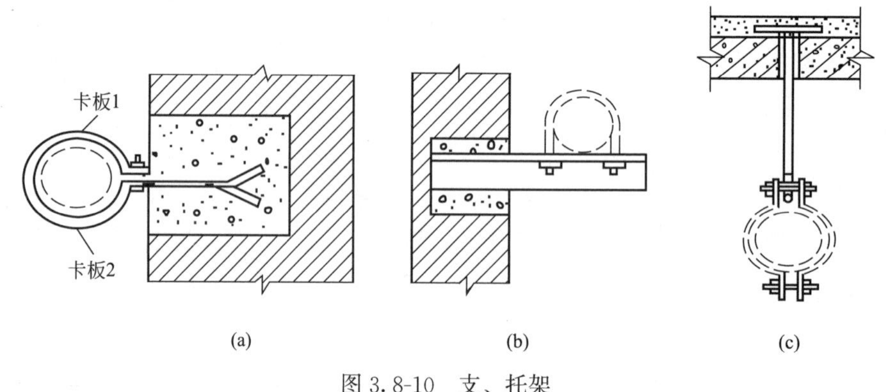

图 3.8-10 支、托架

（a）管卡；（b）托架；（c）吊环

水平钢管支架最大间距（m） **表 3.8-2**

公称直径(mm)	15	20	25	32	40	50	70	80	100	125	150
保温管	1.5	2	2	2.5	3	3	4	4	4.5	5	5
非保温管	2.5	3	3.5	4	4.5	5	6	6	6.5	7	8

2. 给水管道防护

（1）防腐

无论明装或暗装的管道和设备，除镀锌管道、塑料管道外必须进行防腐处理，以延长管道的使用寿命。

镀锌钢管应采用螺纹连接。被破坏的镀锌层表面及管螺纹露出部分，应做防腐处理。在涂刷底漆前，应对管道或设备表面进行除锈。通常的防腐做法是管道除锈后，在外壁刷涂防腐涂料。明装的焊接钢管和铸铁钢管外刷防锈漆 1 道，银粉面漆 2 道；镀锌钢管外刷银粉面漆 2 道；暗装和埋地管道均刷沥青漆 2 道，保温管道至少涂刷底漆 1 道。

对防腐要求高的管道，应采用有足够的耐压强度、与金属有良好的粘接性以及防水性、绝缘性和化学稳定性能好的材料做管道防腐层，如沥青防腐层即在管道外壁刷底漆后，再刷沥青面漆，然后外包玻璃布。管外壁所做的防腐层数，可根据防腐要求确定。埋地钢管应根据土壤腐蚀性的不同采取相应措施，一般情况下管道先刷冷底子油，再涂抹沥青涂层处理，应分两层，每层厚 1.5～2mm。现场可根据具体要求涂上各种颜色的面漆。管道及部件、附件和各类型支、吊、托架的铁锈、污垢应清除干净。明装、暗装和埋地管道的防腐油漆应均匀、无漏涂。

(2) 防冻防露

设在温度低于零度以下位置的管道和设备，为保证冬季安全使用，均应采取保温措施。在湿热的气候条件下或在空气湿度较高的房间内敷设给水管道，由于管道内的水温较低，空气中的水分会凝结成水附着在管道表面，严重时还会产生滴水，这种管道结露现象，不但会加速管道的腐蚀，还会影响建筑的使用，如使墙面受潮、粉刷层脱落，影响墙体质量和建筑美观。防露措施与保温方法相同。

不采暖房间内的管道，受室外冷空气影响的门厅、过道处的管道，在水压试验合格并涂刷底漆后，应采取下列保温措施：管道外缠草绳，再包麻袋布涂油漆；管道包矿渣棉或毛毡，外包玻璃布涂油漆；管道用泡沫水泥瓦保温，铅丝绑扎，外做石棉水泥保护壳。管道如装在室温较高、湿度较大的建筑物中，应做防露措施。

(3) 防漏

管道布置不当，或管材质量和施工质量低劣，均将导致管道漏水，不仅浪费水资源，影响给水系统正常供水，还会损坏建筑。防漏的主要措施是避免将管道布置在易受外力损坏的位置，或采取必要的保护措施，避免其直接承受外力。并要执行好质量管理制度，加强管材质量和施工质量的检查监督。特别是在湿陷性黄土区，可将埋地管道敷设在防水性能良好的检漏管沟内，一旦漏水，水可沿沟排至检漏井内，便于及时发现和检修。管径较小的管道，也可敷设在检漏套管内。

(4) 防振

当管道中水流速度过大时，启闭水龙头、阀门，易出现水锤现象，引起管道、附件的振动，不但会损坏管道附件造成漏水，还会产生噪声。为防止管道的损坏和噪声的污染，在设计给水系统时应控制管道的水流速度，在系统中尽量减少使用电磁阀或速闭型水栓。住宅建筑进户管的阀门（沿水流方向），宜装设家用可曲挠橡胶接头进行隔振，并可在管支架、吊架内衬垫减振材料，以缩小噪声的扩散。

3.8.4　室内给水管道安装

室内给水系统管道的安装，主要有引入管、干管、立管、支管、阀门及附属设备的安装。

1. 安装引入管

引入管的管径>75mm 时，用铸铁管；管径<75mm 时，用镀锌钢管。引入管宜垂直敷设，应尽可能与建筑物外墙的轴线垂直。穿越建筑物基础时，须防止因建筑物下沉而破坏引入管，并按规定预留基础沉降（≥100mm）或加装钢套管。同时，还应保证引入管顶距孔壁的净空≥150mm，并应有≥3‰的坡度，坡向室外，便于维修时能排尽管内余水。如引入管直接埋入地下，应深埋在冰冻线以下 20mm。

2. 安装干管

安装室内给水管一般有两种供水方式：一种是埋地式暗装，即由室外进到室内各立管；另一种是架空式明装，即由顶层水箱引到室内各立管。

（1）安装埋地下供水干管

这种安装有地下埋设或地沟内敷设两种。敷设时，应按设计图的规定确定干管的管径、位置、标高以及开挖土方和所需的深度，如是地沟还要对周边和底面修整砌砖。埋设给水管道应有 2‰～5‰的坡度，坡向引入水管入口处，便于检修时管内的水放空。对直接接地的管道，要用防锈漆或按“三油两布”的方法做防腐处理。当室内给水管与排水管平行敷设时，两管之间的水平净距应不小于 500mm；当两管交叉或上、下敷设时，垂直净距应不小于 150mm，给水管要铺设于排水管上方，否则给水管应加套管。当煤气管和水管同时引入时，煤气管道、给水管道与供热管道的水平净距应不小于 1000mm，与排水管道的水平净距应不小于 1500mm。给水引入管与排水管之间的水平净距应不小于 1000mm。

（2）安装架空上供水干管

应据图纸要求确定干管的位置、标高、坡度以及支架安装的位置间距和标高。操作时，先据图纸要求测出一端标高，再按管长坡度测出另一端标高。然后用拉线确定管道中心线或管底线的位置，再据图纸要求确定支架位置。若干管沿墙敷设，应先将支架固定在墙上，不能出现松动现象。然后在干管中心线上定出各分支管的位置，并测量记录各干管间的管段长度（分段长度以方便吊装为准），以便预制和组装。各分支管的管口应在同一直线上，组装好的干管应平直，不得歪斜扭曲，否则应调直。

3. 安装立管

立管一般沿墙、柱或墙角敷设。立管外皮至墙面的净距应随管径大小的不同而不同，如果管径不大于 32mm 时，净距为 25～35mm；管径大于 32mm 时，净距为 30～50mm。

（1）安装前，首先清除立管上、横支管上的污物、泥沙和封堵物，再根据立管上的记号从一层干管甩头处往上逐层安装。

（2）每层立管安装时，按预组装的记号连接每段立管，穿越楼板孔洞时应加套管。立管周围楼板的孔隙要用不小于楼板混凝土强度等级的细石混凝土填严、捣实。安装带有横支管的立管时，支管预留口位置的朝向应准确，用线坠从相差 90°的两个方向吊直立管，并用管卡子固定在墙上。

（3）如楼层层高≤5m 时，每层应设一个管卡，管卡安装高度距地面为 1.5～1.8m。如每层层高>5m 时，每层设管卡不能少于两个，管卡应均匀安装。

（4）当冷、热立管竖直并行安装时热水管须装于面向的左侧。

（5）若立管为暗装式，在隐蔽前应做水压试验，合格后再隐蔽。如有防腐和防露要求，应做防腐和防露处理。

4. 安装支管

（1）画线

支管安装之前，应是立管、卫生器具及用水设备已基本安装完毕。此时按图纸要求，从立管上预留的管口起，在墙面上画出水平支管安装位置的横线，并在横线上画出各分支管及给水配件位置的中心线，同时找准穿墙孔洞的中心位置，用十字线记在墙面上。

（2）打孔洞

按穿墙孔洞的标记用钻或錾打孔洞，使孔洞的中心与管道中心对准，孔洞直径应大于管道外径 20～30mm。

（3）预制和预组装

根据墙上画出的中心线量出各支管的实际尺寸，记录于草图上。根据图纸要求选定管材，并根据记录尺寸预制，各管段的长度以方便安装为准。预组装后，检查合格时才能安装。

（4）安装支架

根据图纸设计的支管排列情况和规范规定，确定横支管支（托、吊）架的数量和间距，并备齐或预制。依据规定的坡度、坡向和管中心与墙面的距离，把涂刷防锈漆的支架平整牢固安装于墙上，然后将支管放置于支架上。

找准横支管上各分支管留口的位置和朝向，用管卡固定，以确保连接卫生器具、给水配件以及各种用水设备等分支管位置正确。支管安装好后，应检查所有支架和分支管留口，清除污物，用堵头或管帽将各个管口堵好。

5. 安装阀门

用于改变管道通路截面，控制管道输送液体流量的大小，以及自动放入和放出的一种装置，称为阀门。安装阀门前应做耐压强度试验，对安装在干管上起切断、开启作用的闭路阀门，要逐个做强度和密封性试验。阀门安装之前，应仔细核对所用阀门的型号、规格是否与设计相符，然后根据阀门的型号和出厂说明书检查对照该阀门可否在要求的条件下应用；安装阀门时，不得采用生拉硬拽的强行对口连接方式，以免因受力不均，引起损坏。

6. 安装消防给水管道

安装消防给水管道一般是从室内给水干管上直接接出消防立管。在消防立管底部距地面 0.5m 处要安置球阀（截止阀），阀门应经常处于全开启状态，阀门上要有明显的开启标记，再从立管上接出支管直接接到消火栓。通常消火栓安装在消防箱里，有时也安装在消防箱外，消火栓的出水口应朝外。消火栓安装的高度为栓口中心距地面 1.2m，偏差不超过 20mm，与安装消防箱的墙面成垂直或 45°角。若消火栓在消防箱内，消火栓中心距箱侧面应为 140mm，距箱后面应为 100mm，偏差为 5mm。在建筑物内，消火栓和消防给水管道一般是明装，有时也可用暗装或半明装，通常设在楼梯间或走廊内等明显易取处。

7. 安装水表

水表通常安装在方便查看、检修，不受曝晒、污染、冻结及不易损坏的地方。引入管上的水表，应装在室外水表井、地下室或专用室内，不可将水表直接放在水表井底的垫层上，要用砖或混凝土预制块将水表垫起。水表安装前应先用水清除管道中的污物，以免使水表堵塞。水表安装时应水平放置，水表箭头方向要与流水方向一致。

进入建筑内的分户水表，要明装于每户进水总管上，水表前要有一个阀门，水表前后应有不小于300mm的直线管段，后面可不设阀门。其超出部分管段应弯曲沿墙面敷设，管中心距墙面为20～25mm。支管长度大于1200mm时，要用管卡固定，水表安装的高度为600～120mm。

8. 管道水压试验与吹洗

室内给水管道安装完毕后，应对管道的材质与配件结构的强度和密封性能及管道安装质量进行评定，以保证正常运行，这就需要做水压试验。为确保给水管道畅通，应清除滞留和掉入管道内的灰土和污物，以免供水时产生管道堵塞与水质污染，为此要对管道进行消毒和用饮用水增压冲洗。

3.8.5 室内排水管道安装

室内排水系统按排出污废水的性质，一般分为三类：①生活污水排水系统：主要是排除人们日常生活中产生的洗涤污水和粪便污水；②工业废水排水系统：主要是排除工矿企业生产中产生的废污水。对含有酸、碱等有害元素的废污水，经局部处理后才可排放到室外排水管路中。不含有害物质的废污水，可以直接排放到室外管路中；③雨、雪水排水系统：主要是排除屋顶的雨水和融化的雪水。

1. 室内排水系统的组成

室内排水系统一般由排出管、立管、通气管、横管、支立管、卫生器具、清通设备等组成。它的安装次序是：排出管→立管→通气管→横管（包括清扫口）→支立管→检查口和清扫口→卫生器具。

2. 安装排出管

室内排水管与室外第一检查井之间的连接管段称为排出管。排出管的长度随室外检查井的位置而定，检查井中心至建筑物外墙的距离一般为3～10m。

3. 安装立管

排水立管通常沿卫生间墙角设置，穿过楼板时应预留孔洞。立管与墙面距离及楼板预留孔洞的尺寸，应按设计要求或有关规定预留。

4. 安装通气管

立管向上延伸出屋顶面的一般管道称为通气管。它能将下水管道中的有害气体排至大气中，并使管道中不产生负压。

（1）通气管不能与风道、烟道连接，不宜设在屋檐口、阳台下，要高出屋面0.3m以上，应大于最大积雪厚度。

（2）经常有人停留的平面屋顶，通气管应高出屋面2m。如通气管出口4m以内有门窗，则应高出门窗顶0.6m，或引向无门窗的一侧。

（3）通气管出口上应加做铁丝球网罩或透气帽。通气管安装后，管道与屋面接触处应做防水处理。

5. 安装横管

（1）按设计要求或规范确定横管吊架的位置，再根据横管坡度、管中心与墙距及立管三通口底位置确定吊架具体位置，凿出吊架的楼板眼或墙眼。

(2) 用线坠按横管位置线将预制好的吊架固定、找正、找平。吊架的卡圈要按管径选用，吊杆要用相应的可调吊架，保证横管的坡度要求。吊杆吊卡圈要垂直，下端不得偏向支管方向。

(3) 为保证安装质量和安装方便，应先预制横管管段，将管段直立或水平预组装，同时以 90°的两个方向用线将管段吊直找正，并严格找准各甩口的方向，确保横管安装后连接卫生器具短管的承口水平。

(4) 安装横管，应在预制管段接口和吊架固定砂浆达到规定强度后方可进行。

(5) 安装时，用绳子从楼板眼将管段按排列顺序从两侧水平吊起，放在吊架卡圈上临时卡稳。调直各接口和各甩口的方向，各接口处不得产生拱、塌、歪斜和扭曲，使其坡度一致；也不得产生倒坡，保证三通口和弯头口在同一轴线上。然后按接口工艺将各接口接好，并紧固卡圈使其牢固，再用木塞将各甩口堵住封牢。

6. 安装支立管

支立管安装前，应根据图纸和规范要求，核对各种卫生器具、排水设备管件规格、型号和给定的预留孔洞位置尺寸，确认无误后在地面上画出大于支立管径的中心十字线和修正孔洞。安装支立管时将管托起，插入横管甩口内，在管的承口处绑上铁丝，临时吊驻在楼板上。调整好坡度、垂直度后，然后用砖塞平楼板洞或墙孔，并填入水泥砂浆固定。水泥砂浆表面应低于建筑物表面 10mm 左右，作为表面装饰。

7. 安装检查口和清扫口

排放污水的管道应按规定设置检查口和清扫口，以便清通管道中的污物。

(1) 检查口一般设在立管上，其中心距地面 1m 左右，应高于该层卫生器具上边缘 150mm。安装时口的朝向应以方便操作为准，若暗装应安检修门。

(2) 清扫口一般设在横管上与地面相平。如横管在楼板下吊挂，则清扫口应设在排水横管的起点外，即以起点堵头代替。清扫口与墙面的距离设置以方便清通为准。

8. 通水试验

当室内排水管道系统安装完毕，外观质量和安装尺寸检查合格后，即可作通水试验。

9. 安装卫生器具

室内卫生器具包括洗涤盆、污水池和地漏、盥洗槽、浴盆、大便器、小便器等。鉴于卫生器具的使用特性，它应具有不透水、耐腐蚀、表面光滑和坚固耐用等性质。安装卫生器具一般在室内装修施工后，安装的高度和连接卫生器具排水管的管径，应符合设计要求或标准规定。

3.8.6　室外给水管道安装

民用建筑的室外给水管道都采用埋地敷设。

1. 测量放线

按施工图要求，用经纬仪等测定管道中心线、高程以及附属构筑物的位置，再用白灰撒出挖槽的边线。

放线前，选定沟槽的开挖断面，确定开挖宽度；根据管材的直径、材质、土体的性质以及埋设的深度，选定开挖断面。

2. 开挖沟槽

开挖沟槽可用机械和人工两种方法。人工开挖的出土方法，应根据沟的深浅而定。沟深在 2.5m 以内，可一次扬甩出土；沟深大于 2.5m 时，可二次扬甩出土。开挖时，土方一般向沟两侧堆放。如人工下管，一侧的土方有影响时，应向一侧堆土。堆土与沟槽边的距离要大于 0.8m，高度不得超过 1.5m，否则会造成塌方。机械开挖多用单斗挖土机。为确保槽底土壤不被破坏，开挖时应在基底标高以上留出 30cm 左右不挖，留待人工清挖。

3. 基底处理

沟底应是自然土层，若是松土或砾石，应处理基底，防止管道发生不均匀下沉。处理基底应以施工图的规定为准。

4. 下管

（1）下管前，复测三通、阀门、消火栓等位置，以及排尺定位的工作坑位，尺寸如不合适应调整，并清除槽底杂物。

（2）下管时，应从两个检查井的一端开始，若是承插管，应使承口在前，不要碰伤管道的防腐层。

（3）下管方法有人工和机械两种，应根据管材、管径、沟槽及施工现场情况等条件来选择。

（4）人工下管吊装时要统一指挥，动作协调一致。管子吊起后，沟内人员要避开，而且必须戴安全帽。下第一根管时，管中心应对准定位中心线，找准管底标高，管的末端应钉点桩挡住顶牢，严防打口时顶走管道。

（5）机械下管是用起重机将管道放入沟槽内。下管时起重机应沿沟槽开行，与沟边的距离不能小于 1m。

5. 稳管接口

按设计高程和位置，将管子安放在地基或基础上，叫作稳管。

（1）稳管前，应将管口内外洗刷干净。稳管时，将承插管的插口撞入承口内，对口四周的间隙要均匀一致，间隙的大小应符合规定。

（2）用套环接口时，稳好一根管子再安装一个套环。用承插接口时，稳好第一节管子后，要在承口下垫满灰浆，再将第二节管子插入，将挤入管内的灰浆从里口抹平。

（3）室外给水管道的管材，通常用铸铁管、钢管、石棉水泥管、预应力钢筋混凝土管及自应力钢筋混凝土管等。

（4）给水管道安装完毕，按规定试压。

6. 回填土

管道验收合格，要及时回填土，切忌晾沟。回填土时，应确保管道和构筑物的安全，管道不移位，接口及防腐层不被破坏，土中不得有砖头、石块及冻土硬块。要从沟槽两侧同时填土，不能将土直接砸在接口、抹带及防腐层上。管顶以上 5cm 内要用人工夯填，覆土在 1.5m 以上时才能用机械碾压。

3.8.7 室外排水管道安装

室外排水管道起到排放污废水与雨水的作用，污废水在管道中依靠重力作用由高处流向低处。因此，排水道应有一定的下坡度。为了检查及清通排水管道，在管径改变处或管道坡度、支管接入处及管道转变处，都要设污废水检查井，直线段每隔一定距离也要设污废水检查井，检查井通常用砖砌筑。室外排水管道通常应与建筑物平行敷设，距建筑外墙不应小于 2.5m。

室外排水管道一般直接埋在地下，其施工流程是：施工准备→测量放线→开挖沟槽→基底处理→下管→稳管接口→检查与砌筑→闭水试验→回填土。其中下管及其前面的项目，施工要求与室外给水管基本相同，在此不做过多叙述。

3.8.8　给水管道系统的维护

给水管道一般都埋设在地下，由于各种原因在输水过程中往往会发生不同程度的漏水或者破损，漏水会渗入地下或者流入下水道，漏水时间长或者流量比较大时，还会冒出地面。

漏水会造成路基、建筑物的下沉，影响交通，严重时还有可能造成房屋的倒塌，甚至发生人身生命危险。造成管道漏水及破损的原因有很多，一般可以归纳为以下几点：即安装不当、材质不好、管道受腐蚀严重、外界因素，管道受到过大的负荷，产生不均匀沉降或者过大的水平位移，比如因施工不慎而破坏给水管道、沟槽塌方砸坏管道、冬季埋深不足管道冻裂等。

管道维修的原则是在安全施工的前提下，用尽可能短的时间，在尽可能少关闸门的情况下止水修复，而且要保证维修的质量。

1. 常用的维修材料

维修材料除了常用的水管管箍、弯头、揣袖、两合三通等以外，还有专用于维修的管件，如新管箍、卡子、套管三通、卡箍、柔口、卡盘等，这些管件是利用橡皮受到挤压产生密封作用的原理止水，不用套丝、打口，极大地提高了效率，减轻了劳动量，缩短了维修时间。

2. 管道维修

管道维修分为小维修、大维修和抢修。小维修是指管径在 50mm 以下的管道维修及水表井内的维修；大维修是指管径在 75mm 以上管道的修理；抢修是指管身爆裂、严重跑水的情况下，在维修基础上对速度要求更高的管道维修。

（1）小维修

管径在 50mm 以下一般为镀锌钢管，每根管间用螺纹连接。这类管最常见的问题是螺纹处因锈蚀引起渗漏，也有因施工不慎致使管道破坏、管子断裂，常用的修复方法为把卡子或锁新箍。

一般小的漏眼用卡子即可，但当 1m 内已有两个以上卡子时，就必须更换新管；大的漏眼或管子断裂就须刺断原管而使用新箍，一般立管维修不宜用新箍，表井周围 3m 以内不允许用新箍。当管子腐蚀严重时必须换管，若换管长度小于单根管长时可用新箍与原管连接；若大于单根管长，新换管之间必须套丝，用管箍连接，新管与原管之间的两头仍可用新箍连接。

一般管径在 40mm 以下的管道可不用关闸，管径在 40mm 以上的管道须视漏水情况确定是否关闸。

小维修还包括表井内的故障换表、周期换表、修阀门及刺套等。当水表出现故障时需更换水表；表井内阀门经常启闭，容易损坏，一般换盘根绳或紧紧盘根即可，但有时需要换阀门上盖，此时需要缠麻，若阀门受损严重则须换阀门。周期换表一般为一年或两年换一次，由查表人员过单，维修单位统一安排。表井内的水管由于长期暴露在潮湿的环境中，容易受到腐蚀，当换表或者修理阀门时容易受损，此时要换掉表后一段管道代之以新管，称为刺套。刺套时不允许使用新箍，而只能在表井中套丝，用管箍连接。

（2）大维修

管径在 75mm 以上的各种管道的维修属于大维修。一般大维修开挖土方量比较大，有时需要动用机械。因受到附近环境的限制，施工往往有相当的难度。

1）铸铁管的维修。铸铁管能承受一定的水压力，耐腐蚀性强，但是其属于脆性材料，韧性较差。铸铁管接口形式有承插式和法兰式两种。承插式接口常由于种种原因，填料会被局部冲走发生漏水。管子产生不均匀沉降或者水平受力不均匀及受到侧向的挤压时会导致大口掰裂漏水，这时可采用两合揣袖将大口整体包起来，两端依靠挤压胶皮产生密封作用止水，可不用刺管换管，大大缩短了维修时间。至于要不要关闸可以视情况而定。

铸铁管弯头等损坏时，一般需卸下原有的弯头，刺去弯头一侧的一段弯管，然后采用弯头、短截、揣袖等打口修复，这时需要关闸后才能施工。当需要更换较长的铸铁管（大于或等于 6m）时，新管与新管之间必须是打口或者撞口连接，新管与原管的两端可用柔口连接。一般不宜同时使用三个柔口修复直管。

2）钢管的维修。钢管一般用于大口径给水管道，或者穿越铁路、河谷等地区，其耐腐蚀性差，接口多为焊接，漏水大都因管道腐蚀穿孔或者焊缝开裂。

对于局部穿孔的管壁，若漏眼较小，可以垫 1～2 层胶皮后把卡箍修复。若焊接开裂，一般先用垫子把焊缝漏水量捻少，再把卡箍或者焊补一块钢板修复。对于钢管的焊法，可用盖压焊接法及导盖压焊接法，现场效果很好。对于腐蚀严重的管道或者断裂的管道需要更换新管时，一般采用两个柔口外加一段短截修复。

在钢管的维修中要注意，管径凡在 600mm 以上的钢管均存在不同程度的椭圆度，对口焊接或用卡盘时，会有一定的危险，所以要做好整圆的工序准备。

3）预应力钢筋混凝土管的维修。预应力钢筋混凝土管多为承插式接口，一般仅用一个胶圈。这种管道接口漏水的情况较多。这时一般先采取补麻、补灰止水，再视情况决定是否用卡盘。如果承口开裂，可考虑使用承口用两合揣袖法修复。若管身断裂可以用两合揣袖把管身折断处包起来再打口处理。如有尺寸合适的柔口，也可以用柔口修复，实际工作中柔口一般针对金属管有标准件。如果纵向产生裂纹，一般的补救方法是把裂纹再剔大些，深度到钢筋，用环氧树脂打底，再用环氧树脂水泥腻子补平，这适用于裂纹不太长的情况。如裂纹较长就得换管，通常换管是用一根铸铁管或钢管，更换破损的混凝土管，铸铁管或钢管与原混凝土管用转换口连接。

4）混凝土管的维修。混凝土管多为平口，接口一般用水泥套环连接。漏水点一般发生在接口处，可直接把卡盘修复，若接口漏水较大，且裂缝是沿套环开裂，此时破损套环可用合适的柔口修复，也可用混凝土在关闸后将漏点浇筑在里面。

3. 管道抢修

抢修是发生在破损的管子口径大、跑水多、影响用户范围广的情况下，在修理方法上与一般维修并没有什么差别，只是抢修在保证质量和安全的前提下强调快速修理，是一项需要各方面都积极配合的工作。

首先，维修人员要快速进入现场探明情况，需要机械开挖土方时先与有关单位联系，同时通知闸门管理部门关闸，还要考虑影响范围及需临时供水的水车数量及停车位置。一旦进入现场，就应连续工作直到修复为止。在抢修施工中，在保证安全的前提下有时需要采取灵活的解决问题方法。

4. 检漏

检漏是降低管线漏水量，节约用水，降低成本的重要措施。管网漏水量的大小与管网的管材质量、施工情况、维护管理工作、敷设年限等有关。水管损坏引起漏水的原因很多，如管材质量较差或使用期长而破损；施工不良导致接口不牢，基础沉陷，支墩不当，埋深不足，防腐不好等；偶然事故如车辆压坏，水锤破坏，其他施工破坏等；维修不及时，因阀门锈蚀、阀门磨损等，或水压过高，都会导致漏水。检漏的方法有很多，如直接观察、听漏、间接测定及分区检漏等，应根据具体实际情况，选用有效的方法。

（1）听漏法

听漏法是常用的检漏方法，也是使用最久的方法。它是根据管道漏水时产生的漏水声或由此产生的震荡，利用听漏棒、听漏器以及电子检漏器等仪器进行管道泄漏的测定。使用听漏棒时，将听漏棒一端放在地面、阀门或消火栓上，可从听漏棒的另一端听到漏水声，这种方法更多体现的是个人经验。而半导体检漏仪是一种比较好的检漏工具，它是一个简单的高频放大器，利用晶体探头将地下漏水的低频振动转化为电信号，放大后即可在耳机中听到漏水声，也可从输出电表的指针摆动看出漏水情况。检漏仪的灵敏度很高，但所有杂声都被放大，以致有时不易区别出真正的漏水声。

（2）直接观察法

直接观察法又称实地观察法，是从地面上观察管道的漏水迹象，如地面或沟边有清水渗出，检查井中有水流出，局部地面下沉，局部地面积雪融化，某处草木相比其他处很繁茂，晴天也出现地面潮湿较重等，直接确定漏水的地点。

（3）分区检漏

分区检漏是用水表测出漏水地点和漏水量，一般只在允许短期停水的小范围内进行。方法是把整个给水管网分成小区，凡是和其他地区相通的阀门全部关闭，小区内暂停用水，然后开启装有水表的一条进水管上的阀门，使小区进水。如小区内的管网漏水，水表指针将会转动，由此可读出漏水量。查明管道漏水后，可按需要再分成更小的区，用同样方法测定漏水量。这样可逐步缩小范围，但最后还需结合听漏法找出漏水的地点。

（4）间接测定法

间接测定法是利用测量管线的流量和节点压力来确定漏水的地点。

3.8.9　管道工岗位安全职责

管道施工现场情况较为复杂，在管道安装和维修中容易发生事故。管道工容易发生的安全事故有：

（1）被工具碰伤及运输车辆撞伤。

（2）被动力机械绞伤或碰伤。

（3）被土石塌方压伤。

（4）被高温物体烫伤或烧伤。

（5）被高空下落物体打伤。

（6）不小心摔伤或跌伤。

（7）缺氧窒息或中毒。

（8）现场触电。

以上这些事故产生的主要原因有：

（1）思想麻痹，不重视生产安全。

（2）人员缺乏必要的安全技术教育，作业中缺少完整的安全管理制度和作业规程。

（3）虽有安全管理制度和作业规程，但不认真贯彻执行。

为保证安全生产，管道工必须严格遵守以下岗位安全要求：

（1）认真贯彻执行国家和上级制定的安全生产方针和制度。

（2）对因个人职责内工作失误所造成的生产事故负责，认真接受上级领导的处理和教育。

（3）能辨识并消除作业过程中的风险和安全隐患。

（4）对常用管材、管件、阀门的规格用途较为清楚，掌握国家、行业及企业对管道施工技术的规范要求。

（5）负责管道的维护维修工作，积极配合焊工进行焊接作业。

（6）定期配合班组长按检查表进行检查保养和维护，以保证设备完好。

（7）认真学习管道工安全技术操作规程，熟知安全知识，严格执行规章制度，不违章作业、不蛮干、有权拒绝违章指挥。

（8）正确使用防护用品，要衣着整齐穿戴好劳保护具。在工作中要做到四不伤害（不伤害自己、不伤害他人、不被他人伤害、保护他人不被伤害），对自己和他人安全负责。

（9）实行文明生产，对各级检查出的隐患必须按要求整改，对所发生事故须向领导报告并进行经验教训总结防止事故再次发生。

3.8.10　安全操作注意原则

1. 管道电焊作业

（1）电焊机一次接线应由电工操作，二次接线可由电焊工接。焊接前应保证电焊机和工具完好，罩盖、仪表等不得缺损。

（2）电焊机壳应接地或接零，一次接线处应加保护罩，电线应经常保持绝缘良好。

（3）二次接线应该有容量足够的橡皮电缆，绝缘保持完好。焊工的手和身体外露部分，不得接触二次回路导体。焊机空载电压较高，焊工大量出汗或衣服潮湿以及在潮湿的地点作业时，应在操作地点用绝缘垫板进行隔离绝缘。

（4）施焊前应佩戴齐全防护用品，面罩应严密不透气，清焊渣时，要防止焊渣伤眼。

（5）在地面上或沟中作业时应先检查管子垫墩、沟壁是否有松动塌方的可能。必要时应采取措施，以保安全。

（6）在高空管道、容器内和水中焊接时，要采取防坠落、中毒、窒息、触电等措施。

（7）焊接储、输易燃易爆介质的容器和管线，在焊接前须按动火审批权限办理手续后方准工作。

（8）焊接地点周围5m内，须清除一切可燃可爆事故隐患。在工作地点移动焊机、更换保险丝、焊机故障检修、更换焊机、改装二次回路等，须切断电路。推拉闸刀开关时，必须戴皮手套，同时头部要倾斜，以防弧光灼伤人眼及脸部。移动把线时，任何人不得站在其首尾相连的危险区内，防止把线受力后伤人。

（9）焊接操作应注意热传导作用，避免引起火灾爆炸事故。

（10）停止作业时应随即断电，焊钳应放在安全地方，严禁短路或接地、接零。

（11）施焊过程中，吊管设备一定要吊稳，必要时可采用垫土堆、钢管支架的方式，以防钢管下落伤人。

（12）在潮湿地方操作时要采取绝缘措施，电焊操作不得使人、机器设备或其他金属构件等成为焊接回路，以防焊接电流造成人身伤害或设备事故。

（13）焊接储存易燃易爆介质的管线和容器时，在施焊前要经过严格的安全检查后方能施焊。

2. 管道气焊作业

（1）工作前应检查工具设备，并认真穿戴好劳保用品，确认安全后，方准作业。

（2）搬运氧气瓶、乙炔气瓶时，瓶上应有两个防震胶圈，严禁摔、碰、撞击。装卸氧气表和试风时，要避开人。乙炔气瓶使用前要直立15min后方可使用。

（3）输、储氧气和乙炔气的器具、设备必须严密。氧气瓶、乙炔瓶的阀门必须严密不漏气，氧气瓶、乙炔瓶要分类摆放，严禁乙炔瓶水平放置。不得用紫铜材质的连接管连接乙炔管。输、储乙炔气的器具、设备冻结时严禁用火烘烤。

（4）氧气瓶、乙炔发生器的放置应避开输电线路垂直下方。氧气瓶、乙炔瓶距明火应不小于10m。氧气瓶与乙炔发生器间距应大于10m。氧气瓶与乙炔瓶距离应大于5m。

（5）有故障的焊割具，裂纹、老化的胶管，未经修复更换，禁止使用。

（6）氧气瓶不应与油类接触，应避免暴晒。

（7）氧气瓶搬运及储存必须加盖。使用氧气时所装的减压阀必须有安全阀和两个专用的有效气体压力表，安全阀的开启压力应为工作压力的110%。压力表应定期校对。减压阀冻结时应用温水解冻，不得用火烤。

（8）运、储电石应装在铁桶内并密闭，开启时严禁发生火花。

（9）乙炔发生器的危险区域视其大小而定。移动式的一般为10m的半径，危险区域内严禁明火、吸烟。

（10）工作中如发生回火，应立即关闭乙炔阀门，并检查排除故障。

（11）在氧气和乙炔放置位置与动火点，氧气、乙炔连接胶管应有余量，严禁强拉硬拽，以防胶管脱落发生意外。

（12）风雨天气严禁作业，施工现场有安全隐患严禁作业。严禁油气混装，氧气、乙炔同时拉运。拉运氧气瓶、乙炔瓶时要戴上瓶安全帽。

3. 管道工安全操作要求

（1）使用机电设备、机具前应检查确认其性能良好，电动机具的漏电保护装置灵敏有效，不得“带病”运转。

（2）操作机电设备时，严禁戴手套，应扎紧袖口。机械运转中不得进行维修保养。

（3）使用砂轮锯时，应压均匀，人站在砂轮片旋转方向侧面。

(4) 压力案上不得放重物和立放丝板、手工套丝，应防止扳机滑落。

(5) 用小推车运管的，应清理好道路，管放在车上必须捆绑牢固。

(6) 安装立管，必须将洞口周围清理干净，严禁向下抛掷物料。作业完毕必须将洞口盖板盖牢。

(7) 电气焊作业前，应申请动火证，并派专人看火，备好灭火用具。焊接地点周围不得有易燃易爆物品。

(8) 散热器组拧紧对丝时，必须将散热器放稳，搬抬时两人应用力一致，相互照应。

(9) 在进行水压试验时，散热器下面应垫木板。散热器按规定压力值试验时，加压后不得用力冲撞磕碰。

(10) 人力卸散热器时，所用缆索、杠子应牢固，使用井字架、龙门架或外用电梯运输时，严禁超载或放偏。散热器运进楼层后，应分散堆放。

(11) 稳挂散热器应扶好，用压杠压起后平稳放在托钩上。

(12) 往沟内运管，应上下配合，不得往沟内抛掷管件。

(13) 安装立管、托管、吊管时，要上下配合好。尚未安装的楼板预留洞口必须盖严、盖牢。使用的人字梯、临时脚手架、绳索等必须坚固、平稳。脚手架不得超重，不得有空隙和探头板。

3.9 防水工实操

防水技术是保证工程结构不受水侵蚀的一项专门技术，在土木工程施工中，占有重要地位。防水工程质量的好坏，直接影响到土木工程的寿命。

我们的祖先在实践中积累了丰富的建筑防水经验，比如“以排为主，以防为辅”“多道设防，刚柔并济”等。

防水工程按其构造做法分为结构防水和材料防水两大类。

结构防水是主要依靠结构构件材料自身的密实性及其某些构造措施（坡度、埋设止水带等），使结构构件起到防水作用。

材料防水是在结构构件的迎水面或背水面以及接缝处，附加防水材料做成防水层，以起到防水作用，如卷材防水、涂料防水、刚性材料防水层防水等。

3.9.1 建筑防水基本知识

1. 防水工程定义

建筑防水工程是保证建筑物（构筑物）的结构不受水的侵袭、内部空间不受水的危害的一项分部工程（图 3.9-1），在整个建筑工程中占有重要的地位。

建筑防水工程涉及建筑物（构筑物）的地下室、墙地面、墙身、屋顶等诸多部位，其作用是要使建筑物或构筑物在设计耐久年限内，避免出现雨水及生产、生活用水的渗漏和防止受到地下水的侵蚀，确保建筑结构、内部空间不受到污损，为人们提供一个舒适和安全的生活空间环境。

图 3.9-1　防水工程

2. 防水工程的重要性

防水工程在建筑工程中占有重要地位。防水工程的好坏，将直接影响建筑物和构筑物的寿命，还会影响生产的正常运行及起居环境的舒适性。一幢造型完美、空间合理、结构可靠、设备组合先进的建筑物，如没有高质量的防水工程阻止渗漏、对其加以保护，则不能保证其正常功能的实现。在工程实践中，由于防水工程设计不合理、选用材料不恰当、施工粗糙、管理维护松懈而造成的质量事故屡见不鲜，轻则引起屋面和节点渗漏，粉刷脱落；重则引起地下工程被水淹没，甚至导致建筑物倒塌，使国家财产遭受损失，并危及人民生命安全（图 3.9-2）。因此，防水工程必须得到高度重视。

图 3.9-2　防水工程质量事故

某小区防水工程外包给非专业施工队，该施工队在施工中使用了不合格防水材料，且施工工艺不合理，导致小区房屋出现大面积的屋顶漏水事件，给业主以及开发商造成了很大的损失，引发了业主们集体维权（图 3.9-3）。所以，防水工程应该严格按照工程标准及工程质量要求，采用合格的防水材料和科学合理的施工方案进行。

图 3.9-3　防水材料不合格引发纠纷

3. 建筑防水现状

（1）工程质量

近年来，我国建筑业得到了快速的发展，新技术、新材料、新工艺得到了广泛的应用，建设速度有了很大的提高，涌现了一批较好的建筑产品及优良工程。但是，工程质量问题仍很突出，尤其是防水工程质量问题。屋面、厕浴间，外墙墙体以及地下室渗漏（所谓“四漏”）问题已成为常见的质量通病，甚至有的工程交工当年即发生渗漏。

（2）防水材料现状

我国最初所用的防水材料是焦油沥青和石油沥青纸胎油毡，起源于欧洲，约于 20 世纪 20 年代传入中国。截至目前我国防水材料生产企业约有 2000 家，但不少企业生产设备简陋，生产工艺落后，缺乏质量控制手段，产品质量无法得到保证。

3.9.2　防水材料

1. 建筑防水材料分类

建筑防水材料可分为防水卷材、防水涂料、密封材料、刚性防水材料、堵漏材料等五大类。

（1）防水卷材

1）沥青防水卷材。

2）高聚物改性沥青防水卷材（SBS，APP）。

3）合成高分子防水卷材（三元乙丙）。

4）乙烯醋酸乙烯共聚物（EVA）（新产品）。

5）聚氯乙烯（PVC）防水卷材。

（2）防水涂料

1）沥青基防水涂料。

2）高聚物改性沥青防水涂料（851、911、881）。

3）合成高分子防水涂料（BPS、JS、水固化聚氨酯防水涂料）。

（3）密封材料

1）改性沥青密封材料。

2）合成高分子防水密封材料（双组分聚氨酯密封胶）。

3）定型密封材料（各种止水带）。

（4）刚性防水材料

1）确保时防水涂料。

2）渗透性水泥基防水涂料（新产品）。

3）有机硅增水剂。

4）防水减水剂。

5）缓凝减水剂、防水粉、防水剂。

（5）堵漏材料

1）水溶性聚氨酯。

2）EAA 改性环氧灌浆液。

3）凝微膨胀水泥。

4）超细灌浆水泥。

5）水玻璃。

6）丙凝。

7）氰凝。

2. 建筑防水材料性能特点

常见的建筑防水材料主要有防水涂料、防水卷材、密封材料以及堵漏材料，各种材料性能特点及适用范围见表 3.9-1。

常见建筑防水材料性能特点及适用范围表　　表 3.9-1

材料名称	优点	缺点	适用范围
单组分防水涂料	拉伸强度大，延伸度高，无溶剂，安全无毒，耐腐蚀，可在潮湿基面施工	属于高档防水材料，材料成本高	建筑物的所有柔性防水工程，还可用作高级密封胶，适用于饮用水、游泳池等的防水
911 非焦油聚氨酯防水涂料	粘结力强，抗拉强度高，延伸度好，不含煤焦油，具有防腐性能	有较小的气味，对环境有轻微的污染，在含水量较高的基面无法施工	除饮用水池、游泳池外，其他建筑物的所有柔性防水工程都可使用
水泥基渗透性结晶型防水涂料	无毒无味，对环境无污染，渗透性强，结晶性高，粘结强度高，是最理想的内防水材料	不适用于变形较为频发的建筑物结构	建筑物地下室的迎水面防水工程都可使用
K11 水泥基防水涂料	高分子防水涂料，无毒，无味，粘结强度高，可作防水涂料与卷材的复合层	泡水性及耐腐蚀性较差	建筑物的所有柔性防水工程都可使用
丙烯酸防水涂料	强度高，延伸度好，属于耐候型环保材料	施工速度较慢，须多遍涂刷	建筑物的所有柔性防水工程都可使用

续表

材料名称	优点	缺点	适用范围
APP塑性体改性沥青防水卷材	耐腐蚀性、耐气候性好，厚度均匀，强度高	施工过程容易出现搭接不良的情况	适用于跨度较大的屋面
SBS弹性体改性沥青防水卷材	耐腐蚀性、耐气候性好，耐老化性、耐水性好，厚度均匀	施工过程容易出现搭接不良的情况	适用于跨度较大的屋面
自粘橡胶高分子防水卷材	延伸率高、粘结力强	—	适用于变形较大的大跨度屋面
三元乙丙橡胶防水卷材、PVC防水卷材、橡塑共混防水卷材	耐老化性能好，弹性好，拉伸性能优异，耐候性好	施工过程容易出现搭接不良的情况，造价较高	特别适用于受振动易变形的建筑物
速硬微膨胀水泥	固化快，强度高，具有轻微的膨胀能力	—	适用于建筑物渗漏部位的封补及补强时灌浆嘴的固定
双组分聚氨酯密封胶	延伸度大，粘结强度高，耐候性好	—	适用于建筑物的变形缝、分格缝及其他对象的粘结防水
改性环氧化学灌浆液	渗透性强，固化后强度高，粘结力好，收缩小，可灌性大	—	适用于建筑物的堵漏补强、防腐、防潮
水溶性聚氨脂灌浆液	遇水膨胀系数高，堵水效果强	—	适用于建筑物的渗水堵漏

3.9.3 防水工程

1. 建筑防水工程分类

（1）按设防部位分

1）屋面防水：建筑物屋面。

2）地下防水：地下室、隧道等。

3）地面防水：厨房、卫生间、阳台、浴室等（还有高度要求）。

4）外墙面防水：外墙立面、坡面等。

5）池内防水：饮用水池、储液池、游泳池等。

（2）按设防方法分

1）采用各种防水材料进行防水。

2）采用一定型式或方法进行构造防水。

3）结合排水进行防水。

（3）按设防材料性能分

1）刚性防水：是以砂、水泥、石子作为原料，在里边掺加少量外加剂、高分子聚合物等，通过调整配合比，抑制或减小孔隙率，增加各原材料在界面的密实性，达到自防水的目的。例如防水混凝土（即结构自防水）、防水砂浆等。

2）柔性防水：能自由弯曲，有一定的弹性、延伸度，能弥补结构的轻微变形而产生的裂缝或结构不密实而渗漏的防水。例如柔性卷材、涂料等。

3）粉状憎水材料防水：例如防水粉。

（4）按设防材料品种分

1）卷材防水：沥青防水卷材、高聚物改性沥青防水卷材、合成高分子防水卷材。

2）涂膜防水：沥青基涂料、高聚物改性沥青涂料、合成高分子涂料。

3）混凝土防水：普通防水混凝土、微膨胀（补偿收缩）防水混凝土、预应力防水混凝土、掺外加剂防水混凝土等。

4）粉状憎水材料防水：拒水粉、防水粉等。

5）渗透剂防水：高渗透性的M1500、水泥基渗透型结晶防水涂料、有机硅憎水剂等。

2. 建筑防水工程等级分类

《屋面工程技术规范》GB 50345—2012 中规定，屋面防水工程应根据建筑物的类别、重要程度、使用功能要求确定防水等级，并应按相应等级进行防水设防；对防水有特殊要求的建筑屋面，应进行专项防水设计。屋面防水等级和设防要求应符合表 3.9-2 的规定。地下工程防水等级见表 3.9-3。

屋面防水等级和设防要求　　**表 3.9-2**

防水等级	建筑类别	设防要求
Ⅰ级	重要建筑和高层建筑	两道防水设防
Ⅱ级	一般建筑	一道防水设防

地下工程的防水等级划分　　**表 3.9-3**

防水等级	标准
一级	不允许渗水，结构表面无湿渍
二级	不允许渗水，结构表面可有少量湿渍
	工业与民用建筑：总湿渍面积不应大于总防水面积（包括顶板、墙面、地面的 1/1000；任意 $100m^2$ 防水面积上的湿渍不超过一处，单个湿渍的最大面积不大于 $0.1m^2$）
	其他地下工程：总湿渍面积不应大于总防水面积的 6/1000；任意 $100m^2$ 防水面积上的湿渍不超过一处，单个湿渍的最大面积不大于 $0.1m^2$
	防水面积上的湿渍不应超过 4 处，单个湿渍的最大面积不大于 $0.2m^2$
三级	有少量漏水，不得有线流和漏泥砂
	任意 $100m^2$ 防水面积的漏水点数不超过 7 处，单个漏水点的最大漏水量不大于 2.5L/d，单个湿渍的最大面积不大于 $0.3m^2$
四级	有漏水点，不得有线流和漏泥砂；整个工程平均漏水量不大于 $2L/(m^2 \cdot d)$；任意 $100m^2$ 防水面积的平均漏水量不大于 $4L/(m^2 \cdot d)$

3.9.4　防水涂料选择及施工

1. 根据防水工程的类型及要求级别进行选择

（1）屋面防水工程

屋面防水涂料的选择要根据屋面防水工程等级要求来决定，等级要求高，要选择柔软性高、粘结力牢的产品。

（2）地下防水工程

考虑到地下工程的防水涂膜多数要经常受地下水作用，因此，防水涂料宜选取耐水性比较好的品种。

（3）厕浴、厨房间防水工程

厕浴、厨房间及类似结构的防水，具有面积小、管道多，平、立面须同时做防水，防水层转折点多等特点，最宜使用防水涂料。可根据工程性质及要求标准，分别选用合成高分子防水涂料（高档材料）、高聚物改性沥青防水涂料（中档材料）及沥青类防水涂料（低档材料）。鉴于本类防水工程在涂膜表面粘贴饰面材料，故宜选用粘结力强、延伸率较大、黏度较高的品种，如911非焦油聚氨酯防水涂料、JS复合防水涂料、水固化聚氨酯防水涂料及硅橡胶防水涂料，在管根等部位还要配合使用弹性嵌缝材料。

（4）游泳池、水池、冷库等防水工程

游泳池、水池、冷库等工程的防水设计，要贯彻多道设防的原则，其中必有一道结构自防。在选择防水涂料方面，应注意下列问题：

1）用于游泳池、水池、冷库等工程的防水涂料，在其固化成膜后的长期使用中，不得有任何有害、有毒物质渗入水中或扩散到空气中，可采用如环保型的JS复合防水涂料、水固化聚氨酯防水涂料及硅橡胶防水涂料。

2）防水涂膜表面不应直接浸泡在水中，应有砂浆保护层。

3）宜选用延伸性大、拉断强度高的防水涂料，如不含煤焦油和任何溶剂的聚氨酯防水涂料或合成高分子防水涂料（水固化聚氨酯防水涂料、JS复合防水涂料、硅橡胶防水涂料）。

4）必须配合嵌缝、密封防水材料使用。

（5）桥面防水工程

桥面防水可在结构自防水的基础上做涂膜防水，但选用的防水材料要有较高的耐高、低温性能，耐碾压，不透水性好，对潮湿基面层有较强粘结力，对沥青混凝土有较强的亲和性。常用的有高聚物改性沥青类防水涂料（如水乳型再生胶沥青防水涂料、阳离子氯丁胶乳沥青防水涂料等）。

2. 根据工程所处条件、工程具体情况和作用条件等因素进行选择

（1）根据工程所处地区的气温情况选用

1）一般寒冷地区：选用低温柔性较好的材料（聚氨酯类、国标卷材类）。

2）气温较高地区：选用耐热性较高的涂料。

涂膜长期掩蔽于地下的工程，其对涂膜耐热性要求低于屋面工程。

（2）在下列情况下，要选用延伸率较高的防水涂料：

1）结构变形较大的防水工程，如装配式屋面、薄壳屋面、大跨度钢屋架屋面、大面积地下室、游泳池（特别是架空式游泳池）等工程。

2）地处冬夏温差、昼夜温差、内外温差较大的防水工程。

3）在有振动情况下使用的防水工程，例如屋面设有强力排风机等工程。

3. 在下列情况下，应选用耐紫外线、热老化率高的涂料

（1）防水涂膜长期直接暴露于大气中使用的工程，如使用彩色屋面防水涂膜的工程。

（2）保护层较薄的屋面涂膜防水工程。

（3）气温较高、日照时间较长地区的涂膜防水工程等。

4. 防水涂料施工（薄质涂料施工）

薄质涂料是指设计防水涂膜在 3mm 以下的涂料。薄质涂料一般是水乳型或溶剂型的高聚物改性沥青防水涂料或合成高分子防水涂料。我国目前常用的薄质涂料有：再生橡胶沥青防水涂料、氯丁橡胶沥青防水涂料、聚氨酯防水涂料、焦油聚氨酯防水涂料、APP 防水涂料、聚合物-水泥基复合涂料、硅橡胶防水涂料等。

具体施工工艺见图 3.9-4（以 K11 防水涂料为例）。

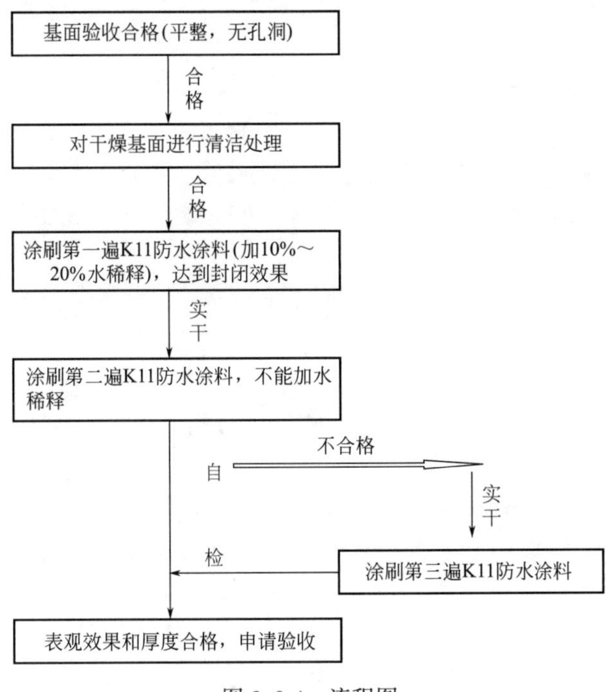

图 3.9-4　流程图

3.9.5　屋面防水施工

1. 卷材屋面防水施工

卷材防水屋面的构造层次如图 3.9-5 所示。

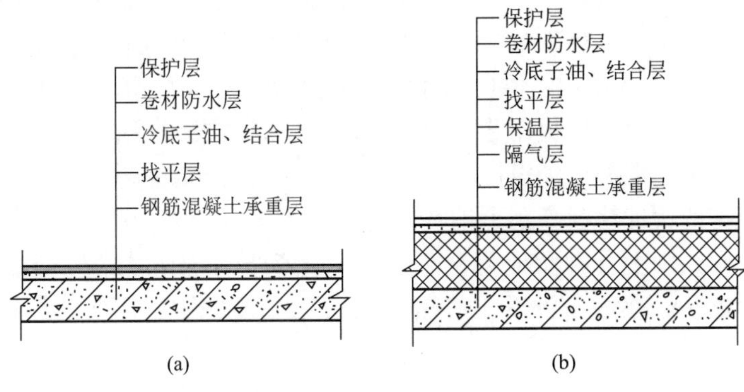

图 3.9-5　卷材屋面构造层次示意图

（a）不保温卷材屋面；（b）保温卷材屋面

（1）选择卷材防水材料

1）基层处理剂：常用的有冷底子油、氯丁胶 BX-12 胶结剂、3 号胶、稀释剂、氯丁胶沥青乳液等。

2）沥青胶结材料（玛蹄脂）。

3）胶结剂。

4）沥青卷材。

5）高聚物改性沥青卷材。

6）合成高分子卷材。

（2）找平层施工

1）常用的找平层有：水泥砂浆找平层、细石混凝土找平层、沥青砂浆找平层。

2）找平层施工顺序：基层处理→冲筋→铺设砂浆→养护。

3）找平层施工要满足基层的要求，并且留置分格缝。排水坡度应符合设计要求。

水泥砂浆找平层施工时应注意：

① 基层表面应洁净湿润，但有保温层时不应洒水。

② 分格缝应与板缝对齐，缝高同找平层厚度，缝宽 20mm 左右，用小木条或金属条嵌缝。

③ 砂浆铺设应按由远到近、由高到低的顺序进行，最好在每分格内一次连续铺成，严格掌握坡度。

④ 待砂浆稍收水后，用抹子压实抹平；终凝前，轻轻取出嵌缝条。

⑤ 气温在 0℃ 以下或终凝前要下雨时，不宜施工。否则应有一定的技术措施作为保证。

细石混凝土找平层施工时应注意：

① 基层清理：将结构层表面的松散杂物清扫干净，凸出基层等粘结杂物要铲平，不得影响找平层的有效厚度。

② 管根封堵：大面积做找平层前，应先将出屋面管根、女儿墙等根部处理好。

③ 冲筋：根据屋面设计坡度及找平层厚度要求（厚度为 30mm）找坡。做好塔饼在分格缝位置拉线，嵌刨光的梯形木条，上口宽 2.5cm 分格缝内宜顺排水方向冲筋，其间距为 1.5m。

④ 洒水润湿：找平层刷浆前，应适当洒水润湿基层表面，主要为了基层与找平层的结合，但不可洒水过量，以免影响找平层表面的干燥，以防水层能牢固结合为度。

⑤ 施工细石混凝土找平层：在屋面找平层大面积施工前，宜将屋面基层与突出屋面结构的连接处及其转角处部位提前施工。阴阳角部位应做成圆弧形。内排水的水落口周围应做略低的凹坑。细石混凝土铺设按由远到近，由高到低的顺序进行。大面积铺筑细石混凝土，用括尺根据两边冲筋标高刮平拍实，用木抹子搓压赶浆，检查平整度。当细石混凝土开始凝结时，即人踏上有脚印但不会下陷时，用钢抹子压第二遍，不得漏压，并把凹坑、死角、砂眼抹平。在细石混凝土终凝前进行第三遍抹平、压实，终凝前轻轻取出分格条。

⑥ 养护：终凝前不得上人踩踏，终凝后不得直接在上面推车，否则应铺设脚手板。严禁直接在找平层上拌和、堆放砂浆。找平层抹平、压实以后可洒水花养护，待其终凝后

洒水养护，一般养护期为 7d，经干燥后做基面处理剂一道。

沥青砂浆找平层施工时应注意：

① 基层表面应洁净干燥，满涂冷底子油 1～2 道，涂刷要薄而匀，不应有气泡和空白，涂刷后表面保持清洁。

② 等冷底子油干燥后，可铺设沥青砂浆，其虚铺厚度为压实后厚度的 1.3～1.4 倍。

③ 施工时沥青砂浆的温度应为：室外气温在 5℃以上时，拌制温度为 140～170℃，铺设温度为 90～120℃；室外气温在 5℃以下时，拌制温度为 160～180℃，铺设温度为 100～130℃。

④ 待砂浆刮平后，即用火滚进行滚压，使表面平整、密实，无蜂窝和压痕。

⑤ 施工缝应留成斜槎，继续施工时，接槎处应清理干净，并刷热沥青一遍，然后铺沥青砂浆，用火滚或烙铁烫平。

⑥ 雨、雪天不能施工，在 0℃以下施工时，应有一定的技术措施。沥青砂浆铺设后，最好及时铺设第一层卷材。

(3) 卷材防水层施工

1) 卷材防水施工顺序：基层表面处理→刷冷底子油→节点附加层增强处理→定位、弹线、试铺→铺贴卷材→收头处理、节点密封→清理、检查、修整→保护层施工。

2) 卷材防水施工方法

常用施工方法有以下几种：热粘法、冷粘法、热熔法、自粘法。

① 热粘法铺贴卷材应符合下列规定：熔化热熔型改性沥青胶结料时，宜采用专用导热油炉加热，加热温度不应高于 200℃，使用温度不宜低于 180℃；粘贴卷材的热熔型改性沥青胶结料厚度宜为 1.1～1.5mm；采用热熔型改性沥青胶结料粘贴卷材时，应随刮随铺，并应碾平压实。

② 冷粘法铺贴卷材应符合下列规定：胶粘剂涂刷应均匀，不得露底，不堆积；根据胶粘剂的性能，应控制胶粘剂涂刷与卷材铺贴的间隔时间；铺贴时不得用力拉伸卷材，应排除卷材下面的空气，辊压粘结牢固；铺贴卷材应平整、顺直，搭接尺寸应准确，不得有扭曲、皱折；卷材接缝部位应采用专用胶粘剂或胶结带满粘，接缝口应用密封材料封严，其宽度不应小于 10mm。

③ 热熔法铺贴卷材应符合下列规定：火焰加热器加热卷材应均匀，不得加热不足或烧穿卷材；卷材表面热熔后应立即滚铺，卷材下面的空气应排尽，并应辊压粘贴牢固；卷材接缝部位应溢出热熔的改性沥青胶，溢出的改性沥青胶宽度宜为 8mm；铺贴的卷材应平整顺直，搭接尺寸应准确，不得有扭曲、皱折；厚度小于 3mm 的高聚物改性沥青防水卷材，严禁采用热熔法施工。

④ 自粘法铺贴卷材应符合下列规定：铺贴卷材时，应将自粘胶底面的隔离纸全部撕净；卷材下面的空气应排尽，并应辊压粘贴牢固；铺贴的卷材应平整顺直，搭接尺寸应准确，不得有扭曲、皱折；接缝口应用密封材料封严，宽度不应小于 10mm；低温施工时，接缝部位宜采用热风加热，并应随即粘贴牢固。

3) 铺设卷材

① 铺设方向：铺设方向应视屋面坡度而定，当坡度在 3%以内时，卷材宜平行于屋脊方向铺贴；坡度在 3%～15%时，卷材宜平行或垂直于屋脊方向铺贴；坡度大于 3%时，

卷材宜垂直于屋脊方向铺贴。

② 铺设顺序：铺贴多跨和有高低跨的房屋时，应按先高后低、先远后近的顺序进行；在铺贴同一跨时，按标高由低到高铺贴，坡与立面的卷材应由下向上铺贴。

③ 搭接方法及宽度：平行于屋脊的搭接缝，应顺流水方向搭接；垂直于屋脊的搭接缝，应顺主导风向搭接，如图 3.9-6、图 3.9-7 所示。

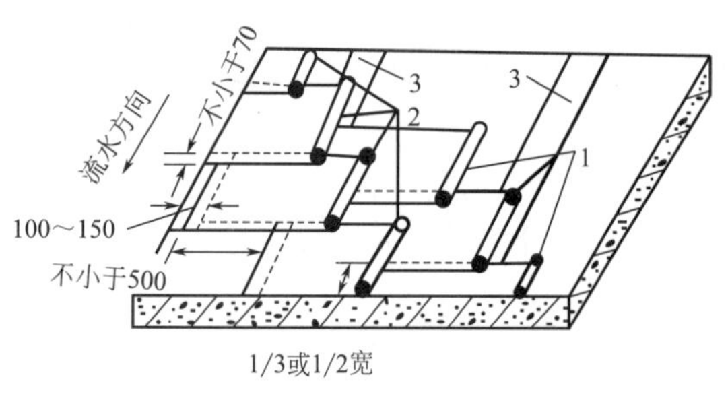

图 3.9-6　卷材平行于屋脊铺贴搭接要求

1—第一层卷材；2—第二层卷材；3—卷材条

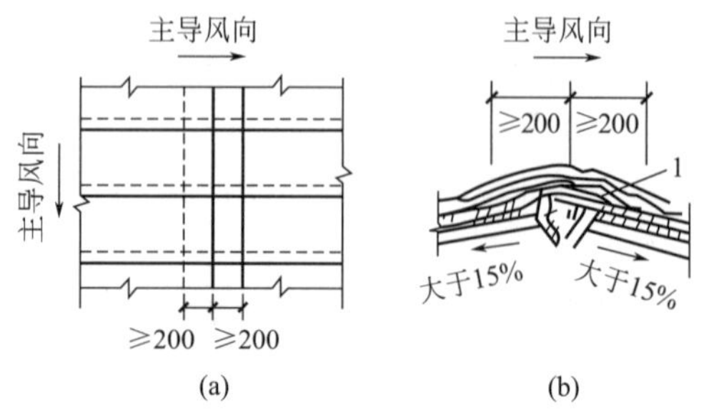

图 3.9-7　卷材垂直于屋脊铺贴搭接要求

（a）平面；（b）剖面

④ 卷材与基层的粘贴方法

满粘法：是指卷材与基层全部粘结的施工方法，适用于屋面面积小、屋面结构变形不大且基层较干燥的情况。

空铺法：是指卷材与基层仅在四周一定宽度内粘结，其余部分不粘结的施工方法。

条粘法：要求每幅卷材与基层的粘结面不得少于两条，每条宽度不应小于 150mm。

点粘法：要求每平方米面积内至少有 5 个粘结点，每点面积不小于 100mm×100mm。

无论采用空铺法、条粘法还是点粘法，施工时都必须注意：距屋面周边 800mm 内的防水层应满粘，卷材与卷材之间应满粘，保证搭接严密，如图 3.9-8 所示。

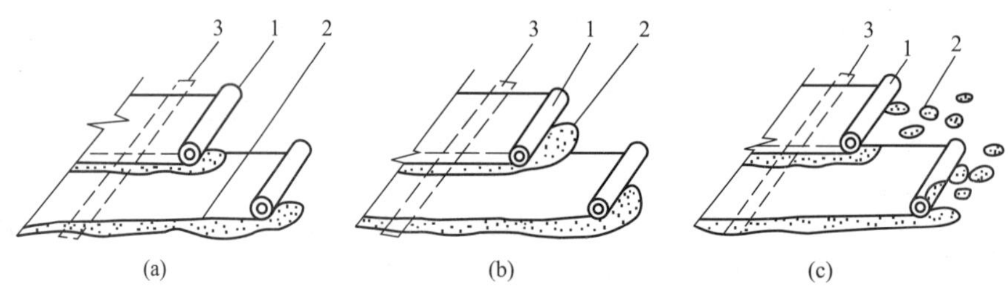

图 3.9-8　排气屋面卷材铺法

（a）空铺法；（b）条粘法；（c）点粘法

1—卷材；2—玛蹄脂；3—附加卷材条

4）留置排气屋面孔道

当屋面保温层或找平层干燥有困难而又急需铺设屋面卷材时，应采用排气屋面。若直接在基层上铺贴：铺贴第一层卷材时，采用条粘、点粘、空铺等方法使卷材与基层之间留有贯通的空隙作排气道。若在保温层上铺贴，则在找平层上留槽。

出屋面的排气管的具体做法如图 3.9-9 所示。

5）铺设卷材质量要求

材料要符合设计要求，施工中应对材料进行检查；卷材防水层不能有渗漏或积水现

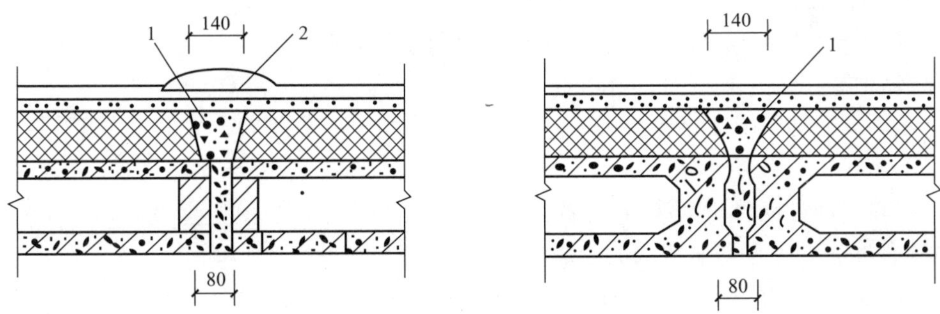

图 3.9-9　出屋面排气管做法

1—大孔径炉渣；2—油毡条

象；卷材防水层的细部构造应符合设计要求；卷材防水层的粘贴方法和搭接顺序应符合设计要求，搭接宽度应正确，接缝严密，不得有皱折、鼓泡和翘边现象；屋面的排气道应纵横贯通，排气管应安装牢固，位置正确，封闭严密。

6）屋面保护层施工

屋面保护层种类有浅色、反射涂料保护层，绿豆砂保护层，细砂、蛭石及云母保护层，水泥砂浆保护层，细石混凝土保护层，块材保护层等。

2. 涂膜防水屋面施工

涂膜防水屋面构造如图 3.9-10 所示。

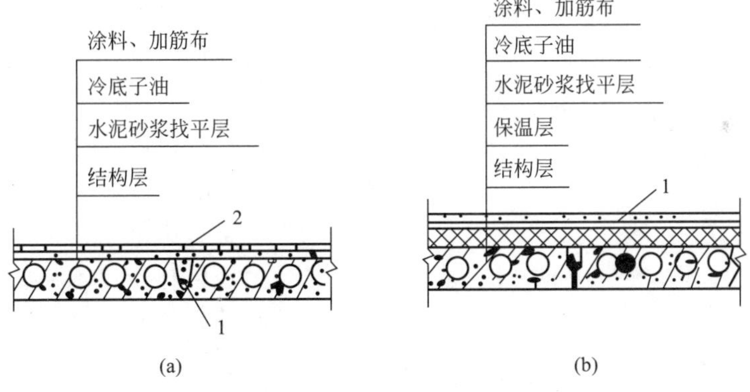

图 3.9-10　涂膜防水屋面构造图

（a）无保温层涂料屋面；（b）有保温层涂料屋面

1—细石混凝土；2—嵌缝

（1）选择涂膜防水材料

沥青基防水涂料：常用的有石灰乳化沥青防水涂料、膨润土乳化沥青防水涂料和石棉乳化沥青防水涂料。

高聚物改性沥青防水涂料：常用的有氯丁橡胶沥青防水涂料、SBS 改性沥青防水涂料、APP 改性沥青防水涂料。

合成高分子防水涂料：聚氨酯防水涂料、有机硅防水涂料、丙烯胶防水涂料。

（2）涂膜防水施工

1）涂膜防水施工顺序：基层表面处理→喷涂基层处理剂→特殊部位附加增强处理→

涂布防水涂料及铺贴胎体增强材料→清理、检查、修整→保护层施工。

2）确定涂膜防水施工的方法：手工抹压、刷涂和喷涂。

3）涂膜施工

① 第一层一般不需要刷冷底子油。待先涂的涂层干燥成膜后，方可涂布后一遍涂料，应分层分遍涂布。

② 高聚物改性沥青防水涂料，在屋面防水等级为Ⅱ级时涂膜不应小于 3mm；合成高分子防水涂料，在屋面防水等级为Ⅲ级时不应小于 1.5mm。

③ 在板端、板缝、檐口与屋面板交接处，先干铺一层宽度为 150～300mm 的塑料薄膜缓冲层。

④ 需铺设胎体增强材料且屋面坡度小于 15％时，可平行于屋脊铺设，屋面坡度大于 15％时，应垂直于屋脊铺设；胎体长边搭接宽度不应小于 50mm，短边搭接宽度不应小于 70mm；采用两层胎体增强材料时，上下层不得相互垂直铺设，搭接缝应错开，其间距不应小于幅宽的 1/3。

⑤ 涂膜防水层应设置保护层。采用块材作保护层时，应在涂膜与保护层之间设隔离层；用细砂等作保护层时，应在最后一遍涂料涂刷后随即撒上；采用浅色涂料作保护层时，应在涂膜固化后进行。

（3）涂膜防水屋面质量要求

1）防水涂料与胎体增强材料应符合设计要求，施工中要进行检查。

2）涂膜防水层不能有渗漏与积水现象。

3）卷材防水层的细部构造应符合设计要求。

4）涂膜防水层与基层应粘结牢固，表面平整，涂刷均匀，无流淌、皱折、鼓泡、露胎体和翘边等缺陷。

5）涂膜防水层的平均厚度应符合设计要求，不应小于设计厚度的 80％。

3. 刚性防水屋面施工

刚性防水屋面是用细石混凝土、块体材料或补偿收缩混凝土等材料作屋面防水层，依靠混凝土密实性并采取一定的构造措施，以达到防水的目的。刚性防水屋面构造见图 3.9-11。

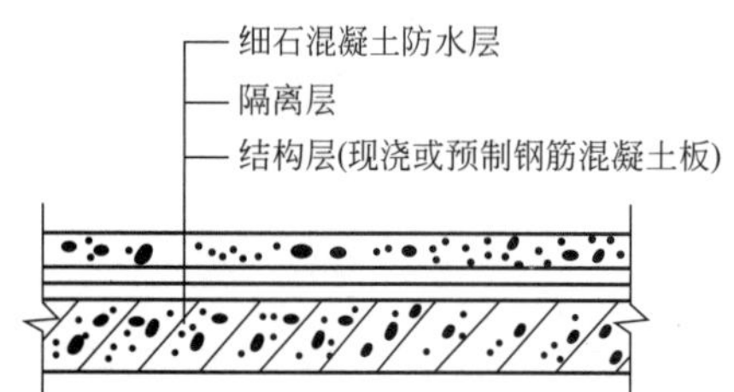

图 3.9-11　刚性防水屋面构造

（1）选择刚性防水材料

1）防水混凝土：普通防水混凝土、外加剂防水混凝土、膨胀剂防水混凝土。

2）防水砂浆：普通水泥砂浆、聚合物水泥砂浆、掺外加剂的水泥砂浆。

（2）刚性防水屋面施工

1）刚性防水屋面施工顺序：基层处理→设分格缝→浇筑细石混凝土→压浆抹光→养护。

2）设置分格缝：分格缝又称分仓缝，应按设计要求设置。如设计无明确规定，留设原则为：分格缝应设在屋面板的支承端、屋面转折处、防水层与突出层面结构的交接处，其纵横间距不宜大于 6m。一般为一间一分格，分格面积不超过 20m^2；分格缝上口宽为 30mm，下口宽为 20mm，应嵌填密封材料。

3）混凝土浇筑

混凝土的浇捣按先远后近、先高后低的原则进行。用机械振捣密实，表面泛浆后抹平，收水后再次压光。

施工时，一个分格缝范围内的混凝土必须一次浇完，不得留施工缝；分格缝做成直立反边（图 3.9-12），并与板一次浇筑成型。

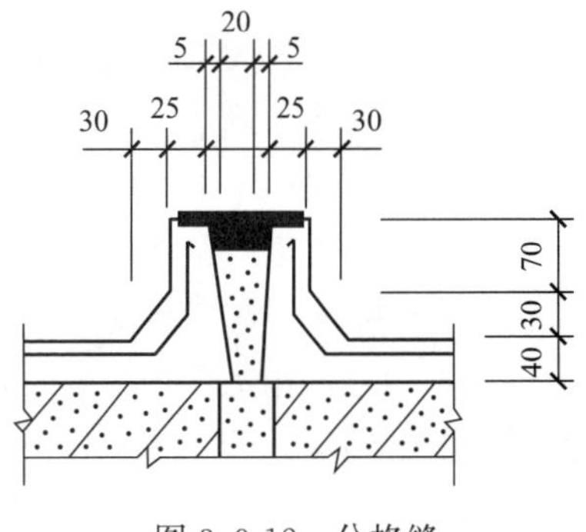

图 3.9-12　分格缝

4）密封材料嵌缝

分格缝的盖缝式做法及贴缝式做法如图 3.9-13、图 3.9-14 所示。屋面板端头挑檐口节点如图 3.9-15 所示，伸出屋面管道防水构造如图 3.9-16 所示。

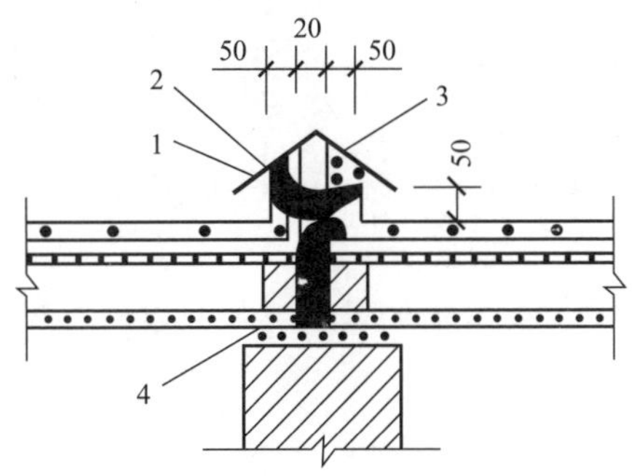

图 3.9-13　盖缝式做法

1—石灰黄砂浆（1∶3）；2—沥青砂浆；3—黏土脊瓦；4—沥青麻丝

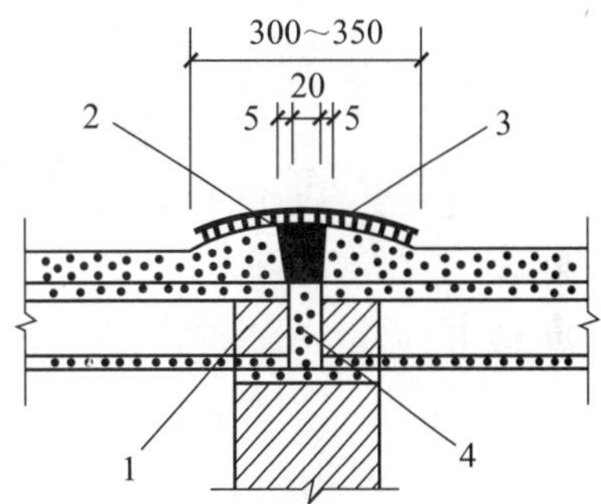

图 3.9-14　贴缝式做法

1—沥青麻丝；2—玻璃布贴缝（或油毡贴缝）；3—防水接缝材料；4—细石混凝土

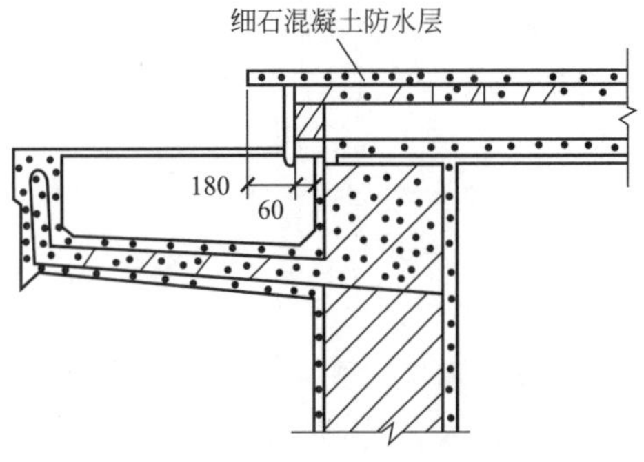

图 3.9-15　屋面板端头挑檐口节点

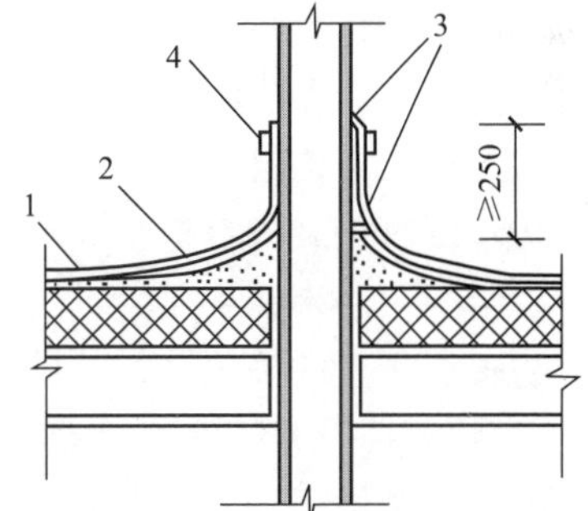

图 3.9-16　伸出屋面管道防水构造

1—防水层；2—附加层；3—密封材料；4—金属箍

（3）刚性防水质量要求

1）原材料及配合比应符合设计要求。防水层不能有渗漏或积水现象。

2）防水层的细部构造应符合设计要求。

3）防水层表面应平整（施工中用楔形塞尺进行检查）、压实抹光，不得有裂缝、起壳、起砂等缺陷。

4）分格缝的位置和间距应符合设计要求。

5）密封材料嵌缝必须密实、连续、饱满、粘结牢固，无气泡、开裂、脱落等缺陷。

4. 屋面防水工程质量验收

(1) 屋面工程质量应符合相关要求。

(2) 检查屋面有无渗漏、积水，排水系统是否畅通，应在雨后或持续淋水 2h 后进行。

(3) 屋面验收后，应填写分部工程质量验收记录，交建设单位和施工单位存档。

1) 防水层不得有渗漏或积水现象。

2) 使用的材料应符合设计要求和质量标准的规定。

3) 找平层表面应平整，不得有疏松、起砂、起皮现象。

4) 保温层的厚度、含水量和表观密度应符合设计要求。

5) 天沟、檐沟、泛水和变形缝等构造，应符合设计要求。

6) 卷材表贴方法和搭接顺序应符合设计要求，搭接宽度应正确，接缝应严密，不得有皱折、鼓泡和翘边现象。

7) 涂膜防水层的厚度应符合设计要求，涂层应无裂纹、皱折、流淌、鼓泡和露胎体现象。

8) 刚性防水层表面应平整、压光，不起砂，不起皮，不开裂。分格缝应平直，位置正确。

9) 嵌缝密封材料应与两侧基层粘牢，密封部位应光滑、平直，不得有开裂、鼓泡、下塌现象。

3.9.6 地下工程防水施工

地下工程的防水方案有：结构自防水、在结构层表面另加防水层、采用“防排结合”措施等。

结构自防水：普通防水混凝土、外加剂防水混凝土。

在结构层表面另加防水层：水泥砂浆防水层、涂料防水层、金属防水层等。

采用“防排结合”措施：即将防水和排水结合起来。

1. 防水混凝土结构自防水施工

(1) 防水混凝土结构自防水的施工顺序

模板安装→钢筋绑扎→混凝土浇筑和振捣→混凝土养护。

(2) 防水混凝土的施工

1) 支模模板应严密不漏浆，有足够的刚度、强度和稳定性，固定模板的铁件不能穿过防水混凝土，结构用钢筋不得触击模板，避免形成渗水路径（图 3.9-17）。

2) 搅拌符合一般普通混凝土搅拌原则：防水混凝土必须用机械充分均匀拌和，不得用人工搅拌，搅拌时间比普通混凝土搅拌时间略长，一般为 120s。

3) 运输中防止出现漏浆和泌水离析现象，如果发生泌水离析，应在浇筑前进行二次拌和。

4) 浇筑、振捣前应清理模板内的杂质、积水，模板应湿水。

(3) 施工缝的要求

施工缝是防水较薄弱的部位，应不留或少留施工缝。施工缝的做法如图 3.9-18 所示。

1) 顶板、底板不宜留施工缝，顶拱、底拱不宜留纵向施工缝，墙体水平施工缝不应留在剪力与弯矩最大处或底板与侧墙的交接处，应留在高出底板表面不小于 200mm 的墙

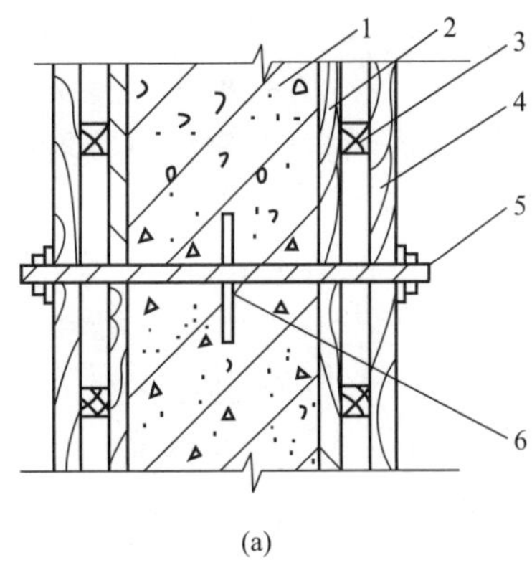

(a)

1—围护结构；2—模板；3—小龙骨；4—大龙骨；5—螺栓；6—止水环

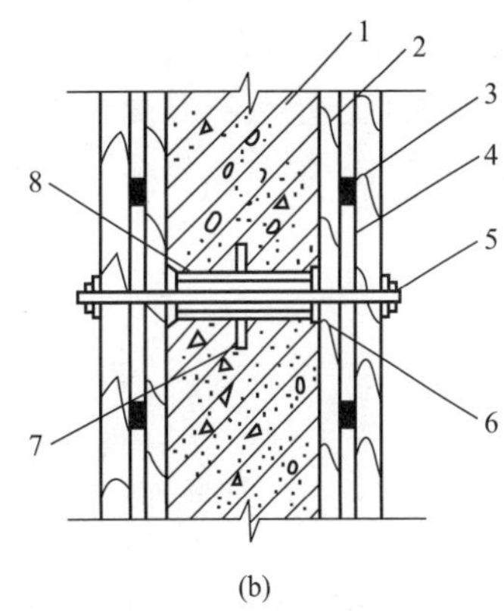

(b)

1—防水结构；2—模板；3—小龙骨；4—大龙骨；5—螺栓；6—垫木(与模板一并拆除后，连同套管一起用膨胀水泥砂浆封堵)；7—止水环；8—预埋

图 3.9-17　螺栓加焊止水环及预埋套管支撑示意图

(a) 螺栓加焊止水环示意图；(b) 预埋套管支撑示意图

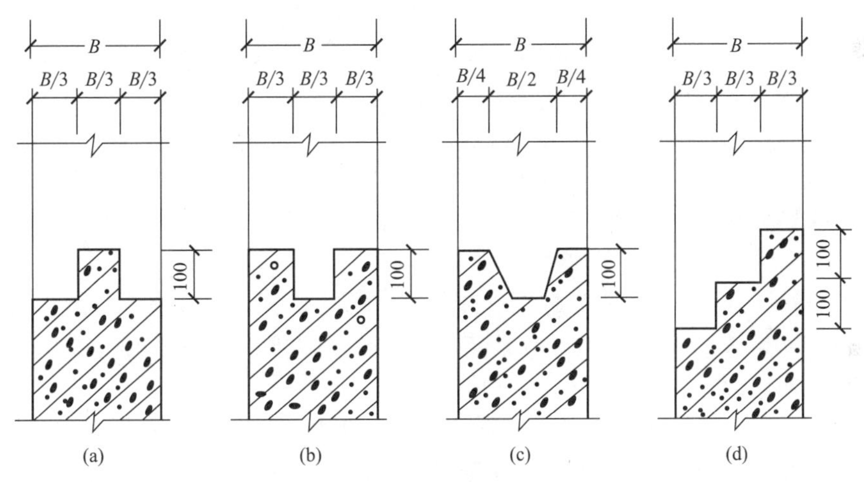

图 3.9-18　施工缝的做法

(a) 凸缝；(b) 凹缝；(c) V形缝；(d) 阶梯形缝

体上。

2）垂直施工缝应避开地下水和裂隙水较多的地段，并宜与变形缝相结合。

(4) 附加防水层的施工

附加防水层有水泥砂浆防水层、卷材防水层、涂料防水层、金属防水层等，适用于承受一定静水压力、受浸蚀介质作用或受振动作用的地下工程。

2. 水泥砂浆防水层施工

(1) 普通水泥砂浆防水层

1）水泥砂浆防水层材料

防水混凝土的配合比应根据设计要求确定。每立方米混凝土的水泥用量不少于300kg，水灰比不宜大于0.55，砂率宜为35%～40%，灰砂比宜为1∶2～1∶2.5，混凝土的坍落度不宜大于50mm。

2）水泥砂浆防水层基层施工

水泥砂浆铺抹前，基层的混凝土和砌筑砂浆强度不低于设计值的80%；基层表面应坚实、平整、粗糙、洁净，并充分湿润，无积水；基层表面的孔洞、缝隙应用与防水层相同的砂浆填塞抹平。

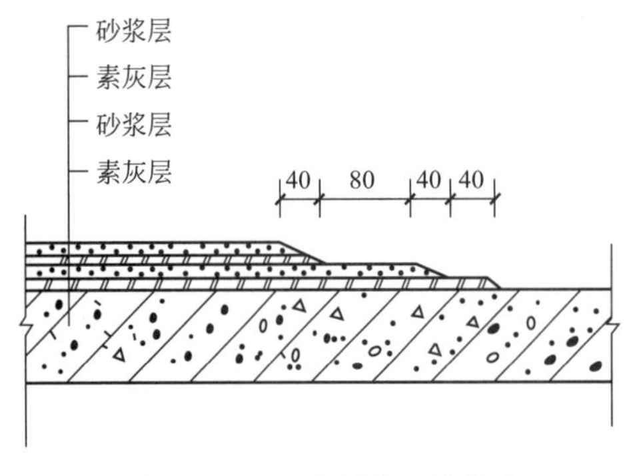

图 3.9-19　防水层施工缝做法

3）灰浆的配合比和拌制：与基层结合的第一层水泥浆是用水泥和水拌和而成，水灰比为0.55～0.60；其他层水泥浆的水灰比为0.37～0.40；水泥砂浆由水泥、砂、水拌和而成，水灰比为0.40～0.50，灰砂比为1.5～2.0。

4）防水层施工：在迎水面基层的防水层一般采用“五层抹面法”；背水面基层的防水层一般采用“四层抹面法”。防水层的施工缝须留斜坡阶梯形槎，一般留在地面上，具体要求如图3.9-19所示。

5）防水层的养护：水泥砂浆防水层施工完毕后应立即进行养护，对于地上防水部分应浇水养护，地下潮湿部位不必浇水养护。

（2）掺外加剂的水泥砂浆防水层施工

1）选择防水剂

金属盐类防水剂：防水浆，如氯化钙、氯化铝、氯化铁等；金属皂类防水剂：避水浆，如碱金属化合物、氨水、硬脂酸。

2）施工方法

抹压法：基层抹水灰比1∶0.4的素灰，然后分层抹防水砂浆20mm以上（下层凝固后再抹上层）。

扫浆法：基层薄涂防水净浆，然后分层刷防水砂浆，第一层凝固后刷第二层，每层厚10mm，相邻两层防水砂浆铺刷方向相互垂直，最后将表面扫出条纹。

掺外加剂的水泥砂浆防水层施工后8～12h应立即养护，养护至少14d。水泥砂浆防水层施工时，气温不应低于5℃，且基层表面温度应保持在0℃以上。掺氯化物金属盐类防水剂及膨胀剂的防水砂浆，不应在35℃以上或烈日照射下施工。

3. 卷材防水施工

（1）地下结构卷材防水层的铺贴方式

地下防水工程一般把卷材防水层设在建筑结构的外侧，称为外防水。外防水有外防外贴法和外防内贴法两种施工方法。

地下工程防水层施工一般采用外防外贴法；只有受施工条件限制而不能用外贴法时才用内贴法。

1）外防外贴法施工

外防外贴法（图3.9-20）是将立面卷材防水层直接铺设在防水结构的外墙外表面的施工方法，适用于防水结构层高度大于3m的地下结构防水工程。

铺设顺序：先铺贴平面，后铺贴立面，平立面交接处应交叉搭接；铺贴完成后的外侧应按设计要求砌筑保护墙，并及时进行回填土。

2）外防内贴法施工

外防内贴法（图 3.9-21）是浇筑混凝土垫层后，在垫层上将永久保护墙全部砌好，将卷材防水层铺贴在永久保护墙和垫层上的施工方法，适用于防水结构层高度小于 3m 的地下结构防水工程。

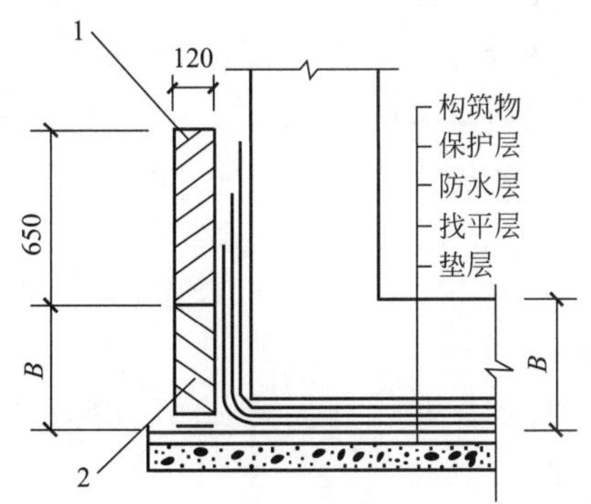

图 3.9-20　外防外贴法

1—临时保护墙；2—永久保护墙

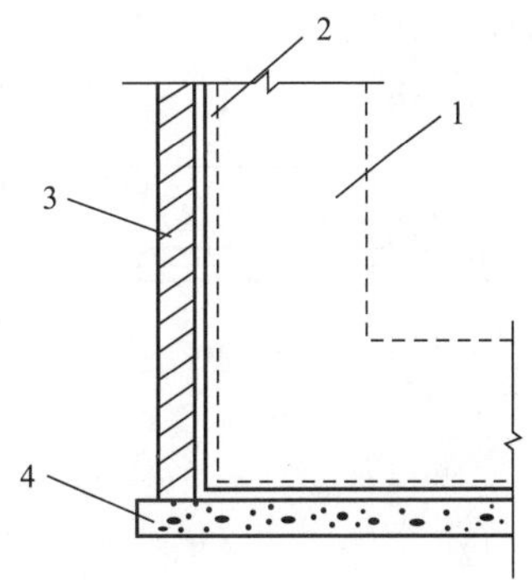

图 3.9-21　外防内贴法

1—待施工的构筑物；2—防水层；3—保护层；4—垫层

铺设顺序：先铺贴立面，后铺贴平面。铺贴立面时，应先贴转角（图 3.9-22），后贴大面，贴完后应按规定做好保护层。

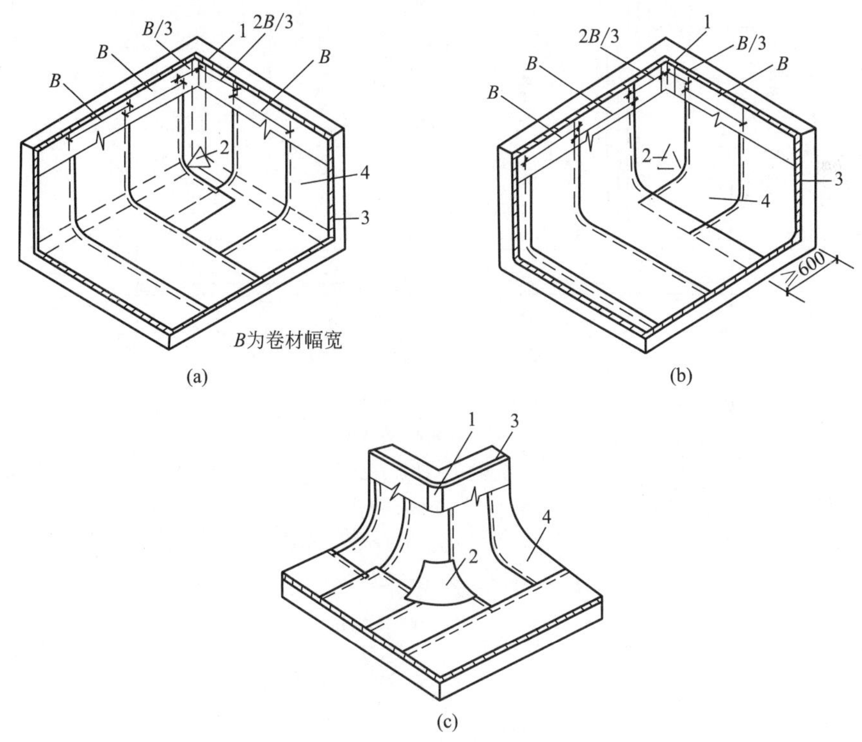

图 3.9-22　转角的卷材铺贴法

（a）阴角的第一层卷材铺贴法；（b）阴角的第二层卷材铺贴法；（c）阳角的第一层卷材铺贴法

1—转折处卷材附加层；2—角部附加层；3—找平层；4—卷材

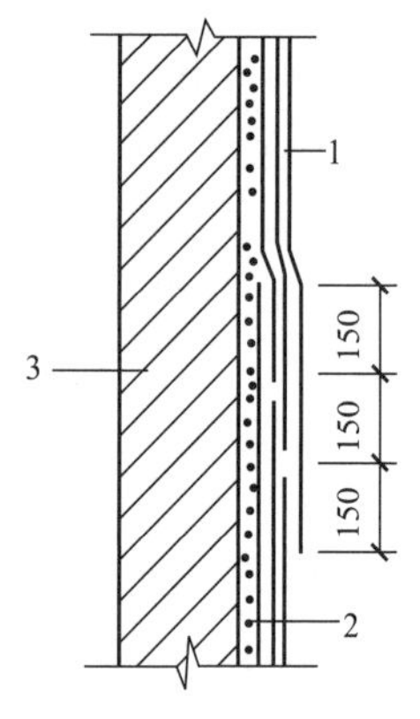

图 3.9-23　阶梯形接缝

1—卷材防水层；2—找平层；3—墙体结构

（2）卷材防水层的铺设

墙上卷材应按垂直方向铺贴，相邻卷材搭接宽度应不小于100mm，上下层卷材的接缝应相互错开 1/3～1/2 卷材宽度。

墙面上铺贴的卷材如需接长时，应用阶梯形接缝相连接，上层卷材盖过下层卷材不应少于 150mm，如图 3.9-23 所示。

4. 涂膜防水施工（聚氨酯涂膜防水）

聚氨酯涂膜防水施工方法简便，适用于厕浴间、地下室防水工程，贮水池、游泳池防漏工程等，构造如图 3.9-24 所示。

（1）确定施工顺序

基层清扫→涂布底胶→防水层施工→平面铺设油毡保护隔离层→保护层施工。

（2）确定防水层施工顺序

先垂直面、后水平面；先阴阳角、后大面。每层涂抹方向互相垂直。

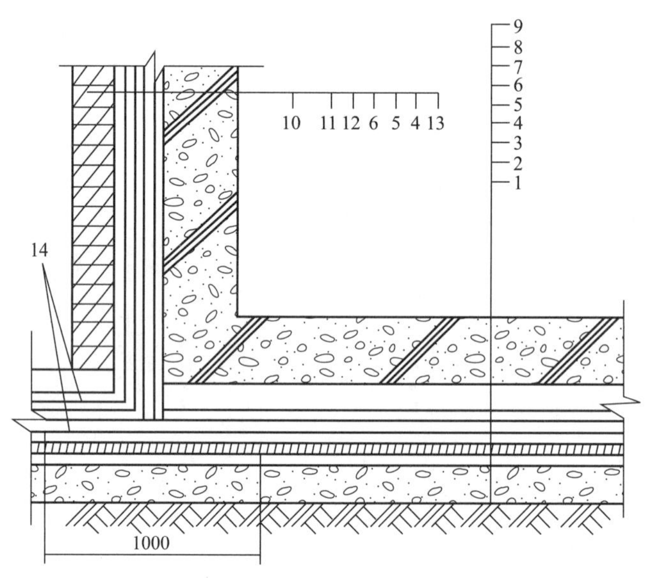

图 3.9-24　聚氨酯涂膜防水构造示意图

1—夯实素土；2—素混凝土垫层；3—无机氯盐防水砂浆找平层；4—聚氨酯底胶；5—第一、二层聚氨酯涂膜；6—第三层聚氨酯涂膜；7—虚铺沥青油毡保护隔离层；8—细石混凝土保护层；9—钢筋混凝土底板；10—聚乙烯泡沫塑料软保护层；11—第五层聚氨酯涂膜；12—第四层聚氨酯涂膜；13—钢筋混凝土立墙；14—涤纶纤维无纺布增强层

5. 地下建筑防水工程质量验收

（1）防水混凝土的抗压强度和抗渗压力必须符合设计要求。

（2）防水混凝土应密实，表面应平整，不得有露筋、蜂窝等缺陷；裂缝宽度应符合设计要求。

（3）水泥砂浆防水层应密实、平整、粘结牢固，不得有空鼓、裂纹、起砂、麻面等缺陷；防水层厚度应符合设计要求。

（4）卷材接缝应粘结牢固、封闭严密，防水层不得有损伤、空鼓、皱折等缺陷。

（5）涂层应粘结牢固，不得有脱皮、流淌、鼓泡、露胎、皱折等缺陷；涂层厚度应符合设计要求。

（6）塑料板防水层铺设牢固、平整，搭接焊缝严密，不得有焊穿、下垂、绷紧现象。

（7）金属板防水层焊缝不得有裂纹、未熔合、夹渣、焊瘤、咬边、弧穿、针状气孔等缺陷；保护涂层应符合设计要求。

（8）变形缝、施工缝、后浇带、穿墙管道等防水构造应符合设计要求。

6. 地下防水工程堵漏方法

（1）孔洞堵漏

1）直接堵漏法

孔洞较小、水压不太大时，可用直接堵漏法。将孔洞凿成凹槽并冲洗干净，用配合比为 1∶0.6 的水泥胶浆塞入孔洞，迅速用力向槽壁四周挤压密实。堵塞后，检查是否漏水，确定无渗漏后，做防水层。

2）下管堵漏法

孔洞、水压较大时，可采用下管堵漏法。该办法分两步完成，首先凿洞、冲洗干净，插入一根胶管，用促凝剂水泥胶浆堵塞胶管外空隙，使水通过胶管排出；当胶浆开始凝固时，立即用力在孔洞四周压实，检查无渗水时，抹上防水层的第一、二层；待防水层有一定强度后将管拔出，按直接堵塞法将管孔堵塞，最后抹防水层的第三、四层，如图 3.9-25 所示。

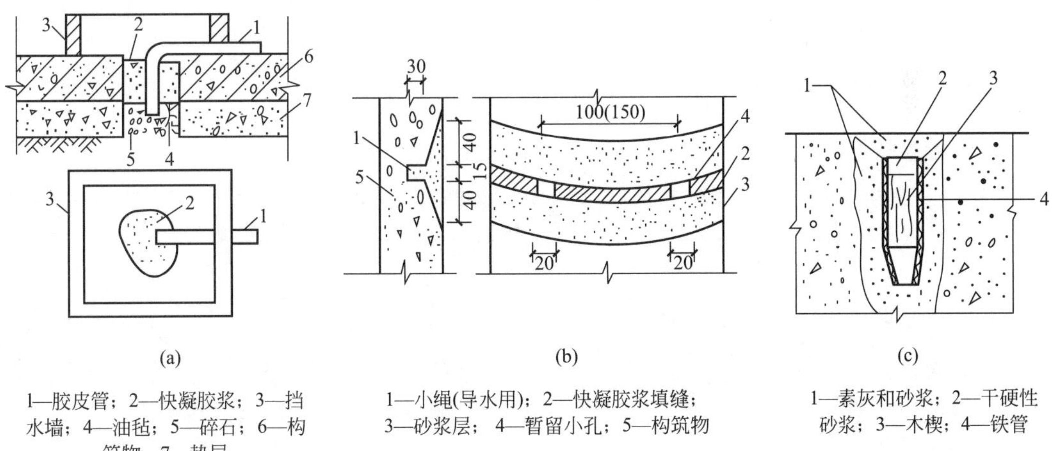

(a)

1—胶皮管；2—快凝胶浆；3—挡水墙；4—油毡；5—碎石；6—构筑物；7—垫层

(b)

1—小绳(导水用)；2—快凝胶浆填缝；3—砂浆层；4—暂留小孔；5—构筑物

(c)

1—素灰和砂浆；2—干硬性砂浆；3—木楔；4—铁管

图 3.9-25　孔洞堵漏方法

（a）下管堵漏法；（b）下绳堵漏法；（c）木楔子堵漏法

3）木楔子堵漏法

木楔子堵漏法用于孔洞不大、水压很大的情况。用胶浆把铁管稳牢于漏水处剔成的孔洞内，铁管顶端比基层面低 20mm，管四周空隙用砂浆、素灰抹好；待砂浆有一定强度后，把浸过沥青的木楔打入管内，管顶处再抹素灰、砂浆等，经 24h 后，检查无渗漏时，随同其他部位一起做好防水层，如图 3.9-25 所示。

（2）缝隙堵漏

1）下线法

水压较大、缝隙不大时，采用下线法施工。操作时，在缝内先放线，缝长时分段下线，线间中断 20～30mm，然后用胶浆压紧，从分段处抽线，形成小孔排水；待胶浆有强度后，用胶浆包住钉子塞住抽线时留下的小孔，再抽出钉子，由钉子孔排水，最后将钉子孔堵住做防水层。

2）半圆铁片堵漏法

水压、裂缝较大时，可将渗漏处剔成八字槽，用半圆铁片放于槽底；从铁片上小孔插入胶管，铁片用胶浆压住，水便由胶管排出。当胶浆有一定强度时，转动胶管并抽出，再将胶管形成的孔堵住。

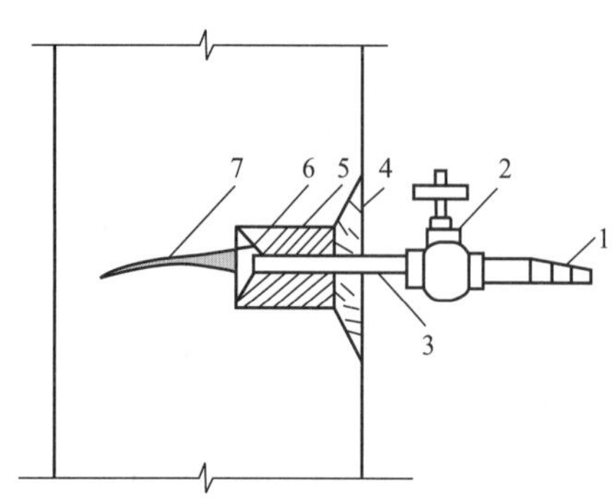

图 3.9-26 埋入式灌浆嘴埋设方法

1—进浆嘴；2—阀门；3—灌浆嘴；4——层素灰一层砂浆找平；5—快硬水泥浆；6—半圆铁片；7—混凝土墙裂缝

3）灌浆堵漏

① 材料

灌浆一般用净水泥浆、水泥、水玻璃液浆、丙凝、氰凝等材料。

② 灌浆堵漏施工

将松散的部分剔除，合理地布置灌浆孔，埋设灌浆口；注浆后，待其他孔洞冒浆时，将其他孔洞用胶浆全部封闭，再使胶浆沿内部孔道入内，直至不能灌入为止。最后封闭灌浆孔（图 3.9-26）。

3.9.7 厕浴间防水施工

1. 涂膜防水施工

（1）厕浴间楼地面聚氨酯防水施工

施工顺序：基层处理→涂布底胶→防水层施工→平面铺设油毡保护隔离层→保护层施工→回填。

（2）氯丁胶乳沥青防水涂料施工

施工顺序：基层处理→满刮腻子→满刮第一遍涂料→做细部构造加强层→铺贴玻璃布，刷第二遍涂料→刷第三遍涂料→刷第四遍涂料→蓄水试验→做保护层和面层。

（3）厕浴间渗漏与堵漏技术

1）板面及墙面渗水

① 原因主要有：混凝土、砂浆质量不良，存在微孔渗透；板面、隔墙出现轻微裂缝；防水涂层施工质量不好或损坏。

② 堵漏措施：直接刷防水涂料；进行裂缝处理，再刷防水涂料（贴缝法、填缝法）。

2）卫生洁具及穿楼板管道、排水口等部位渗漏

① 原因主要有：细部处理方法欠妥，卫生洁具及管口周边填塞不严；由于振动及砂浆、混凝土收缩等原因，出现裂隙；卫生洁具及管口周边未用弹性材料处理，或施工时嵌

缝材料及防水涂料粘结不牢；嵌缝材料及防水涂层被拉裂或拉离粘结面。

② 堵漏措施：将漏水部位彻底清理，刮填弹性嵌缝材料；在渗漏部位涂刷防水涂料，并粘贴纤维材料增强效果。

2. 单组分聚氨酯防水涂料施工

（1）主要施工机具

1）涂料涂刮工具：橡胶刮板。

2）地漏、转角处等涂料涂刷工具：油漆刷。

3）清理基层工具：铲刀。

4）修补基层工具：抹子。

（2）施工工艺

1）施工顺序：清理基层→细部附加层施工→涂刮第一遍涂膜防水层→涂刮第二遍涂膜防水层→涂刮第三遍涂膜防水层→第一次蓄水试验→保护层、饰面层施工→第二次蓄水试验→工程质量验收。

2）操作要点

① 清理基层。基层表面必须认真清扫干净。

② 细部附加层施工。厕浴间的地漏、管根、阴阳角等处应用单组分聚氨酯涂刮一遍做附加层处理。

③ 涂刮第一遍涂膜防水层。以单组分聚氨酯涂料用橡胶刮板在基层表面均匀涂刮，厚度一致，涂刮量以 0.6～0.8kg/m^2 为宜。

④ 涂刮第二遍涂膜防水层。在第一遍涂膜固化后，再进行第二遍聚氨酯涂刮。平面的涂刮方向应与第一遍涂刮方向相垂直，涂刮量与第一遍相同。

⑤ 涂刮第三遍涂膜防水层和粘砂粒。第二遍涂膜固化后，进行第三遍聚氨酯涂刮，达到设计厚度。在最后一遍涂膜施工完毕尚未固化时，在其表面应均匀地撒上少量干净的粗砂，以增加与即将覆盖的水泥砂浆保护层之间的粘结力。厨房、厕浴间防水层经多遍涂刷后，单组分聚氨酯涂膜总厚度应大于等于 1.5mm。

⑥ 当涂膜固化完全并经蓄水试验验收合格后才可进行保护层、饰面层施工。

（3）成品保护及安全注意事项

1）操作人员应严格保护已做好的涂膜防水层，并及时做好保护层。在做保护层以前，非防水施工人员不得进入施工现场，以免损坏防水层。

2）地漏要防止杂物堵塞，确保排水畅通。

3）施工时，不允许涂膜材料污染已做好饰面的墙壁、卫生洁具、门窗等。

4）材料必须密封储存于阴凉干燥处，严禁与水接触。存放材料地点和施工现场必须通风良好。

5）存料、施工现场严禁烟火。

3. 聚合物水泥防水涂料施工

（1）施工机具

1）基层清理工具：锤子、凿子、铲子、钢丝刷、扫帚。

2）取料配料工具：台秤、搅拌器、材料桶。

3）涂料涂覆工具：滚刷、刮板、刷子等。

（2）施工工艺

1）施工顺序：清理基层→涂刷底面防水层→做细部附加层→涂刷中间防水层→涂刷表面防水层→第一次蓄水试验→保护层、饰面施工→第二次蓄水试验→工程质量验收。

2）操作要点

① 清理基层。表面必须彻底清扫干净，不得有浮尘、杂物、明水等。

② 涂刷底面防水层。底层用料：由专人负责材料配制，先按表 3.9-4 的配合比分别称出配料所用的液料、粉料、水，在桶内用手提电动搅拌器搅拌均匀，使粉料充分分散。

JS 防水涂料配方表（重量比） **表 3.9-4**

类型	苯丙乳液	水	防腐剂	减水剂	消泡剂	增稠剂	水泥	200 目石英粉
Ⅰ	80	15	1	0.6	0.5	0.1	45	60
Ⅱ	50	20	1	0.4	0.5	0.2	70	60

用滚刷或油漆刷均匀地涂刷成底面防水层，不得露底，一般用量为 0.3～0.4kg/m²。待涂层晾干稳固后，才能进行下一道工序。

③ 做细部附加层。对地漏、管根、阴阳角等易发生漏水的部位，应进行密封或加强处理。

嵌填密封膏：按设计要求在管根等部位的凹槽内嵌填密封膏，密封材料应压嵌严密，防止裹入空气，并与缝壁粘结牢固，不得有开裂、鼓泡和下塌现象。

细部附加层：在地漏、管根、阴阳角和出入口等易发生漏水的薄弱部位，可加一层增强胎体材料，材料宽度应不小于 300mm，搭接宽度应不小于 100mm。施工时先涂一层 JS 防水涂料，再铺胎体增强材料，最后，涂一层 JS 防水涂料。

④ 涂刷中间、表面防水层。按设计要求和表 3.9-4 提供的防水涂料配合比，将配制好的Ⅰ型或Ⅱ型 JS 防水涂料，均匀涂刷在底面防水层上。每遍涂刷量以 0.8～1.0kg/m² 为宜（涂料用量均为液料和粉料原材料用量，不含稀释加水量）。多遍涂刷（一般 3 遍以上），直到达到设计规定的涂膜厚度要求。

大面涂刷涂料时，不得加铺胎体，如设计要求增加胎体时，须使用耐碱网格布或 40g/m² 的聚酯无纺布。

⑤ 第一次蓄水试验。在最后一遍防水层晾干稳固 48h 后进行试水，蓄水 24h，以无渗漏为合格。

⑥ 保护层、饰面层施工。第一次蓄水试验合格后，即可进行保护层、饰面层施工。

⑦ 第二次蓄水试验。在保护层、饰面层完工后，进行第二次蓄水，确保厨房、厕浴间的防水工程质量。

（3）成品保护

1）操作人员应严格保护已做好的涂膜防水层。涂膜防水层未干时，严禁在上面踩踏；在做完保护层以前，任何与防水作业无关的人员不得进入施工现场；在第一次蓄水试验合格后应及时做好保护层，以免损坏防水层。

2）地漏或排水口要防止杂物堵塞，确保排水畅通。

3）施工时，涂膜材料不得污染已做好饰面的墙壁、卫生洁具、门窗等。

（4）注意事项

1）防水涂料的配制应计量准确，搅拌均匀。

2）涂料涂刷施工时应按操作工艺严格执行，保证涂膜厚度，注意工序间隔时间。粉料应存放在干燥处，液料应存放在 5℃以上的阴凉处。配置好的防水涂料应在 3h 内用完。

3）厕浴间施工时应有足够的照明及通风条件。

4. 刚性防水材料与柔性防水涂料复合施工

（1）无机抗渗堵漏防水材料与单组分聚氨酯防水涂料复合施工

1）施工机具

① 配料工具：电动搅拌器。

② 涂刮防水层工具：橡胶刮板。

③ 细部构造涂刷涂料工具：油漆刷。

④ 清理基层工具：小铲刀。

⑤ 修补工具：小抹子。

⑥ 计量器具：配料桶、水桶、台秤等。

2）作业条件

基层应坚实平整，不起砂，无空鼓、松动、裂缝等现象。找平层（基层）做完 24h 后，即可进行防水施工。穿墙管、预埋件等应事先安装牢固，收头圆滑。排水坡度应符合设计要求，不积水。

3）施工工艺

① 施工顺序：清理基层→附加层施工→刚性防水层施工→柔性防水层施工。

② 操作要点。

清理基层：水泥砂浆基层（找平层）施工前基层表面必须认真清扫干净。

附加层施工：将沟槽清理干净，用 818 抗渗堵漏剂嵌填、压实、刮平。阴阳角立面与平面各涂刮 818 抗渗堵漏剂一遍，尺寸分别为 200mm。

刚性防水层施工：以 818 抗渗堵漏剂：水＝1：0.4 比例（重量比）配制浆料，搅拌均匀至无团块，用橡胶刮板均匀刮涂在基面上，要求往返顺序刮涂，不得留有气孔和砂眼。每遍的刮压方向与上遍相垂直，共刮两遍，用料 1.2～1.5kg/m^2，每遍刮涂完毕，用手轻压无印痕时，开始洒水养护，切忌干燥失水，避免涂层粉化。

柔性防水层施工：待刚性防水层养护表干后，管根、地漏、阴阳角等节点处用单组分聚氨酯涂刮一遍，做法同附加层施工。大面积涂刮单组分聚氨酯防水涂料时，每遍用料 0.6kg/m^2，涂刷 2～3 遍，共用料 1.8～2kg/m^2，应均匀涂刷。最后一遍防水涂料施工完尚未固化前，可均匀撒布粗砂，以增加防水层与保护层之间的粘结力。第一次和第二次蓄水试验及保护、饰面层等做法，均与聚氨酯或聚合物水泥防水涂料做法相同。

4）成品保护与注意事项

① 材料须储存在阴凉干燥处，严禁与水接触。

② 每遍防水层施工完但未固化干燥前不得上人，不堆放物品，不进行下道工序施工。每一次试水合格后应及时做保护层，避免破坏防水层。

③ 铺设面层时，不得随意剔凿防水层。

④ 气温低于 5℃时，单组分聚氨酯固化时间应顺延。

(2) 抗渗堵漏防水材料与聚合物水泥防水涂料刚柔复合施工

1) 施工机具

① 清理基层工具：铲子、锤子、凿子、钢丝刷、扫帚、抹布等。

② 称料配料工具：水桶、台秤、称料桶、拌料桶（盆）、搅拌器。

③ 抹面涂覆工具：滚子、刷子、刮板、抹子、压子。

2) 施工工艺

① 施工顺序：清理基层→做细部附加层→涂刷刚性防水层→涂刷聚合物水泥防水涂料柔性防水层→撒砂→第一次蓄水试验→保护层、面层施工→第二次蓄水试验→工程质量验收。

② 操作要点

清理基层：基层要求牢固、干净、平整，表面必须认真清扫，不平整处用水泥砂浆找平。

做细部附加层：地漏、管根、阴阳角、沟槽等处应清理干净，用水不漏材料嵌填、压实、刮平。

涂刷刚性防水层：将缓凝型水不漏材料按粉料：水＝1：0.35～1：0.3 搅拌成均匀浆料。用抹子或刮板抹两遍浆料，用料量约 2.4kg/m^2，抹压后潮湿养护。

涂刷聚合物水泥防水涂料柔性防水层：刚性防水层表面必须平整干净，阴阳角处呈圆弧形。按规定比例配制聚合物水泥防水涂料，在桶内用电动搅拌器充分搅拌均匀，直到料中不含团粒。

撒砂：略。

第一次蓄水试验：蓄水试验须待涂层完全干固后方可进行，一般须隔 48h，在特别潮湿又不通风的环境中需更长时间。

保护层、面层施工：根据设计要求做保护层。可在最后一遍涂膜施工完毕尚未固化时，均匀撒上干净的粗砂，增加与防水层的粘结力。

第二次蓄水试验：在保护层或饰面完工后，进行第二次蓄水试验，达到无渗漏为合格。

工程质量验收：略。

3) 成品保护

① 操作人员应严格保护已做好的涂膜防水层，并及时做好保护层。在做保护层以前，非施工人员不得进入现场，以免损坏防水层。

② 地漏要防止杂物堵塞，确保排水畅通。

③ 施工时，涂膜材料不得污染已做好饰面的墙壁、卫生洁具、门窗等。

3.9.8 工程检查与验收

1. 工程检查

防水工程的检查与验收是施工过程的一个重要的环节。工程质量的事先控制、过程控制、自我控制（三控制）是质量保证体系的重要组成部分。

防水工程的检查项目，除防水层本身外，还包括相邻和相关的层次和分项工程，且不同的防水部位有不同的检查项目和要求。

（1）屋面防水工程检查项目

1）结构层：检查结构层是否平整，预制板安装是否稳固，板缝混凝土填嵌是否密实。

2）找坡层：要检查找坡层坡度及平整度。

3）找平层：要检查排水坡度、表面平整度、组成材料配比情况、表面质量（起砂、起皮）情况、含水率情况。

4）隔汽层：检查表面是否平整、完整；检查防水、隔汽性能，涂料厚度和卷材的搭接宽度。

5）保温层：检查材料配比、表观密度、含水率、厚度。

6）防水层：检查是否有渗漏和积水；检查防水层的厚度和层次，搭接的方向、顺序、宽度、密封情况。

7）隔离层：检查隔离层是否平整、有效。

8）保护层：检查粒料、涂料、覆盖保护层粘结牢固程度、完整性，刚性保护层的强度、厚度、完整性；检查刚性块体保护层是否平稳。

9）架空隔热层：检查架空板架空高度，板的强度和完整性，表面平整度，勾缝情况。

（2）地面、卫生间防水工程检查

1）结构层：检查表面是否平整、稳固，板缝填嵌是否密实。

2）找平层：检查排水坡度、表面平整度和质量情况。

3）防水层：检查是否渗漏和积水，节点密封是否完整；检查厚度的层次及铺至墙面的高度。

4）面层：检查面层是否平整、稳固，排水坡度，强度和厚度。

（3）地下建筑防水工程检查

1）结构层：检查结构层的强度和平整度。

2）找平层：检查平整度和含水率。

3）防水层：检查是否渗漏，接槎是否良好，粘结是否牢固（涂料）；检查厚度的层次、搭接方向、密封严密（卷材）程度。

4）保护层：检查粘结性、耐穿刺性和完整程度。

（4）水池防水工程检查

1）找平层：检查与基层粘结是否牢固，有无空鼓，表面是否平整，有无起砂、起皮。

2）防水层：检查防水层有无渗漏、基层粘结是否牢固，有无空鼓，厚度和层次，接槎是否平整无痕迹。

（5）墙面防水工程检查

1）找平层：检查平整度、密实度和防渗能力。

2）面层：检查平整度。

3）接缝：检查是否严密、平直。

2. 工程验收

不同的防水部位，质量标准不同，总体包括以下几个方面：

（1）防水层均不得有渗漏和积水现象。

（2）所使用的材料（包括防水、找平层、保温层、隔气层及外加剂、配件等使用的材料）必须符合质量标准和设计要求，须按规定抽样复查。

(3) 防水层的厚度、层数、层次应符合设计规定，防水混凝土必须密实，抗渗标号必须符合设计要求。

(4) 结构基层应稳固，平整度应符合规定，预制构件嵌缝应密实。

(5) 排水坡度必须准确，找平层表面平整度不超过 5mm，表面不得有疏松、起砂、起皮等现象。

(6) 刚性防水层表面应平整，不得有起壳、起砂或裂缝。防水层内钢筋位置应正确，水泥砂浆防水层必须与基层结合牢固且无空鼓、裂纹。

(7) 卷材的铺贴方法、搭接宽度应准确，接缝应严密，不得有皱折、鼓泡和翘边现象，收头应固定、密封严密。

(8) 膜表面应平整、均匀，无裂缝、脱皮、流淌、起泡、露胎体、皱折现象。

(9) 防水处理的嵌缝应严密，与基层粘结应牢固，表面应光滑平直，无气泡、龟裂、空鼓、起壳、塌陷现象，缝的尺寸应符合设计规定。

(10) 粒料、涂料、薄膜保护层应覆盖均匀严密，不露底，粘结牢固。刚性保护层不得松动，并应准确留置分格缝，与防水层间应有隔离层。粒料、涂料、薄膜保护层应盖过密封材料嵌缝保护层两边不少于 20mm。架空隔热板强度必须符合设计要求，严禁有断裂、露筋缺陷。架空层中应无堵塞。

(11) 节点做法必须符合设计要求，应搭接正确，封固严密，不得开缝翘边。

(12) 防水混凝土施工缝、变形缝、止水片、穿过防水层管道及支模铁件的设置和构造必须符合设计要求和技术规范规定。